■ 畜禽高效养殖全彩图解+视频示范丛书 ■

高效养羊

全彩图解+视频示范

毛杨毅 主编

化学工业出版社

·北京·

内容简介

根据现代养羊业发展的技术需要和作者40年来的科研及生产实践，精心编写了《高效养羊全彩图解+视频示范》。本书涉及养羊生产的各个环节，内容包括羊品种与选育、羊的营养需要及日粮配制、绵羊饲养管理、山羊饲养管理、羊肉生产技术、羊的繁殖技术、羊病防治、羊的饲草资源与加工利用、羊场建设、羊的粪污资源化利用、羊的福利养殖以及提高养羊经济效益的途径。共12章，与传统的养羊技术图书相比，增加了粪污资源化利用和福利养殖内容，与现代养殖需求更为紧密。

本书紧密结合现代养羊生产需要，既有切实有效的生产经验总结，又有适用新技术的介绍，图文并茂，通俗易懂，适合不同规模、不同养殖方式的养羊生产者和管理者、基层畜牧兽医技术人员、科研及科普工作者学习使用，也可作为教学、推广及职业培训教材。

图书在版编目（CIP）数据

高效养羊全彩图解+视频示范/毛杨毅主编．—北京：化学工业出版社，2023.10

（畜禽高效养殖全彩图解+视频示范丛书）

ISBN 978-7-122-43785-3

Ⅰ.①高… Ⅱ.①毛… Ⅲ.①羊-饲养管理-图解 Ⅳ.①S826.4-64

中国国家版本馆CIP数据核字（2023）第125013号

责任编辑：曹家鸿　　装帧设计：韩　飞

责任校对：边　涛

出版发行：化学工业出版社

（北京市东城区青年湖南街13号　邮政编码100011）

印　　装：盛大（天津）印刷有限公司

880mm×1230mm　1/32　印张$10^1/_2$　字数289千字

2024年3月北京第1版第1次印刷

购书咨询：010-64518888　　售后服务：010-64518899

网　　址：http://www.cip.com.cn

凡购买本书，如有缺损质量问题，本社销售中心负责调换。

定　　价：49.80元

编写人员名单

主　　编　毛杨毅

副 主 编　罗惠娣

编写人员（按姓氏笔画排序）

毛杨毅　刘建宁　李　俊

杨丽华　武守艳　罗惠娣

赵　鹏　梁茂文　董春光

韩文儒

前言
PREFACE

养羊业是我国农业生产中的重要组成部分，养羊与人们生活必需的皮、毛、肉、奶等产品供应及农牧民经济收入密切相关。我国养羊历史悠久，农牧民积累了丰富的养殖经验，为现代养羊业的发展奠定了良好基础。随着社会和经济的发展，我国养羊业已由传统养殖向现代养殖转变，以现代养羊业的发展理念，建立集新品种、新技术、新设施、现代化管理、市场需求、健康养殖、食品安全及社会、经济效益为一体的现代养羊生产体系，实现养羊业的持续、高效和健康发展。

我国是世界上养羊大国，养殖数量居于世界首位，但不是养羊强国。我国羊品种资源丰富，但缺乏与现代养殖需求相适应的优良品种，养羊生产水平距国外发达国家有较大差距。我国参与养羊的农牧民较多，但多数仍停留在传统的养殖方式、生产模式，标准化养殖与生产效率不高。我国是世界上人口大国，随着人们生活水平的提高，对优质羊肉及羊皮、羊毛、羊绒、羊奶等的需求量不断增加，市场缺口较大，养羊发展潜力巨大，前景看好。

近年来，随着市场发展、技术进步和农业产业结构的调整，养羊的生产方式、养殖技术和养殖目标发生较大变化，围绕提高养殖效益、生产优质羊产品的健康养殖、农牧结合、标准化、现代化、规模化养殖发展迅速，已发挥出带动产业发展的明显效果。但规模化养殖中存在的技术力量不强、管理理念落后、设备配套不足、市场风险加大、污染问题严重、疫病防控难度加大等问题，在一定程度上制约了养羊业的健康持续发展。

为此，无论对于千家万户的小规模养殖的农牧民还是对于具有一定规模的养殖场（企业或合作社）等，都亟待选用科学、适用、有效的技术去支撑养羊业的发展，而且养羊业的发展也必须走科学发展之路。同时，我们作为养羊科技工作者有义务为产业发展做出贡献。在此背景下，我们组织一直从事养羊、饲料生产、疫病防控等方面的科研人员，在总结多年实践经验的基础上，借鉴国内外最新研究成果和成功经验，编写了此书。

此书包含了羊品种与选育、羊的营养需要及日粮配制、绵羊饲养管理、山羊饲养管理、羊肉生产技术、羊的繁殖技术、羊病防治、羊的饲草资源与加工利用、羊场建设、羊的粪污资源化利用、羊的福利养殖以及提高养羊经济效益的途径12章内容。此书特色明显：一是内容全面，涵盖了从养殖、饲草生产、疫病防控到粪污无害化处理及福利养殖等养殖产业链上的各个环节；二是实用性强，注重有效技术和可在大多数养殖场中能够实现的运用技术的介绍；三是通俗易懂，尽量减少理论阐述，让读者容易掌握并应用；四是技术先进，所述的技术是已被生产应用的成熟技术，确保技术的先进性和可行性；五是适用范围广，不仅可供一般的农牧民养殖户在生产中参考使用，也可供具有一定规模养殖场的饲养人员、管理人员及县、乡各级技术人员参考使用，可供科研及科普工作者学习使用，还可作为教学、推广及职业培训教材。

随着羊养殖技术的快速发展和我国羊养殖模式的多元化发展，此书对大规模、标准化养殖场需求的更先进、更现代化的养殖与经营方面内容还有欠缺，还有些技术需要在养羊生产实践中不断去完善与提高。

由于编者水平有限，难免有疏漏之处，请广大读者批评指正。

最后，感谢参加此书编写的山西农业大学（山西省农业科学院畜牧兽医研究所）罗惠娣研究员、刘建宁研究员、武守艳副研究员、梁茂文副研究员、赵鹏副研究员、李俊副研究员等，他们都是山西省养羊科技创新团队的技术骨干，在此书的编写中付出了艰辛的工作。同时感谢化学工业出版社编辑及其他工作人员对此书出版给予的大力支持。

毛杨毅

2022年10月

目录

第一章 羊品种与选育

全世界现有主要绵羊品种约629个，山羊品种150多个。我国羊品种资源丰富，列入《国家畜禽品种遗传资源名录》的羊遗传资源有154个，其中绵羊80个，山羊74个，为我国养羊业的发展奠定了良好的基础。

第一节 羊品种概念及分类

一、品种概念

品种是畜牧学上的概念，是在一定的生态和经济条件下，经自然或人工选择形成的动物群体，具有相对的遗传稳定性和生物学及经济学上的一致性，并可以用普通的繁殖方法保持其恒久性。品种是畜牧业生产中的一种特殊的生产资料和生产工具，是种业"芯片"。品种的好坏，可直接影响畜牧业的生产水平和经济效益。优良的品种，可以在相似的条件下生产出更多、质量更好的产品，显著提高养殖业的劳动生产率和经济效益。品种的好坏是相对于一定的生态条件和生产目的、经济效益而言，只要适应性强、生产性能好、遗传性稳定、种用价值好、经济效益高的品种就是好品种。

二、品种应具备的条件

我国地域辽阔，由于生态环境条件、养殖习惯的不同及人工或自然选择，有各种各样的羊群体，有不同的称呼，但不一定都是品种。品种应具备以下条件，并且要通过国家畜禽品种资源委员会审定或者鉴定，并由农业农村部公告。

品种是具有某种经济特点和一定数量的动物类群，品种必须要具备来源相同、适应性相似、性状相似、遗传性稳定、一定的内部结构、较高的经济价值和足够的数量等基本要素，具体条件如下。

1.地方品种

（1）品种形成　长期分布于相对隔离的区域，与其他品种（或群体）无杂交。

（2）外形特征　外貌特征（毛色、角形和尾形）、体形结构应基本一致。

（3）群体规模　群体及等级群（二级以上）数量应在3万只以上，其中等级羊数量达到群体数量的70%以上。

（4）遗传性稳定　能将典型的优良性状稳定地遗传给后代。

（5）性能指标　有出生、离乳、周岁和成年体重、周岁和成年体尺等生长发育指标；毛（绒）产量、毛（绒）长度、毛（绒）纤维直径、屠宰率、胴体重、肉品质、产羔率等生产性能指标。

（6）品种标准　有本品种的鉴定和分级标准。

2.培育品种

（1）血统来源基本相同，有明确的育种方案，至少经过4个世代的连续选育，并有系谱记录。

（2）体形、外貌基本一致，遗传性比较一致和稳定。

（3）经中间试验增产效果明显或者品质、繁殖力和抗病力等方面有一项或多项突出性状。

（4）提供由具有法定资质的畜禽质量检验机构最近两年内出具的检测结果。

（5）健康水平符合有关规定。

（6）群体数量在15000只以上，其中2～5岁的繁殖母羊10000只，特一级羊占繁殖母羊的70%以上。

（7）提供毛色、角形、尾形及肉用体形以及作为本品种特殊标志的外貌特征。

（8）提供初生、离乳、周岁和成年体重，周岁和成年体尺，毛（绒）量，毛（绒）长度，毛（绒）纤维直径，净毛（绒）率，6月龄和成年公（羯）羊的胴体重、净肉重、净肉率，屠宰率，骨肉比，眼肌面积，肉品质，泌乳量，乳脂率，产羔率等生产性能指标。

第二节 绵羊品种

列入《国家畜禽品种遗传资源名录》的羊遗传资源的绵羊品种有80个，还有部分尚未列入。每个品种都有区别于其他品种的外形特征、形成历史、生产用途和对生态条件的适应性。

一、国内主要绵羊品种

（一）地方品种

1.蒙古羊

蒙古羊属于我国三大粗毛羊品种之一，分布广、数量多，具有游走能力强、善于游牧、采食能力强、抓膘快、耐严寒、抗御风雪灾害能力强等特点。主要分布于内蒙古自治区，在东北、华北、西北各地均有分布。中心产区位于内蒙古自治区锡林郭勒盟、呼伦贝尔市、赤峰市、乌兰察布市、巴彦淖尔市等。

蒙古羊体躯被毛为白色、异质毛，头、颈、眼圈、嘴与四肢多为有色毛。头形略显狭长，额宽平，鼻梁隆起，耳小下垂，部分公羊有螺旋形角，少数母羊有小角。颈长短适中，胸深，背腰平直，肋骨开张欠佳，体躯稍长呈长方形。体质结实，骨骼健壮，肌肉丰满。四肢细长而强健有力，蹄质坚硬。短脂尾，呈圆形或椭圆形，

尾长大于尾宽，肥厚而充实，尾尖卷曲呈S形。

蒙古羊成年公羊和母羊体重分别为61千克和50千克，体高分别为68厘米和64厘米，体长分别为71厘米和70厘米；成年羯羊平均宰前活重63.5千克，胴体重34.7千克，屠宰率54.6%，净肉重24.6千克，净肉率41.7%；每年剪毛两次，剪毛量公羊1.5～2.2千克，母羊为1.0～1.8千克，被毛自然长度公羊8.1厘米，母羊7.2厘米；公羊初配年龄为18月龄，母羊为8～12月龄。母羊为季节性发情，多集中在9～11月份，发情周期18天，妊娠期147天，年平均产羔率103%，羔羊断奶成活率99%。初生重公羔4.3千克，母羔3.9千克。放牧情况下多为自然断奶，羔羊断奶重公羔35.6千克，母羔23.6千克（图1-1、图1-2）。

图1-1　蒙古羊公羊

图1-2　蒙古羊母羊

2.西藏羊

西藏羊又称藏羊、藏系羊，属于我国三大粗毛羊品种之一，是我国青藏高原地区主要家畜品种之一，数量大、分布广，对高寒牧区生态环境和粗放饲养管理条件有很强的适应性，遗传性能稳定，具有独特的生物学特性。主要分布于西藏自治区及青海、甘肃、四川、云南、贵州等地，由于各地生态条件差异悬殊，形成了草地型（高原型）、山谷型、欧拉型三个不同的类型，其中草地型（高原型）藏羊是西藏羊的主体，数量最多。

（1）草地型藏羊　体质结实，体格高大，四肢较长。公、母羊均有角，公羊角长而粗壮，呈螺旋状向左右平伸，母羊角扁平、较小，多呈捻转状向外伸展。鼻梁隆起，耳大，前胸开阔，背腰平直，十字部稍高，小尾扁锥形。被毛以体躯白色、头肢杂色为主，体躯杂色和全白个体很少。被毛异质，毛纤维长，这一类型藏羊所产羊毛为著名的“西宁毛”。羊毛品质好，两型毛含量高，光泽和弹性好、强度大，是织造地毯、提花毛毯等的上等原料。成年羊体重公羊51千克，母羊44千克；年剪毛量公羊1.4～1.7千克，母羊0.8～1.2千克；净毛率70%左右。其纤维按重量百分比计无髓毛占53.59%，两型毛占30.57%，有髓毛占15.03%，干死毛占0.81%。羊毛细度无髓毛20～22微米，两型毛40～45微米，有髓毛70～90微米。体侧毛辫长度20～30厘米。母羊一般年产一胎，一胎一羔，产双羔者很少。屠宰率43%～47.5%。

（2）山谷型藏羊　体格较小，结构紧凑，体躯呈圆桶状，颈稍长，背腰平直。头呈三角形，公羊大多有扁形大弯曲螺旋形角，母羊多无角。四肢较短，体躯被毛以白色为主。成年羊体重公羊40.7千克，母羊31.7千克。被毛主要有白色、黑色和花色，多呈毛丛结构，干死毛多，毛质较差。年剪毛量0.8～1.5千克。屠宰率约48%。

（3）欧拉型藏羊　体格高大，早期生长发育快，肉用性能好。头稍狭长，多数具肉髯。公羊前胸着生黄褐色毛，母羊则不明显。背腰宽平，后躯较丰满。被毛短，死毛含量很高。头、颈、四肢多为黄褐色花斑。大多数体躯被毛为杂色，全白和体躯白色个体较少。成年羊体重公羊75.9千克，母羊58.5千克。1.5岁羊体重公羊47.66千克，母羊44.3千克；剪毛量成年公羊1.10千克，成年母羊0.93千克。在成年母羊的毛被中，以重量百分比计无髓毛占39.03%，两型毛占25.44%，有髓毛占7.41%，干死毛占28.12%。成年羯羊的屠宰率为50.18%（图1-3、图1-4）。

图1-3　西藏羊公羊

图1-4　西藏羊母羊

3.哈萨克羊

哈萨克羊属于我国三大粗毛型绵羊品种之一，主要分布于北疆各地及其与甘肃、青海毗邻的地区。哈萨克羊终年放牧，具有耐粗饲、抗寒抗病力强、善爬山游走及能在夏季、秋季较短时间内迅速抓膘和沉积脂肪的能力，有较高的肉脂生产性能，属于肉脂兼用型粗毛羊地方品种。

哈萨克羊毛色以棕色为主，四肢为黄色，干死毛较多，毛质较差。体质结实，结构匀称，部分个体小，头中等大，耳大下垂。公羊有粗大的螺旋形角，鼻梁隆起。母羊无角或小角，胸较深，背腰平直，后躯比前躯稍高，四肢高而粗壮。尾宽大，脂肪沉积于尾根周围，形成椭圆形脂臀，称为“肥臀羊”，下缘正中有一浅沟，将其分为对称两半。

成年公羊和母羊体重分别为73.5千克和52.5千克，体高分别为73.7厘米和68.9厘米，体长为78.2厘米和73.6厘米。哈萨克羊成年羊于春季、秋季各剪毛一次，羔羊秋季剪毛，平均产毛量成年公羊2.6千克，成年母羊1.9千克，被毛中按羊毛纤维重量百分比计算，成年公羊春季毛被中无髓毛占55.4%，两型毛占19.6%，有髓毛占12.1%，干死毛占12.9%，羊毛自然长度14.8厘米，成年母羊春季被毛中毛纤维比例相应为23.9%、13.9%、41.2%、21.0%，羊毛自然长度13.3厘米。周岁公羊的宰前活重为42.3千克，胴体重18.0千克，屠宰率42.6%，净肉率34.4%。哈萨克羊5～8月龄性成熟，初配年龄18～19月龄，母羊秋季发情，发情周期16天，妊娠期150天，产羔率99.0%。羔羊初生重公羔4.3千克，母羔3.5千克，羔羊140日龄左右断奶，断奶重公羔35.8千克，母羔28.5千克，羔羊断奶成活率98.0%（图1-5、图1-6）。

图1-5　哈萨克羊公羊

图1-6　哈萨克羊母羊

4. 乌珠穆沁羊

乌珠穆沁羊以生产优质羔羊肉而著称，属肉脂兼用粗毛型绵羊地方品种。原产于内蒙古自治区锡林郭勒盟东北部乌珠穆沁草原，主要分布于东乌珠穆沁旗、西乌珠穆沁旗、锡林浩特市、乌拉盖农牧场管理局等地。乌珠穆沁羊全年以放牧为主，具有体大、善游走、抓膘快、贮脂好、肉多、脂尾肥厚、肉质鲜美、羔羊生长发育快、耐严寒、抗御风雪灾害能力强等特点。

乌珠穆沁羊体躯被毛为白色，头、颈、眼圈、嘴多为黑色。体格较大，体质结实。头大小适中，额稍宽，鼻梁微隆。大部分公羊有角且向前上方弯曲成螺旋形，母羊多数无角。体躯较长、呈长方形，后躯发育良好，胸宽深，肋骨开张良好，背腰平直，四肢端正。短脂尾、大而短，尾中部有一纵沟，稍向上弯曲。

成年公羊和母羊体重分别为77.6千克和59.3千克，体高分别为72.9厘米和67.4厘米，体长为89.6厘米和78.3厘米。成年羯羊的宰前重为72.4千克，胴体重37.7千克，屠宰率52.1%，净肉率46%。乌珠穆沁羊被毛为异质毛，春毛产量成年公羊1.9千克，成年母羊1.4千克，周岁公羊1.4千克，周岁母羊1.0千克。公羊被毛中无髓毛占46.34%，两型毛占1.63%，粗毛占21.43%，干死毛占30.6%，母羊分别为54.58%、2.68%、33.28%和9.46%。乌珠穆沁羊公、母羊5～7月龄性成熟，初配年龄为18月龄。母羊多集中在9～11月份发情，年平均产羔率113%，羔羊成活率99%。羔羊初生重公羔4.4千克，母羔3.9千克，100日龄断奶重公羔36.3千克，母羔34.1千克，哺乳期日增重公羔320克，母羔300克（图1-7）。

图1-7　乌珠穆沁羊（毛杨毅拍摄）

5. 阿勒泰羊

阿勒泰羊又名阿勒泰大尾羊，属肉脂兼用粗毛型绵羊地方品种，以肉脂生产性能高而著称，具有体格大、生长发育快、耐粗饲、抗严寒、善长途跋涉、放牧抓膘能力好、抗逆性强等特点。中心产区在新疆维吾尔自治区福海县，主要分布于阿勒泰地区的福海、富蕴、青河、哈巴河、布尔津、吉木乃和阿勒泰等县（市）。终年放牧。

阿勒泰羊被毛为棕红色或淡棕色，部分个体头为黄色或黑色，体躯有花斑，纯黑或纯白个体极少。体质结实，体格大。头中等大，耳大下垂，个别羊为小耳。公羊鼻梁隆起，螺旋形的大角，母羊鼻梁稍隆，多数有角。胸宽深，背腰平直，股部肌肉丰满。四肢高而粗壮，蹄质结实。沉积在臀部附近的脂肪形成方圆形脂臀，宽大、平直而丰厚，脂臀下缘正中有一浅沟，将其分成对称的两半。

成年公羊、母羊体重分别为98.3千克、77.1千克，体高分别为100.5厘米、70.3厘米，体长分别为79.4厘米、79.6厘米。尾长分别为20.6厘米、11.1厘米，尾宽分别为35.9厘米、23.4厘米。周岁羯羊宰前重为65.6千克，胴体重32.1千克，屠宰率48.9%，净肉率39.1%。阿勒泰羊年春季、秋季各剪毛一次，年剪毛量成年公羊为2.4千克，母羊为2.0千克。被毛异质，毛质较差，干死毛较多。公羊、母羊4～6月龄性成熟，1.5岁达到初配年龄，经产母羊平均产羔率为110%，羔羊成活率98%。公羔初生重为5.2千克，母羔为4.8千克，断奶重分别为40.1千克和35.2千克（图1-8、图1-9）。

图1–8　阿勒泰羊公羊

图1–9　阿勒泰羊母羊

6.小尾寒羊

小尾寒羊属于肉裘兼用型多胎绵羊地方品种，具有性成熟早、繁殖率高、生长发育快、屠宰率高、肉质细嫩、裘用价值高、适应性强、耐粗饲等优良特点，是我国高繁殖性能绵羊品种之一。小尾寒羊原产于黄河流域的山东、河北及河南一带，中心产区位于山东南部梁山、嘉祥、汶上、郓城、鄄城、巨野、东平、阳谷等地区，河北南部黑龙港流域，河南濮阳市台前县、安阳、新乡、洛阳、焦作、济源、南阳等市也有分布。

小尾寒羊被毛为白色，极少数羊眼圈、耳尖、两颊或嘴角以及四肢有黑褐色斑点。体质结实，结构匀称，四肢高而粗壮有力，骨骼结实，肌肉发达。头清秀，鼻梁稍隆起，眼大有神，嘴宽而齐，耳大下垂。公羊有较大的三菱形螺旋状角，母羊半数有小角或角基。公羊颈粗壮，母羊颈较长。公羊前胸较宽深，鬐甲高，背腰平直，前后躯发育匀称，侧视略呈方形。母羊胸部较深，腹部大而下垂，乳房容积大，基部宽广，质地柔软，乳头大小适中。属短脂尾，尾呈椭圆扇形，下端有纵沟，尾尖上翻。

成年公羊、母羊体重分别为103.9千克、64.4千克，体高分别为95.2厘米、83.7厘米，体长分别为103.3厘米、90.9厘米，尾长分别为17.6厘米、14.9厘米，尾宽分别为17.1厘米、14.7厘米。羯羊宰前重67.2千克，胴体重35.8千克，屠宰率53.3%，净肉率43.6%。小尾寒羊被毛异质，一年剪毛两次，剪毛量公羊3.5千克，母羊2.1～3.0千克，毛纤维类型重量比为有髓毛11.6%，无髓毛75.1%，两型毛11.1%，干死毛2.2%，被毛长度公羊20.6厘米，母羊10.8厘米。小尾寒羊性成熟早，公羊6月龄性成熟，母羊5月龄即可发情，当年可产羔。初配月龄公羊为12月龄，母羊为6～8月龄。母羊常年发情，但春、秋季较为集中，绝大部分母羊一年产两胎，每胎产两羔者非常普遍，三四羔也常见，最高可产七羔，平均产羔率267.1%，羔羊断奶成活率95.5%（图1-10）。

图1-10　小尾寒羊（毛杨毅摄）

7.大尾寒羊

大尾寒羊属肉脂兼用型绵羊地方品种，具有产肉性能好、肉质优良、繁殖率高、适应性强、耐粗饲、抗病力强和毛被同质性好、二毛裘皮及羔皮质量致密、花纹美观、易定型等特点。大尾寒羊原产于河北东南部、山东聊城市及河南新密市一带，主要分布于河南省平顶山市的郏县和宝丰县，河北省的威县、馆陶、邱县、大名，山东省聊城市的临清、冠县、高唐、茌平和德州市的夏津等地。

大尾寒羊被毛为白色，头大小适中，额较宽，鼻梁隆起，耳宽长。公羊多有螺旋形大角，母羊角呈姜形，部分公、母羊无角，颈中等长，鬐甲低平，后躯较高，胸宽深，肋骨开张良好，背腰平直，尻长倾斜。体躯呈长方形，体质结实，体格较大。四肢粗壮，蹄质坚实。属长脂尾，脂尾肥大、呈芭蕉扇形，下垂至飞节以下，个别拖至地面，桃形尾尖紧贴于尾沟、呈上翻状。

成年公羊、母羊体重分别为70.4千克、60.2千克，体高分别为74.2厘米、67.7厘米，体长分别为76.2厘米、69.3厘米，尾长分别为62.3厘米、55.3厘米，尾宽分别为32.2厘米、30.0厘米。周岁公羊宰前重55.4千克，胴体重28.9千克，屠宰率52.2%，净肉率42.8%。大尾寒羊被毛同质或基本同质，一年剪毛2～3次，剪毛量公羊3.3千克，母羊2.7千克，毛纤维类型重量比为有髓毛占5%，无髓毛及两型毛占95%，被毛长度公羊10.4厘米，母羊10.2厘米。大尾寒羊性成熟早，公羊6～8月龄性成熟，母羊5～7月龄即可发情。初配月龄公羊为18～24月龄，母羊为10～12月龄。母羊常年发情，母羊一年两产或两年三产，平均产羔率205%，羔羊断奶成活率99%（图1-11、图1-12）。

图1-11　大尾寒羊公羊

图1-12　大尾寒羊母羊

8.广灵大尾羊

广灵大尾羊属肉脂型绵羊地方品种，原产于山西省大同市的广灵县，分布于大同市的阳高县、新荣区、浑源县、大同县、怀仁市等周边地市。具有耐粗饲、抗寒、抗病力强、生长快、成熟早、脂尾大、产肉力高、肉质好等特点。

广灵大尾羊被毛为纯白色，异质毛，被毛呈毛股结构，干死毛极少。体格中等，体躯呈长方形，肌肉欠丰满。头大小适中，耳略下垂。公羊有螺旋状角，母羊无角。颈细而圆，四肢健壮。短脂尾、尾肥厚、呈方圆形，多数尾尖向上翘起。

成年公羊和母羊体重分别为85.6千克和56.9千克，体高分别为76.2厘米和69.3厘米，体长为83.2厘米和78.3厘米。成年公羊的平均尾长21.8厘米，尾宽22.4厘米，尾厚7.9厘米，母羊相应为18.69厘米、19.35厘米和4.5厘米。周岁羯羊宰前重51.3千克，胴体重26.0千克，屠宰率50.7%，净肉率40.5%，脂尾重4.5千克。成年羊毛产量春毛1.2千克，秋毛1.5千克。按毛纤维类型重量分析无髓毛占53.5%，两型毛占15.3%，有髓毛占30.6%，干死毛占0.6%，内层无髓毛长度4.4厘米，外层毛股长度7.5厘米。被毛不易擀毡，可作地毯原料。广灵大尾羊公、母羊初配年龄均为1.5～2岁，母羊春、夏、秋三季均可发情配种，一年两产或两年三产，以产冬羔为主，年平均产羔率102%。公羔初生重3.7千克，母羔3.7千克，断奶重分别为27.6千克和27.7千克（图1-13～图1-16）。

图1-13　广灵大尾羊公羊
（毛杨毅摄）

图1-14　广灵大尾羊母羊
（毛杨毅摄）

图1-15　广灵大尾羊尾形侧面
（毛杨毅摄）

图1-16　广灵大尾羊尾形正面
（毛杨毅摄）

9. 湖羊

湖羊是我国特有的白色羔皮用多胎绵羊地方品种，中心产区位于太湖流域的浙江湖州市的吴兴、南浔、长兴和嘉兴市的桐乡、秀洲、南湖、海宁，江苏的吴中、太仓、吴江等，分布于浙江的余杭、德清、海盐，江苏的苏州、无锡、常熟，上海的嘉定、青浦、宝山等。湖羊具有性成熟早、繁殖力高、四季发情、前期生长速度较快、耐湿热、耐粗饲、宜舍饲、适应性强、性情温驯和羔皮花案美丽等特点。

湖羊全身被毛为白色。体格中等，头狭长而清秀，鼻骨隆起，公、母羊均无角，眼大凸出，多数耳大下垂。颈细长，体躯长，胸较狭窄，背腰平直，腹微下垂，四肢偏细而高。尻部略高于鬐甲，乳房发达。公羊体形较大，前躯发达，胸宽深，胸毛粗长。属短脂尾，尾呈扁圆形，尾尖上翘。被毛异质，呈毛丛结构，腹毛稀而粗短，颈部及四肢无绒毛。

湖羊成年公羊、母羊的体重分别为79.3千克、50.6千克，体高分别为76.8厘米、67.7厘米，体长为86.9厘米、74.8厘米。6月龄羔羊可达成年体重的70%以上，周岁时可达成年羊体重的90%以上。8～10月龄羯羊宰前重45.2千克，胴体重24.2千克，屠宰率53.5%，净肉率42.7%。湖羊每年剪毛两次，剪毛量公羊1.65千克，母羊1.16千克，其羊毛属异质毛，毛被纤维类型重量百分比中无髓毛占78.49%，其余为有髓毛与死毛。

湖羊为我国著名的羔皮用羊。湖羊皮依取皮的时间可分为湖羊羔皮、袍羔皮和大湖羊皮。

（1）湖羊羔皮　具有皮板轻柔、毛色洁白、花纹呈波浪状、花案清晰、紧贴皮板、扑而不散、有丝样光泽、光润美观等特点，享有“软宝石”之称。根据羔皮波浪状花纹宽度可分为大花、中花和小花。以羔羊出生当天宰剥的皮板质量最佳，随着日龄的增加，花纹松散、品质降低。湖羊羔皮可染成各种色彩，可制作成时装、帽子、披肩、围巾、领子等。

（2）袍羔皮　又称“浙江羔皮”，指湖羊2～4月龄时剥取的幼龄羊皮板，袍羔皮毛股洁白如丝，毛长5～6厘米，光泽丰润，花纹松散，皮板轻薄，保暖性能良好，是良好的制裘原料。

（3）大湖羊皮　也称“老羊板”，指剥取10月龄以上大湖羊的皮板，毛长6～9厘米，花纹松散，皮板壮实，既可制裘，更是制革的上等原料，皮革以质轻、柔软、光泽好而闻名（图1-17、图1-18）。

图1–17　湖羊公羊

图1–18　湖羊母羊

湖羊具有较好的繁殖性能和泌乳性能，近年来被广泛应用于肉用羊养殖生产中。湖羊性成熟早，公羊为5～6月龄，母羊为4～5月龄，初配年龄公羊为8～10月龄，母羊为6～8月龄。母羊四季发情，以4～6月份和9～11月份发情较多，一般每胎产羔2只以上，多的可达6～8只，经产母羊平均产羔率277.4%，一般两年产3胎。羔羊初生重公羔3.1千克，母羔2.9千克，45日龄断奶重公羔15.4千克，母羔14.7千克。羔羊断奶成活率96.9%。湖羊泌乳期为4个月，120天产奶100千克以上，高者可达300千克。

10.滩羊

滩羊又名白羊，是我国独特的白色二毛裘皮用绵羊品种，具有体质结实、耐寒抗旱、耐风沙袭击、适应性好、遗传性能稳定等特点。二毛皮羊毛纤维细长、花穗美观、毛股紧实、轻盈柔软、颜色洁白、光泽悦目。滩羊肉质细嫩、膻味轻。滩羊原产于宁夏回族自治区贺兰山东麓的洪广营地区，分布于宁夏回族自治区及其与陕西、甘肃、内蒙古相毗邻的地区，目前主要集中在宁夏中部干旱带的盐池、同心、红寺堡、灵武等地区。

滩羊体躯被毛为白色，纯黑者极少，头、眼周、颊、耳、嘴端多有褐色、黑色斑块或斑点。体格中等，鼻梁稍隆起，眼大、微凸出。耳分大、中、小三种，大耳和中耳薄而下垂，小耳厚而竖立。公羊有大而弯曲的螺旋形角，大多数角尖向外延伸，其次为角尖向内的抱角和中、小型弯角。母羊多无角，有的为小角或仅留角痕。颈部丰满、中等长，颈肩结合良好，背平直，鬐甲略低于十字部。体躯较窄长，尻斜。四肢端正，蹄质致密坚实。尾为长脂尾，尾根宽阔，尾尖细圆，长达飞节或过飞节。尾形分三角形、长三角形、楔形、楔形S状尾尖等，其中以楔形S状尾尖居多，被毛为异质毛，呈毛辫状，毛细长而柔软，细度差异较小，前后躯表现一致。头、四肢、腹下和尾部毛较体躯毛粗。

成年公羊和母羊体重分别为55.4千克和43.7千克，体高分别为69.7厘米和66.1厘米，体长为76.4厘米和73.2厘米。成年公羊的平均尾长32.9厘米，尾宽13.4厘米，母羊相应为24.1厘米、6.9厘米。周岁羯羊宰前重34.0千克，胴体重16.3千克，屠宰率47.9%，净肉率36.5%。滩羊一般6～8月龄性成熟，初配公羊年龄均为2.5岁，母羊1.5岁，属季节性发情，母羊多在6～8月份发情，一年两产或两年三产，产后35天左右可发情，产羔率102%。公羔初生重3.8千克，母羔3.6千克，断奶重分别为21.2千克和13.2千克，断奶羔羊成活率95%～97%。

成年公羊春毛产量1.5～1.8千克，母羊1.6～2.0千克。滩羊被毛属优质异质毛，呈毛辫状，纤维细长、柔软、光泽好、弹性强、细度差异小，前后躯一致，羊毛纤维类型比例适中，是生产高级提花毛毯的优质原料。据测定，羊毛纤维类型数量百分比为有髓毛6.30%，两型毛17.60%，无髓毛76.10%，其重量百分比分别为19.60%、43.20%、37.20%。

滩羊裘皮质量上乘，可分为滩羊二毛皮和滩羊羔皮两种。

（1）滩羊二毛皮　指羔羊出生1个月左右，毛股长度达8厘米时宰杀获取的皮张。二毛皮纤维细长，纤维类型比例适中，被毛由有髓毛和无髓毛组成。据测定，每平方厘米有毛纤维2325根，其中有髓毛占54%，无髓毛占46%。二毛皮板质致密、结实、弹性好、厚薄均匀，平均厚度0.78厘米，皮张重量小，产品轻盈、保暖。根据毛股粗细、紧实度、弯曲的多少及均匀性、无髓毛含量的不同，可将花穗分为以下几种。

① 串字花：毛股上有弧度均匀的平波状弯曲5～7个，弯曲排列形似串字，弯曲部分占毛股的2/3～3/4，毛股粗细为0.4～0.6厘米，根部柔软，可向四方弯倒，呈萝卜丝状，毛股顶端有半圆形弯曲，光泽柔和，呈玉白色。少数串字花毛股较细，弯曲数多达7～9个，弯曲弧度小，花穗十分美观，称为“绿豆丝”或“小串字花”。

② 软大花：毛股弯曲较少，一般为4～5个，毛股粗细0.6厘米以上，弯曲部分占毛股长度的1/2～2/3，毛股顶端为柱状，扭转卷曲，下部无髓毛含量多、保暖性强，但美观度较差。

图1-19　滩羊公羊

其他还有核桃花、蒜瓣花、笔筒花、卧花、头顶一枝花等，因其弯曲数少、弯曲弧度不均匀、无髓毛多、毛股松散、美观度差，均列为不规则花穗。

图1-20　滩羊母羊

（2）滩羊羔皮　指羔羊出生后毛股长度不到7厘米时宰杀的皮张。其特点是毛股短、绒毛少、板质薄、花案美观，但保暖性较差（图1-19、图1-20）。

（二）培育品种

1.新疆细毛羊

新疆细毛羊是我国培育的第一个毛肉兼用细毛羊品种，也是数量最多的细毛羊品种。1954年由巩乃斯种羊场等单位培育，具有较高的毛、肉生产性能，突出的特点是适应性强、抗逆性好。中心产区位于新疆维吾尔自治区伊犁哈萨克自治州、塔城地区、博尔塔拉蒙古自治州，主要分布于昌吉回族自治州、乌鲁木齐市、巴音郭楞蒙古自治州、阿克苏地区等，青海、甘肃、内蒙古、辽宁、吉林、黑龙江等地也有分布。

从1934年开始利用高加索羊和泊列考斯细毛羊等品种，与当地哈萨克羊、蒙古羊进行杂交，1949年在杂交四代的基础上，按照新品种选育目标，开展了有计划的选种选配。1954年农业部批准命名为“新疆毛肉兼用细毛羊”新品种，简称“新疆细毛羊”。

新疆细毛羊被毛为白色，个别羊眼圈、耳、唇有小色斑。体质结实，结构匀称，公羊有螺旋形角，母羊无角。公羊鼻梁稍隆起，母羊鼻梁平。公羊颈部有1～2个横皱褶和发达的纵皱褶，母羊有一个横皱褶或发达的纵皱褶。体躯皮肤宽松，胸宽深，背直而宽，体躯深长，后躯丰满。四肢结实，肢势端正。被毛呈毛丛结构，闭合良好，密度中等以上，羊毛弯曲明显，各部位毛丛长度和细度均匀，头毛着生到两眼连线，前肢毛着生至腕关节，后肢毛着生至飞节，腹毛着生良好。

成年公羊和母羊体重分别为88.0千克和48.6千克，体高分别为75.3厘米和65.9厘米，体长为81.7厘米和72.7厘米。2.5岁羯羊宰前重65.6千克，胴体重30.7千克，屠宰率46.8%，净肉率40.8%。羔羊8月龄性成熟，公羊、母羊初配年龄为1.5岁，经产母羊产羔率130%。新疆细毛羊周岁公羊、母羊剪毛量分别为4.9千克、4.5千克，成年公羊、母羊剪毛量分别为11.57千克、5.24千克，周岁公羊、母羊毛长为7.8厘米、7.7厘米，成年公羊、母羊毛长为9.4厘米、7.2厘米。净毛率48.06%～51.53%，羊毛主体细度21.6～23微米，油汗主要为乳白色及淡黄色（图1-21、图1-22）。

图1-21 新疆细毛羊公羊

图1-22 新疆细毛羊母羊

2.东北细毛羊

东北细毛羊属毛肉兼用型细毛羊培育品种，由东北三省农业科研单位、大专院校和辽宁小东种畜场、吉林双辽种羊场、黑龙江银浪种羊场等育种基地联合育种培育形成，具有耐粗饲、适应性强、体大、生长发育快、改良效果明显等特点。主要分布于辽宁、吉林、黑龙江三省两北部平原的半农半牧地区和部分丘陵地区。

从1906—1958年东北地区先后引进美利奴羊、兰布列羊、考力代羊、苏联美利奴羊、高加索细毛羊、阿斯卡尼羊和斯达夫洛普羊等品种进行杂交。1958年制定了联合育种方案和选育指标，以2万余只基础母羊为基础，用含1/8 ～ 1/4斯达夫洛普羊血液的杂种羊进行配种，经过三四个世代自群繁育，形成外貌趋于一致、遗传性能基本稳定的群体，1967年农业部组织鉴定验收后命名为东北细毛羊。

东北细毛羊被毛为白色，体质结实，体格大，结构匀称。公羊有螺旋形角，颈部有1 ～ 2个横皱褶。母羊无角，颈部有发达的纵皱褶。胸宽深，背平直，皮肤宽松，体躯无皱褶，后躯丰满，姿势端正。被毛闭合良好、密度中等，毛纤维匀度好、弯曲明显，油汗为白色或乳白色，含量适中，头毛着生到两眼连线，前肢毛着生至腕关节，后肢毛着生至飞节，腹毛呈毛丛结构。

成年公羊和母羊体重分别为78.8千克和51.5千克，体高分别为71.9厘米和69.5厘米，体长为78.1厘米和72.8厘米。10月龄公羊宰前重40.3千克，胴体重16.2千克，屠宰率40.2%，净肉率33.2%。羔羊10月龄性成熟，公羊、母羊初配年龄为1.5岁，经产母羊产羔率125%。东北细毛羊成年公羊、母羊剪毛量分别为11.0 ～ 13.0千克、5.5 ～ 7.5千克，毛长为9.0 ～ 11厘米、7.0 ～ 8.5厘米。净毛率42.9%～45.4%，羊毛主体细度23.7 ～ 24.2微米（图1-23、图1-24）。

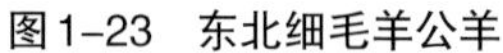

图1-23　东北细毛羊公羊

图1-24　东北细毛羊母羊

3.内蒙古细毛羊

内蒙古细毛羊属毛肉兼用型细毛羊培育品种，具有体质结实，耐粗饲，放牧能力和抗雪灾能力强的特点，能在积雪17厘米左右条件下刨雪吃草。主要分布于锡林郭勒盟的正蓝、太仆寺、多伦、镶黄、西乌珠穆沁等旗（县）。

内蒙古细毛羊的育种开始于1952年，利用苏联美利奴羊、高加索羊、新疆细毛羊和德国美利奴羊，与蒙古羊进行杂交。1963年在四代杂种羊基础上转入横交阶段，1967年后转入自群繁育和选育提高阶段。1976年内蒙古自治区政府正式批准命名为“内蒙古毛肉兼用细毛羊”，简称“内蒙古细毛羊”。

内蒙古细毛羊体质结实，结构匀称。公羊大部分有螺旋形角，颈部有1 ～ 2个完全或不完全的横皱褶。母羊无角，颈部有发达的纵皱褶，体躯皮肤宽松、无皱褶。胸宽而深，背腰平直。被毛白色，呈毛丛结构，闭合良好。油汗为乳色或浅黄色，头毛着生至两眼连线，前肢毛着生至腕关节，后肢毛着生至飞节。

成年公羊和母羊体重分别为91.4千克和45.9千克，体高分别为77.7厘米和65.2厘米，体长为79.5厘米和70.3厘米。1.5岁羯羊宰前重50.0千克，屠宰率44.9%，净肉率33.3%。经产母羊产羔率110% ～ 123%。成年公羊、母羊剪毛量分别为11.0千克、5.5千克，毛长为8.9厘米、7.2厘米。净毛率36% ～ 45%，羊毛主体细度21.6 ～ 23.0微米（图1-25、图1-26）。

图1-25　内蒙古细毛羊公羊

图1-26　内蒙古细毛羊母羊

4. 甘肃高山细毛羊

甘肃高山细毛羊属毛肉兼用细毛羊培育品种，具有适应性良好、体质结实、肉用性能好、毛用性能优良的特点。甘肃高山细毛羊是在甘肃西部祁连山脉皇城滩和松山滩的高山草原培育形成的，主要分布于甘肃省牧区、半农半牧区和农区。

甘肃高山细毛羊是从1950年开始，以蒙古羊、西藏羊和蒙藏混血羊为母本，新疆细毛羊和高加索细毛羊等为父本，采用复杂育成杂交方法进行培育，于1981年在甘肃皇城绵羊育种试验场及周边地区育成的。

甘肃高山细毛羊体格中等，体质结实，结构匀称，体躯长，公羊有螺旋形大角，母羊无角或有小角。公羊颈部有1 ～ 2个横褶皱，母羊颈部有发达的纵褶皱。胸宽深，背直，后躯丰满。四肢端正，蹄质结实。被毛闭合良好，密度中等。头毛着生至两眼连线，前肢毛着生至腕关节，后肢毛着生至飞节。

成年公羊和母羊体重分别为75.0千克和40.0千克，体高分别为76.5厘米和67.5厘米，体长为77.2厘米和69.7厘米。成年羯羊宰前重57.6千克，屠宰率44.9%。经产母羊产羔率110%左右。成年公羊、母羊剪毛量分别为8.5千克、4.4千克，毛长为8.2厘米、7.4厘米。净毛率43%～45%，羊毛主体细度21.6～23.0微米（图1-27、图1-28）。

图1-27　甘肃高山细毛羊公羊

图1-28　甘肃高山细毛羊母羊

5. 中国美利奴羊

中国美利奴羊属毛用细毛羊培育品种，是在新疆巩乃斯种羊场、新疆生产建设兵团紫泥泉种羊场、内蒙古嘎达苏种畜场和吉林省查干花种畜场联合培育的细毛羊品种，具有体形好、适宜放牧饲养、净毛率高、羊毛品质优良等特点。主要分布于新疆、内蒙古和东北三省。

1972年我国从澳大利亚引进澳洲美利奴羊公羊，成立了良种细毛羊育种协作组，在4个育种场分别采用中毛型澳洲美利奴羊公羊与新疆细毛羊、军垦细毛羊和波尔华斯羊的母羊进行级进杂交，从杂种二、三代羊中挑选达到理想型的个体，进行横交固定和选育工作。1985年12月通过农业部新品种验收，正式命名为“中国美利奴羊”，并分为中国美利奴羊新疆型、军垦型、内蒙古科尔沁型和吉林型。

中国美利奴羊体质结实，体躯呈长方形。公羊有螺旋形角，颈部有1～2个横皱褶或发达的纵皱褶。母羊无角，有发达的纵裙，皮肤宽松，无明显的皱褶。鬐甲宽平，胸深宽，背腰长直，尻宽而平，后躯丰满，四肢结实。被毛为白色，呈毛丛结构，闭合良好，密度大，毛匀度好，弯曲明显。头毛密长、着长至眼线，前肢毛着生至腕关节，后肢毛着生至飞节，腹毛着生良好，呈毛丛结构。

成年公羊和母羊体重分别为91.8千克和43.1千克，体高分别为72.5厘米和66.1厘米，体长为77.5厘米和71.1厘米。2.5岁羯羊宰前重51.9千克，胴体重22.94千克，屠宰率44.2%，净肉率34.7%。产羔率117%～128%，羔羊成活率90.0%左右。一级羊成年母羊剪毛量为6.4千克，毛长为10.2厘米，净毛率60.8%，羊毛主体细度21.6～25.0微米，油汗白色或乳白色、含量适中（图1-29、图1-30）。

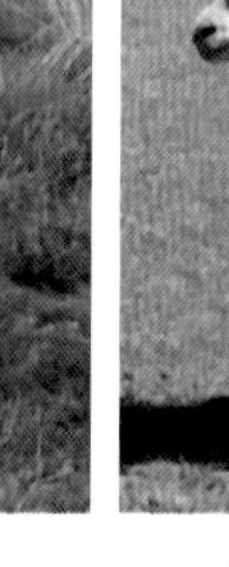

图1-29　中国美利奴羊公羊

图1-30　中国美利奴羊母羊

6. 青海毛肉兼用细毛羊

青海毛肉兼用细毛羊是由青海省三角城种羊场育成的毛肉兼用型细毛羊品种，具有体质结实，对高寒自然条件适应能力强，善于登山远牧，适宜粗放管理，忍耐力和抗病力强的特点。青海省三角城种羊场为主要产区，分布于海北藏族自治州的门源回族自治县、刚察县、海东市和西宁市大通回族土族自治县、湟中区和湟源县等地区。

青海毛肉兼用细毛羊的育种开始于1952年，以当地藏羊为母本，用尚在培育中的新疆细毛羊和高加索细毛羊进行杂交，从新疆细毛羊杂种二代以上的后代中，挑选符合理想型的羊进行横交固定，1962年用萨尔细毛羊与新藏二代母羊杂交，在萨新藏三元杂交后代中选择理想型的羊全面进行横交固定。1976年育成了青海毛肉兼用细毛羊新品种，2009年通过国家畜禽遗传资源委员会的鉴定。

青海毛肉兼用细毛羊公羊有螺旋形大角，颈部有1～2个完全或不完全的横皱褶。母羊多数无角、少数有小角，颈部有发达的纵皱褶。体质结实，结构匀称。胸宽深，背腰平直。被毛为白色，呈毛丛结构，闭合良好，密度中等以上。头毛着生至两眼连线，前肢毛着生至腕关节，后肢毛着生至飞节。羊毛细度均匀、弯曲正常，油汗呈乳白色或淡黄色，含量适中。

成年公羊和母羊体重分别为81.0千克和37.3千克，体高分别为77.5厘米和67.9厘米，体长为84.4厘米和72.1厘米。育肥羊宰前重48.2千克，胴体重19.8千克，屠宰率41.1%，净肉率35.1%。成年公羊、母羊剪毛量分别为8.5千克、5.2千克，毛长分别为9.77厘米、9.23厘米，净毛率40%以上，羊毛主体细度20.1～25.0微米。公、母羊10月龄达到性成熟，初配年龄为1.5岁。母羊10～11月份配种，产羔率102%～107%。羔羊初生重公羔3.80千克，母羔3.60千克。断奶重公羔22.23千克，母羔19.73千克。羔羊120日龄断奶（图1-31、图1-32）。

图1-31　青海毛肉兼用细毛羊公羊

图1-32　青海毛肉兼用细毛羊母羊

7.苏博美利奴羊

苏博美利奴羊是由新疆维吾尔自治区、新疆生产建设兵团、内蒙古自治区、吉林省等地多个种羊场，以澳洲美利奴羊超细型羊为父本，以中国美利奴羊、新吉细毛羊及敖汉细毛羊为母本，采用三级开放式核心群联合育种体系，经过级进杂交、横交固定和纯繁选育三个阶段，历时15年系统培育而成的我国第一个超细型细毛羊品种。主要分布于新疆维吾尔自治区乌鲁木齐市、石河子市、伊犁哈萨克自治州、阿克苏地区、塔城地区，内蒙古自治区赤峰市、鄂尔多斯市、锡林郭勒盟，吉林省松原市、白城市等细毛羊主产区。

苏博美利奴羊体质结实，结构匀称，体形呈长方形，鬐甲宽平，胸深，背腰平直，尻宽而平，后躯丰满，四肢结实，肢势端正。头毛密而长，着生至两眼连线。公羊有螺旋形角，少数无角，母羊无角。公羊颈部有2～3个横皱褶或纵皱褶，母羊有纵皱褶，公、母羊躯体皮肤宽松无皱褶。被毛白色且呈毛丛结构，闭合性良好，密度大，毛丛弯曲明显、整齐均匀，油汗白色或乳白色，腹毛着生良好。

成年公羊和母羊剪毛后体重分别为69千克和40千克，体高分别为76厘米和70厘米，体长为80厘米和76厘米。成年公羊剪毛量8.0千克，成年母羊剪毛量4.2千克。育成公羊剪毛量4.2千克，育成母羊剪毛量3.7千克，体侧部净毛率60%以上。羊毛细度18.1～19.0微米为主体。成年羊体侧毛长8.0厘米以上，育成羊9.0厘米以上。成年羯羊53.7千克，胴体重24.5千克，屠宰率45.6%。周岁公羊平均胴体重19.5千克，屠宰率46%。公、母羊6～8月龄性成熟，初配年龄为18月龄，季节性发情，成年母羊的产羔率为110%～130%，羔羊成活率为95%以上（图1-33、图1-34）。

图1-33　苏博美利奴羊公羊
（石国庆摄）

图1-34　苏博美利奴羊母羊
（石国庆摄）

8.云南半细毛羊

云南半细毛羊是由云南省相关科研和教学单位培育而成的毛肉

兼用型品种，具有产毛量高、体形丰满、适应性强、繁殖性能好的特点。中心产区为云南省昭通市永善县马楠乡和巧家县崇溪镇，主要分布于永善县的马楠乡、水竹乡、莲峰镇、茂林镇、伍寨乡和巧家县的崇溪镇、药山镇、老店镇，在昭阳、鲁甸、大关也有分布。

1954年开始先后用兰布列杂种羊、高加索羊、新疆细毛羊、阿斯卡尼羊、考摩羊以及东北细毛羊、茨盖羊、罗姆尼羊等品种，与昭通绵羊进行杂交，1977年又引入林肯羊进行导入杂交，1984年开始进行横交固定和继续选育提高。2000年云南48～50支半细毛羊新品种选育完成，通过国家畜禽品种审定委员会审定。

云南半细毛羊体形中等，结构匀称。头大小适中，额短宽，鼻梁平直、稍有隆起，鼻端为黑色，颈短粗、无皱褶，耳小而直立，公、母羊均无角。体躯宽深，胸宽厚，背腰平直，尻斜。四肢高大，蹄质坚实、呈黑色。被毛全白，毛丛有丝样光泽，油汗适中，羊毛弯曲多为大、中弯。

成年公羊和母羊体重分别为50.1千克和49.4千克，体高分别为65.7厘米和60.8厘米，体长为75.9厘米和72.9厘米。成年公羊宰前重39.8千克，胴体重18.3千克，屠宰率46.1%，净肉率37.1%。成年公羊、母羊剪毛量分别为4.7千克、5.2千克，毛长分别为13.5厘米、14.5厘米，净毛率70%、66%，羊毛主体细度48～50支。母羊初配年龄为12～18月龄，集中在春季和秋季发情，产羔率106%～118%（图1-35、图1-36）。

图1-35　云南半细毛羊公羊

图1-36　云南半细毛羊母羊

9. 青海高原毛肉兼用半细毛羊

青海高原毛肉兼用半细毛羊属毛肉兼用半细毛羊培育品种，简称青海高原半细毛羊，具有体质结实、皮肤厚而致密、行动灵活、适宜高寒牧区放牧饲养、耐粗放管理、抗逆性好等特点。中心产区位于青海湖四周的海北、海南和海西的柴达木盆地等地区。

青海高原半细毛羊的育种始于1952年，在用培育中的新疆细毛羊与当地西藏羊杂交改良的基础上，用茨盖羊和导入1/4 ～ 1/2罗姆尼羊理想型后代后进行横交固定，选育出环湖型和柴达木型两个品系，1987年青海省政府命名为“青海高原毛肉兼用半细毛羊”，2009年通过国家畜禽遗传资源委员会审定。

青海高原半细毛羊公羊大多有螺旋形角，母羊无角或有小角。体躯呈长方形、粗而短，背腰平直，骨骼粗壮结实。头宽、大小适中，耳小、宽厚。被毛白色，头毛覆盖至眼线，前肢毛着生至腕关节，后肢毛着生至飞节。蹄壳呈黑色。

成年公羊和母羊体重分别为65.5千克和37.5千克，体高分别为71.2厘米和63.6厘米，体长为80.8厘米和70.5厘米。环湖型公羊宰前重39.1千克，胴体重16.8千克，屠宰率43.0%，净肉率36.9%。柴达木型公羊宰前重51.9千克，胴体重26.4千克，屠宰率50.8%，净肉率46.2%。成年公羊、母羊剪毛量分别为3.84 ～ 4.7千克、1.7 ～ 2.96千克，毛长9 ～ 11厘米，羊毛主体细度55 ～ 56.3微米。母羊初配年龄为1.5岁产羔率102%左右，羔羊成活率65% ～ 75%（图1-37、图1-38）。

图1–37　青海高原毛肉兼用半细毛羊公羊

图1–38　青海高原毛肉兼用半细毛羊母羊

10.中国卡拉库尔羊

中国卡拉库尔羊俗称波斯羔羊，属羔皮用绵羊品种，具有对荒漠、半荒漠的生态环境适应性强、耐粗饲、抗病力强、遗传性能稳定、皮纯黑、卷曲特殊、花案美观的特点。主要分布于新疆的库车、沙雅、新和、尉犁、轮台、阿瓦提等县市和北疆准噶尔盆地莫索湾地区的新疆生产建设兵团农场，以及内蒙古鄂尔多斯市鄂托克旗“内蒙古白绒山羊种羊场”。

中国卡拉库尔羊的育种工作始于1951年，由新疆、内蒙古自治区科研、教学、生产单位等以卡拉库尔羊为父本，库车羊、蒙古羊、哈萨克羊为母本，采用级进杂交方法培育而成。

中国卡拉库尔羊头稍长，鼻梁隆起，耳大下垂，前额有卷曲毛发，公羊多数有螺旋形大角，向两侧伸展，母羊多数无角，少数有不发达的小角。颈较长，体躯较深长，呈长方形，背腰平直，胸宽深，尻斜。四肢结实，蹄质坚硬。属长脂尾，尾尖呈S状弯曲，下垂直至飞节。毛色以黑色为主，少数为灰色、棕色、白色及粉红色，除头部及四肢被毛外，其他部位的毛色随年龄的增长而变化，黑色羔羊到成年后毛色变为黑褐色、灰白色，灰色羔羊到成年后变为浅灰色或白色，彩色羔羊变为棕白色。

成年公羊和母羊体重分别为53.0千克和37.5千克，体高分别为67.4厘米和60.0厘米，体长为72.9厘米和61.1厘米。20月龄公羊宰前重66.6千克，胴体重35.2千克，屠宰率52.9%，净肉率46.9%。羔羊6～8月龄性成熟，初配年龄为1.5岁。母羊发情主要集中在7～8月份，产羔率105%～130%。羔羊初生重公羔2.5千克，母羔2.0千克。羔羊成活率97%。成年公羊、母羊剪毛量分别为2.6千克和2.0千克。

中国卡拉库尔羊羔皮是指羔羊出生后3天所宰割的羔皮，具有毛色黝黑发亮、花案美观、板质优良等特点，按卷曲形状和结构，可将卷曲分为卧蚕形、肋形、环形、半环形、杯形等，其中以卧蚕形卷曲最佳。毛色以黑色为主，少数为灰色和彩色（图1-39、图1-40）。

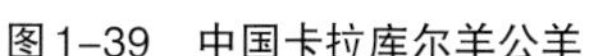

图1-39　中国卡拉库尔羊公羊

图1-40　中国卡拉库尔羊母羊

11.巴美肉羊

巴美肉羊是由内蒙古巴彦淖尔市家畜改良工作站等单位培育而成的肉毛兼用品种，具有生长发育快、繁殖率高、胴体品质好、适应性强、耐粗饲、适合舍饲饲养等特点。主要分布于内蒙古巴彦淖尔市乌拉特前旗、乌拉特中旗、五原县、临河区的农区和半农半牧区。

20世纪60年代内蒙古自治区巴彦淖尔市先后引进林肯羊、边区莱斯特羊、罗姆尼羊、强毛型澳洲美利奴羊等半细毛羊、细毛羊品种，杂交改良当地蒙古羊，形成了巴美肉羊最初的母本群体。20世纪90年代开始引入德国肉用美利奴羊作为终端父本，对杂交母本进行级进杂交，经横交固定形成体格大、被毛同质、产肉性能好的肉毛兼用型品种。2007年经国家畜禽遗传资源委员会审定通过后正式命名。

巴美肉羊头呈三角形，公、母羊均无角，颈短宽，胸宽而深，背腰平直，体躯较长。四肢坚实有力，蹄质结实。属短瘦尾，呈下垂状。被毛同质，白色，呈毛丛结构，闭合性良好。皮肤为粉色。体格较大，体质结实，结构匀称，骨骼粗壮结实，肌肉丰满，肉用体形明显、呈圆桶形。头部至两眼连线覆盖细毛。

成年公羊和母羊体重分别为109.9千克和62.3千克，体高分别为80.1厘米和72.1厘米，体长为83.1厘米和73.4厘米。成年公羊宰前重109.8千克，胴体重55.3千克，屠宰率50.4%，净肉率39.0%。成年羊平均产毛量7.1千克，羊毛自然长度7.9厘米，净毛率48.5%，毛纤维直径22微米。公羔8～10月龄性成熟，母羔为5～6月龄。初配年龄公羊为10～12月龄，母羊为7～10月龄。母羊为季节性发情，主要集中在8～11月龄，产羔率126%。羔羊初生重公羔4.7千克，母羔4.6千克，羔羊断奶重公羔25.8千克，母羔25千克，羔羊成活率98%（图1-41、图1-42）。

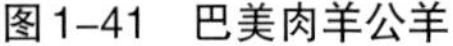

图1-41　巴美肉羊公羊

图1-42　巴美肉羊母羊

二、引进国外绵羊品种

（一）毛用、肉毛兼用羊品种

1.澳洲美利奴羊

澳洲美利奴羊属于毛用细毛羊品种，是世界上最著名的毛用细毛羊品种，以其产毛量高、羊毛品质好而垄断国际羊毛市场。澳洲美利奴羊原产于澳大利亚，现已分布世界各地，在我国主要分布在内蒙古、新疆、吉林、辽宁、河北、甘肃、青海等细毛羊主产区，是我国细毛羊品种培育中主要的父本品种，在我国细毛羊生产中发挥了重要作用。

澳洲美利奴羊体质结实，结构匀称，体躯近似长方形。公羊有螺旋形角，颈部有1～3个发育完全或不完全的横皱褶。腿短，体宽，背部平直，后肢肌肉丰满。母羊无角，颈部有发达的纵皱褶。被毛为毛丛结构，毛密度大，细度均匀，弯曲均匀、整齐而明显，光泽好，油汗为白色。头毛覆盖至两眼连线，前肢毛着生至腕关节或腕关节以下，后肢毛着生至飞节或飞节以下（图1-43、图1-44）。

图1-43　澳洲美利奴羊公羊

图1-44　澳洲美利奴羊母羊

澳洲美利奴羊根据羊毛细度、长度和体重分为超细型、细毛型、中毛型和强毛型四种（表1-1）。

表1-1　澳洲美利奴羊生产性能

指标	类型				
	性别	超细型	细毛型	中毛型	强毛型
成年羊体重/千克	公羊	50～60	60～70	70～90	80～100
	母羊	32～38	33～40	40～45	43～68
成年羊剪毛量/千克	公羊	7.0～8.0	7.5～8.5	8.0～12	9.0～14
	母羊	3.4～4.5	4.5～50	5.0～6.5	5.0～8.0
毛细度/微米		16.5～20.0	18.1～21.5	20.1～23.0	23.1～27.0
毛长度/厘米		7.0～7.5	7.5～8.5	8.5～10.0	8.8～5.2
净毛率/%		65～70	63～68	65	60～65

2.德国肉用美利奴羊

德国肉用美利奴羊属于肉毛兼用细毛羊品种，原产于德国的萨克森州。具有体格大、早熟、生长发育快、繁殖力高、产肉多、被毛品质好、改良效果明显等优点。1958年以来多次引入我国，主要分布于江苏、安徽、甘肃、新疆、内蒙古、黑龙江、吉林、山东、山西等地区，对改善我国细毛羊的产肉性能有明显效果。

德国肉用美利奴羊被毛为白色，密而长，弯曲明显。体格大，成熟早。公、母羊均无角。胸深宽，背腰平直，肌肉丰满，后躯发育良好。

德国肉用美利奴羊成年公羊体重90～100千克，成年母羊60～65千克。成年公羊剪毛量10～11千克，成年母羊4.5～5.0千克。净毛率45%～52%。羊毛长度7.5～9.0厘米、细度60～64支。母羊产羔率140%～175%。生长发育快、早熟、肉用性能好，6月龄羔羊体重达40～45千克，胴体重19～23千克，屠宰率47.5%～51.1%（图1-45、图1-46）。

图1-45　德国肉用美利奴羊公羊

图1-46　德国肉用美利奴羊母羊

3. 考力代羊

考力代羊是肉毛兼用型半细毛绵羊品种，具有肉用体形良好，产毛量高，羊毛细度、同质度、匀度、净毛率良好的特点。用作父本改良杂交效果明显，是我国东北半细毛羊、贵州半细毛羊等多个培育品种的父系品种。

考力代羊公、母羊均无角，颈较短而宽，背腰平直，肌肉丰满，后躯发育良好，四肢结实。全身被毛为白色，匀度好。头毛着生到前额，前肢毛着生到腕关节，后肢毛着生到飞节。腹毛着生良好。

考力代羊成年公羊体重85～105千克，成年母羊65～80千克，成年公羊剪毛量10～12千克，成年母羊5～6千克，毛长9～12厘米，羊毛细度50～56支，净毛率为60%～65%。母羊产羔率110%～130%。考力代羊具有良好的早熟性，4月龄羔羊体重可达35～40千克，但肉品质中等（图1-47、图1-48）。

图1–47　考力代羊公羊

图1–48　考力代羊母羊

考力代羊体格中等、抗病力强、耐粗饲，适于湿润地区饲养。在吉林、辽宁、安徽、浙江、贵州等地表现良好，在我国浙江、安徽、贵州和云南等省的适应性较好。

（二）肉用羊品种

1.夏洛来羊

夏洛来羊属于肉用型绵羊品种，原产于法国中部的夏洛莱丘陵和谷地，具有早熟、生长发育快、泌乳能力好、体重大、胴体瘦肉率高、育肥性能好等特点。夏洛来羊肉质深红、质地较硬，脂肪少、瘦肉多，是进行优质肥羔生产的理想父本。我国引入后主要饲养在辽宁、山东、河北、山西、河南、内蒙古、黑龙江等地。

夏洛来羊肉用体形良好。头部无毛，略带粉红色或灰色，个别羊有黑色斑点。公、母羊均无角，额宽，耳大，颈短粗，肩宽平，胸宽而深，体躯较长、呈圆筒状，后肢间距大，呈倒U形。肌肉发达，四肢端正，被毛同质、白色。

夏洛来羊生长速度快，4月龄育肥羔羊体重35～45千克，6月龄公羔体重48～53千克，母羔38～43千克，周岁公羊体重70～90千克，成年母羊体重80～100千克。产肉性能好，4～6月龄羔羊胴体重20～23千克，屠宰率50%，胴体品种好、瘦肉率高、脂肪少。成年公羊剪毛量3～4千克，成年母羊2.0～2.5千克，毛长度4～7厘米、毛细度56～58支。母羊季节性发情，发情多集中在9～10月份，初产母羊产羔率135%，经产母羊产羔率达190%（图1-49、图1-50）。

图1-49　夏洛来羊公羊（毛杨毅摄）

图1-50　夏洛来羊母羊（毛杨毅摄）

夏洛来羊引入我国后，除进行自群繁育外，主要用于杂交改良，效果较好。如用夏洛来羊公羊与小尾寒羊母羊杂交，一代杂种羊10月龄羔羊宰前体重、胴体重、屠宰率分别比小尾寒羊提高9.02%、28.22%、16.24%。

2. 萨福克羊

萨福克羊属于肉用羊品种，是世界上大型肉羊品种之一，肉用体形突出，具有繁殖率、产肉率、日增重高、肉质好、耐粗饲、适应性强等特点，被各引入地作为肉羊生产的终端父本。20世纪70年代我国从澳大利亚引进萨福克羊，分别饲养在新疆和内蒙古。随后各地相继引入萨福克羊种羊，主要分布在新疆、内蒙古、北京、宁夏、吉林、河北和山西等北方大部分地区，对提高本地羊的产肉性能和培育我国肉用羊品种效果明显。

萨福克羊体躯主要部位被毛为白色，偶尔可发现有少量的有色纤维，头和四肢为黑色，新生羔羊多数被毛为黑色或浅黑色，随着年龄的增加逐渐变为白色。体格大，头短而宽，鼻梁隆起，耳大，公、母羊均无角。颈粗短，胸宽，背、腰、臀部宽长而平。体躯呈圆筒状，四肢较短，肌肉丰满，后躯发育良好。

萨福克羊体格大、早熟、生长发育快，体重成年公羊100～136

千克、成年母羊70～96千克。成年公羊剪毛量5～6千克，成年母羊2.5～3.6千克。毛长7～8厘米，毛细度50～58支，净毛率60%。产肉性能好，4月龄公羊胴体重24.4千克，母羊19.7千克。公、母羊7月龄性成熟，母羊全年发情，产羔率130%～165%（图1-51）。

图1-51　萨福克羊母羊（毛杨毅摄）

3.无角陶赛特羊

无角陶赛特羊属肉用型绵羊品种，原产于澳大利亚和新西兰，无角陶赛特羊具有生长发育快、体形大、肉用性能好、常年发情、适应性强等特点，是适于我国规模化、集约化羊业生产的理想品种之一。20世纪80年代以来，我国先后从澳大利亚和新西兰引入无角陶赛特羊，分布在新疆、内蒙古、甘肃、北京、河北、山东、山西、陕西、青海等地区。

无角陶赛特羊体质结实，头短而宽，耳中等大，公、母羊均无角。胸宽深，背腰平直，体躯长，肌肉丰满，后躯发育好。面部、四肢及被毛为白色。

无角陶赛特羊成年公羊体重90～110千克，成年母羊65～75千克，成年公羊剪毛量3.0～3.7千克，成年母羊2.3～3.0千克。羊毛长度7～9厘米，毛细度56～58支，净毛率60%～65%。生长发育快、胴体品质好、产肉性能高，经过育肥的4月龄公羔胴体重22千克、母羔19.7千克，屠宰率50%以上。母羊常年发情，繁殖率高，产羔率144%，羔羊繁殖成活率为130%（图1-52）。

图1-52　无角陶赛特羊母羊（毛杨毅摄）

4.特克赛尔羊

特克赛尔羊属于肉用羊品种，原产于荷兰特克赛尔岛，具有生长速度快、肉品质好、适应性强、耐粗饲、抗病力强、耐寒等特点，可作为经济杂交生产优质肥羔以及培育肉羊新品种的父本，已经成为养羊业发达国家生产肥羔的首选终端父本。20世纪60年代我国从法国引进该品种羊，辽宁、宁夏、北京、河北、陕西、山西、甘肃等地先后引进该品种羊。

特克赛尔羊头大小适中、清秀，无长毛。公、母羊均无角。颈中等长，鬐甲宽平，胸宽，背腰平直而宽，肌肉丰满，后躯发育良好。

特克赛尔羊成年公羊体重110～130千克，成年母羊70～90千克。剪毛量5～6千克，净毛率60%，毛长10～15厘米，毛细度50～60支。羔羊肌肉发达，肉品质好，瘦肉率和胴体分割率高。生长发育快、早熟，羔羊70日龄前平均日增重300克，在适宜的草场条件下，120日龄羔羊体重达40千克，6～7月龄羊体重达50～60千克。繁殖性能好，母羊7～8月龄便可配种繁殖，产羔率150%～160%，高的达200%（图1-53、图1-54）。

图1-53　特克赛尔羊公羊（毛杨毅摄）

图1-54　特克赛尔羊母羊（毛杨毅摄）

5. 杜泊羊

杜泊羊属肉用羊品种，原产于南非共和国。具有典型的肉用体形，肉用品质好，体质结实，板皮质量好，对炎热、干旱等气候条件有良好的适应性的特点，可作为生产优质肥羔的终端父本和培育肉羊新品种的育种素材。2001年我国首次从澳大利亚引进杜泊羊，在天津、山东、山西、陕西、河北、河南、甘肃、内蒙古等地都有饲养。

杜泊羊从颜色上可分为黑头和白头两种，公羊头稍宽，鼻梁微隆。母羊较清秀，鼻梁多平直，耳较小，向前侧下方倾斜。颈长适中，胸宽而深，体躯浑圆，背腰平宽，四肢较细短，肢势端正，蹄质坚实。杜泊羊从毛长度上可分为长毛型和短毛型，被毛为异质毛，干死毛较多。长毛型羊可生产地毯毛，适应寒冷的气候条件，短毛型羊毛短，抗炎热和雨淋能力强。

杜泊羊生长发育快，公羔初生重5.20千克，母羔4.40千克。3月龄公羔体重33.40千克，母羔29.30千克。6月龄公羔体重59.40千克，母羔51.40千克。12月龄公羊体重82.10千克，母羊71.30千克。24月龄公羊体重120.0千克，母羊85.0千克。杜泊羊产肉性能好，在放牧条件下，6月龄体重可达60千克以上。在舍饲育肥条件下，6月龄体重可达70千克左右。肥羔屠宰率55%，净肉率46%。胴体瘦肉率高，肉质细嫩多汁、膻味轻、口感好，特别适于肥羔生产。繁殖性能好，公羊5～6月龄、母羊5月龄性成熟，公羊10～12月龄、母羊8～10月龄初配。母羊四季发情，初产母羊产羔率132%，第二胎167%，第三胎220%。在良好的饲养管理条件下，可两年产三胎（图1-55）。

图1–55　白头杜泊公羊（毛杨毅摄）

（三）乳用羊品种

东佛里生乳用羊（简称东佛里生羊）属乳用羊绵羊品种，原产于荷兰和德国北部，具有泌乳性能高、性情温驯的特点，适于固定式挤奶系统，是世界上绵羊品种中产奶性能最好的品种，用于培育合成母系和新的乳用品种。在我国北京、辽宁、山西等地有饲养，用来同其他品种进行杂交来提高产奶量和繁殖力。

该品种体格较大，体形结构良好，公、母羊均无角，被毛白色，偶有纯黑色个体。体躯宽长，背腰平直，腰部结实，肋骨拱圆，尾瘦长，乳房结构优良、宽广、乳头良好。

成年公羊体重90～120千克，成年母羊70～90千克。成年公羊剪毛量5～6千克，成年母羊4.5千克，羊毛长度10～15厘米，羊毛同质，羊毛细度46～56支，净毛率60%～70%。母羔在4月龄达初情期，发情季节持续时间约为5个月，东佛里生羊的产羔率为200%～230%。成年母羊260～300天产奶量500～810千克，乳脂率6%～6.5%。波兰的东佛里生羊日产奶3.75千克，最高纪录是一个泌乳期产奶量达到1498千克（图1-56）。

图1–56　东佛里生羊（毛杨毅摄）

第三节 山羊品种

我国列入《国家畜禽品种遗传资源名录》的山羊遗传资源有山羊74个，分布于我国各个省份。

一、国内主要山羊品种

（一）地方品种

1.辽宁绒山羊

辽宁绒山羊是我国优秀的绒肉兼用型绒山羊地方品种，主产于辽宁省东部山区及辽东半岛地区，主要分布于盖州、岫岩、本溪、凤城、宽甸、庄河、瓦房店、新宾、辽阳等县（市），具有体大、绒长、产绒量高、绒综合品质好、适应性强、遗传性能稳定的特点。已推广到内蒙古、陕西、新疆、山西等17个省、自治区，是我国各地绒山羊新品种培育的主要父本品种。

辽宁绒山羊体质结实，结构匀称。被毛全白，外层有髓毛长而稀疏、无弯曲、有丝光，内层密生无髓毛、清晰可见。肤色为粉红色。头轻小，额顶有长毛，颌下有髯。公、母羊均有角，公羊角粗壮、发达，向后朝外侧呈螺旋式伸展，母羊多板角，稍向后上方翻转伸展，少数为麻花角。颈宽厚，颈肩结合良好。背腰平直，后躯发达，四肢粗壮，坚实有力，尾短瘦，尾尖上翘。

成年公羊和母羊体重分别为81.7千克和43.2千克，体高分别为74.0厘米和61.8厘米，体长为82.1厘米和71.5厘米。12月龄公羊宰前重25.0千克，胴体重11.3千克，屠宰率45%，净肉率36%。每年抓绒一次，成年公羊产绒1368克，母羊为641克。绒山羊5～7月龄性成熟，15～18月龄初配。母羊发情季节主要在10～12月份，产羔率115%左右。公羔初生重3.0千克、母羔2.9千克，羔羊成活率96.5%（图1-57、图1-58）。

图1-57　辽宁绒山羊公羊
（毛杨毅摄）

图1-58　辽宁绒山羊母羊
（毛杨毅摄）

2. 内蒙古绒山羊

内蒙古绒山羊是我国著名的绒肉兼用型绒山羊地方品种，主要产于内蒙古西部地区，分为阿尔巴斯型、二狼山型和阿拉善型，具有产绒量高、遗传性能稳定，对荒漠、半荒漠草原适应能力强等特点，以绒细长、柔软及白度、光泽好而驰名中外，是国际上纺织羊绒精品的主要原料。

内蒙古绒山羊全身被毛纯白，体躯呈长方形，体质结实，结构匀称，体格中等。头清秀，额顶有长毛，颌下有须。公、母羊均有角，呈黄白色，公羊角扁而粗大，向后方两侧螺旋式伸展。母羊角细小，向后方伸出。两耳向两侧伸展或半垂，鼻梁微凹。颈宽厚，胸宽而深，肋开张，背腰平直，后躯稍高，尻斜，四肢端正、强健有力，蹄质坚实。尾短小，尾向上翘。

阿尔巴斯型绒山羊成年公羊和母羊体重分别为63.8千克和29.9千克，体高分别为70.7厘米和65.4厘米，体长为75.4厘米和61.7厘米。成年公羊宰前重43.0千克，胴体重22.9千克，屠宰率53.3%，净肉率38.0%。每年抓绒一次，成年公羊产绒1014克，母羊为623克。绒山羊6～8月龄性成熟，18月龄初配。母羊发情季节主要在7～11月份，产羔率105%左右。公羔初生重2.5千克，母羔2.3千克，羔羊断奶重阿尔巴斯型公羔17.13千克，母羔16.47千克，羔羊成活率92%～97%（图1-59）。

图1-59　内蒙古绒山羊放牧群（毛杨毅摄）

3.西藏山羊

西藏山羊属高寒地区肉、绒、皮兼用型山羊地方品种。原产于青藏高原，分布于西藏自治区全境，四川省甘孜、阿坝藏族羌族自治州，青海省玉树、果洛藏族自治州。具有耐粗饲、抗逆性强的特点，对高寒牧区的生态条件有较好的适应能力，终年放牧饲养。

西藏山羊被毛以黑色为主，其次为杂色。体格中等，体躯呈长方形。公、母羊均有角，公羊角粗大，向后、向外侧扭曲伸展；母羊角较细，角尖向后、向外侧弯曲或向头顶上方直立扭曲。公、母羊均有额毛和须。头大小适中，耳长灵活，鼻梁平直。鬐甲略低，胸部深广，背腰平直，尻较斜。四肢结实，蹄质坚实。尾小、上翘。

成年公羊和母羊体重分别为22.0 ～ 36.4千克和20.1 ～ 24.2千克，体高分别为50.0 ～ 61.0厘米和47.8 ～ 54.4厘米，体长为61.1 ～ 65.9厘米和55.0 ～ 60.3厘米。公羊宰前重24.0千克，胴体重11.3千克，屠宰率47.1%，净肉率40.0%。每年抓绒一次，成年公羊产绒400 ～ 600克，母羊为300 ～ 500克。农区和半农半牧区公羊、母羊4 ～ 6月龄性成熟，初配年龄为8 ～ 9月龄，牧区公羊、母羊初配年龄为12 ～ 18月龄，产羔率100% ～ 140%，羔羊断奶成活率90%（图1-60、图1-61）。

图1–60　西藏山羊公羊

图1–61　西藏山羊母羊

4.新疆山羊

新疆山羊属绒肉兼用型山羊地方品种，新疆维吾尔自治区各地、州、县、市均有分布。中心产区为东疆的哈密、南疆的巴音郭楞蒙古自治州、阿克苏地区、喀什、和田以及北疆的伊犁哈萨克自治州、博尔塔拉蒙古自治州、塔城地区、昌吉回族自治州等地。具有体质结实、耐粗饲、适应性好、抗逆性强、羊绒品质好等优良特性，常年放牧养殖。

新疆山羊被毛以白色为主，褐色和青色次之。体质结实。头中等大小，公羊角粗大，多数向上直立、略向外张开，也有向上、向内交叉的形状；母羊大多数无角或角细小，多向后上方直立。额宽平，耳小、半下垂，鼻梁平直或下凹，颌下有须。背平直，体躯长深，后躯发育稍差，尻斜。四肢端正，蹄质结实。短瘦尾，尾尖上翘。

成年公羊和母羊体重分别为22.6千克和23.6千克，体高分别为54.8厘米和55.5厘米，体长为59.9厘米和58厘米。周岁公羊宰前重22.6千克，胴体重9.2千克，屠宰率40.7%，净肉率30.3%。每年抓绒一次，成年公羊产绒380克，母羊为360克。公羊、母羊8～10月龄性成熟，初配年龄公羊为18～20月龄，母羊为16～18月龄，产羔率100%～120%。公羔初生重2.3千克，母羔2.1千克，公羔断奶重12.5千克，母羔12.1千克，羔羊断奶成活率98%（图1-62、图1-63）。

图1-62　新疆山羊公羊

图1-63　新疆山羊母羊

5.太行山羊

太行山羊包括黎城大青羊（山西）、武安山羊（河北）和太行黑山羊（河南）三个地方品种，1982年统一命名为太行山羊，属肉绒兼用型山羊地方品种，中心产区位于山西省黎城、左权、和顺等县，河北省武安、井陉、唐县、涞源等市（县），主要分布于太行山区山西省榆社、武乡、沁源、平顺、壶关等县，河北省阜平、平山、临城、内丘、邢台、涉县、磁县等县以及河南省林州等市、县。具有耐粗饲，对气候干燥、石山陡坡、水源短缺、植被稀疏和灌木草地的自然环境适应性很强的特点，终年放牧。

太行山羊被毛长而光亮、多呈黑色，少数为青色、雪青色、灰白色和杂色等。外层被毛粗硬而长，富有光泽。内层无髓毛为紫色，细长、富有弹性。体质结实，体格中等，结构匀称，骨骼较粗。头略显粗长，面清秀，额宽平，耳小前伸。公、母羊均有须。公羊角圆粗而长，呈扭曲形向外伸展。母羊角扁细而短，角形复杂，但多呈倒八字形。颈略短粗，颈肩结合良好。胸宽深，背腰平直，后躯比前躯稍高。四肢健壮，蹄质坚实。尾短小、上翘。

成年公羊和母羊体重分别为42.7千克和38.9千克，体高分别为67.7厘米和61.5厘米，体长为71.9厘米和65.6厘米。10月龄公羊宰前重23.3千克，胴体重9.5千克，屠宰率40.8%，净肉率32.5%。每年抓绒一次，成年公羊产绒204.7克，母羊为184.8克。公羊7～9月龄性成熟，母羊5～7月龄性成熟，公羊初配年龄为18～20月龄，母羊为16～18月龄，产羔率130%。羔羊初生重公羔1.9千克，母羔1.8千克，公羔断奶重14.5千克，母羔14.0千克，羔羊断奶成活率96.5%（图1-64、图1-65）。

图1–64　太行山羊公羊（毛杨毅摄）

图1–65　太行山羊母羊（毛杨毅摄）

6. 吕梁黑山羊

吕梁黑山羊属以产肉绒兼用的山羊地方品种，主产于山西省吕梁市，分布于晋西黄土高原的吕梁山区一带，具有耐粗饲、抗逆性和适应性强的特点，是培育的“晋岚绒山羊”品种的母本。

吕梁黑山羊的被毛按毛色分为黑羊型和青背型两种，以黑羊型居多，青色次之，部分为棕色、白色和画眉色等。头清秀，额稍宽，耳薄、灵活，头顶毛呈卷曲状，覆盖额部。公、母羊都有角，以撇角最多，其次是倒八字角和包角（弯角）。后躯高于前躯，体躯呈长方形。体格中等，体质结实，结构匀称，四肢端正，强健有力。

成年公羊和母羊体重分别为49.7千克和37.5千克，体高分别为62.3厘米和58.3厘米，体长为64.5厘米和59.7厘米。成年羯羊屠宰率52.6%，净肉率36.3%。每年抓绒一次，成年公羊产绒300～400克，母羊为250～300克。公羊、母羊5～6月龄性成熟，初配年龄公羊为1.5岁，产羔率105%，公羔初生重2.2～3.5千克，母羔2.1～3.0千克，羔羊断奶成活率85%（图1-66、图1-67）。

图1-66　吕梁黑山羊公羊（毛杨毅摄）

图1-67　吕梁黑山羊母羊（毛杨毅摄）

7. 中卫山羊

中卫山羊又名沙毛山羊，是我国著名的白色裘皮用山羊品种。具有体质结实、耐粗饲、适应性强、遗传性能稳定、耐寒、抗暑、抵御风沙能力强的特点。其裘皮花案清晰、花穗美观、不黏结。羊毛具有白色丝样光泽，被誉为“中国马海毛”。中心产区位于宁夏回族自治区中卫市香山地区，主要分布于宁夏中卫、中宁、海原、同心和甘肃靖远、景泰、皋兰、会宁等县（市）。常年放牧为主。

中卫山羊被毛颜色分白色、黑色两类，绝大多数为白色。体质结实，结构匀称，体格中等，鼻梁平直，额部着生额毛，颌下有须，公羊有角向上向后向外伸展的捻曲状大角，母羊有镰刀状角，颈肩结合良好，背腰平直，体躯近似方形，四肢端正，蹄质结实。

中卫山羊35日龄左右，以盛产花穗美观、毛股紧实清晰、色白如玉、丝性光泽、轻暖柔软的沙毛皮而驰名中外。沙毛皮有白、黑两种，白色居多，黑色油黑发亮，具有保暖、结实、轻便、美观、穿着不擀毡等特点。沙毛皮花穗清晰、呈波浪形，称为麦穗花。凡弯曲一致、弧度均匀、毛型比例适中者，属优良花穗。沙毛皮光泽悦目，手摸时稍感粗糙，故有沙毛皮之称。毛股长7～8厘米，裘皮平均面积为1709.3平方厘米。冬羔裘皮品质比春羔裘皮好。

成年公羊和母羊体重分别为41.2千克和28.2千克，体高分别65.7厘米和57.1厘米，体长为68.0厘米和61.6厘米。周岁羯羊宰前重26.6千克，屠宰率47.0%，净肉率35.8%。每年剪毛一次，成年公羊产毛330克，产绒240克，母羊产毛250克，产绒170克。公羊8月龄、母羊5～6月龄性成熟，初配年龄公羊为30月龄，母羊18月龄，产羔率103%，公羔初生重2.3千克，母羔2.0千克（图1-68、图1-69）。

图1–68　中卫山羊公羊

图1–69　中卫山羊母羊

（二）培育品种

1.关中奶山羊

关中奶山羊是我国培育的优良乳用山羊品种，由西北农业大学（今西北农林科技大学）和陕西省各基地县畜牧技术部门共同培育而成。主产于陕西关中地区的富平、三原和泾阳县等，主要分布于渭南、咸阳、宝鸡、西安市等市的各县（区）。具有体质结实、乳用体形明显、产奶性能好、抗病力强、耐粗饲、易管理、适应性广、肉质鲜美、遗传性能稳定的特点。

关中奶山羊体质结实，乳用体形明显。毛短色白，皮肤为粉红色。头长，额宽，眼大，耳长，鼻直，嘴齐。部分羊体躯、唇、鼻及乳房皮肤有大小不等的黑斑。有的羊有角、额毛、肉垂。公羊头颈长，胸宽深。母羊背腰长而平直，腹大、不下垂，尻部宽长、倾斜适度。乳房大、多呈方圆形、质地柔软，乳头大小适中。公、母羊四肢结实、肢势端正，蹄质坚实。

成年公羊和母羊体重分别为66.5千克和56.4千克，体高分别为87.2厘米和75.0厘米，体长分别为87.3厘米和78.9厘米。周岁公羊宰前重34.3千克，屠宰率53.3%，净肉率39.5%。成年母羊的产奶量为684.4千克，乳蛋白3.35%，乳脂肪4.12%。关中奶山羊5～8月龄性成熟，公羊8月龄左右、母羊6～9月龄为初配年龄，产羔率188%（图1-70、图1-71）。

图1-70　关中奶山羊公羊

图1-71　关中奶山羊母羊

2.崂山奶山羊

崂山奶山羊属我国培育的优良乳用山羊品种。由青岛市崂山区农牧局、山东农业大学共同培育而成。中心产区位于山东省胶东半岛，主要分布于青岛市、烟台市、威海市和潍坊市、临沂市、枣庄市等部分县（市）。具有生长发育快、体格健壮、耐粗饲、抗病力强、适应性好、产奶量较高和遗传性能稳定等优点。

崂山奶山羊体质结实，结构匀称。被毛为纯白色，毛细短。头长，额宽，眼大嘴齐，耳薄、向前外方伸展。公、母羊大多无角，有肉垂。胸部宽深，肋骨开张，背腰平直，尻平斜。母羊乳房基部宽广、体积大、发育良好。四肢健壮、端正，蹄质结实。尾短瘦。

成年公羊和母羊体重分别为76.4千克和45.2千克，体高分别为

85.7厘米和70.6厘米，体长分别为94.6厘米和78.0厘米。9月育肥羯羊宰前重52.5千克，屠宰率54.5%，净肉率43.1%。奶山羊平均泌乳期240天，平均产奶量第一胎361.7千克，第二胎483.2千克，第三胎613.8千克，乳脂肪3.73%，乳蛋白质2.89%。公羊初配年龄7～8月龄，母羊6～7月龄。产羔率170%（图1-72、图1-73）。

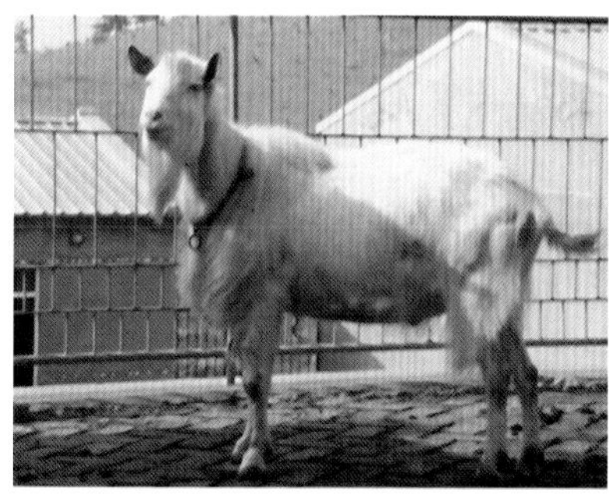

图1-72　崂山奶山羊公羊

图1-73　崂山奶山羊母羊

3.柴达木绒山羊

柴达木绒山羊属绒肉兼用型山羊培育品种，由青海省畜牧兽医科学院等单位联合培育而成，是以辽宁绒山羊为父本、柴达木山羊为母本，进行级进杂交育成。对高原寒冷环境表现出很强的适应性，具有耐粗饲、抗逆性强、被毛纯白、产绒量较高、绒质好等优良特性。2001年通过青海省畜禽品种委员会审定，2009年通过国家畜禽遗传资源委员会审定。

柴达木绒山羊被毛纯白，呈松散的毛股结构。外层有髓毛较长、光泽良好，具有少量浅波状弯曲，内层密生无髓绒毛。体质结实，结构匀称、紧凑，体躯呈长方形。面部清秀，鼻梁微凹。公、母羊均有角，公羊角粗大，向两侧呈螺旋状伸展，母羊角小，向上方呈扭曲伸展。后躯略高，四肢端正、有力，骨骼粗壮、结实，肌肉发育丰满适中。蹄质坚硬，呈白色或淡黄色，尾小而短。

成年公羊和母羊体重分别为40.2千克和29.6千克，体高分别为60.7厘米和56.1厘米，体长分别为66.4厘米和61.4厘米。成年羯羊宰前重37.0千克，屠宰率46.9%。成年公羊和母羊产绒量分别为540

克和450克，羊绒6厘米，细度14.7微米。羔羊6月龄性成熟，母羊初配年龄1.5岁，产羔率105%，羔羊成活率85%（图1-74、图1-75）。

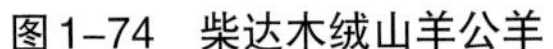
图1-74 柴达木绒山羊公羊

图1-75 柴达木绒山羊母羊

4.陕北白绒山羊

陕北白绒山羊（陕西绒山羊）属绒肉兼用型山羊品种，是以辽宁绒山羊为父本，以当地黑山羊为母本，经杂交改良、横交固定和选育提高而培育的绒山羊品种，2002年通过国家品种审定委员会鉴定。中心产区位于陕北长城沿线风沙区和黄土高原丘陵沟壑区交接地带的横山县、靖边县，主要分布于陕北的榆林市和延安市各县（区）。具有体质结实、绒纤维细长、产绒量高、耐粗饲、适应性强、群体数量大、体形外貌比较一致、遗传性能稳定的特点。

陕北白绒山羊被毛为白色，体格中等。公羊头大、颈粗，母羊头轻小，额顶有长毛，颌下有须，面部清秀，眼大有神。公、母羊均有角，角形以撇角、拧角为主。公羊角粗大，呈螺旋式向上、向两侧伸展。母羊角细小，从角基开始，向上向后、向外伸展，角体较扁。颈宽厚，颈肩结合良好。胸深背直。四肢端正，蹄质坚韧。尾瘦而短，尾尖上翘。

成年公羊和母羊体重分别为41.2千克和28.67千克，体高分别为62.3厘米和56.2厘米，体长分别为68.4厘米和61.4厘米。周岁羯羊宰前重28.6千克，屠宰率41.79%，净肉率32.78%。成年公羊和母羊产绒量分别为723.8克和443.8克，羊绒长度5～6厘米，细度14.46微米。羔羊7～8月龄性成熟，公羊初配年龄1.5岁、母羊2周岁，产羔率105.8%，公羔初生重2.5千克，母羔2.2千克（图1-76、图1-77）。

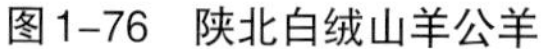
图1-76　陕北白绒山羊公羊

图1-77　陕北白绒山羊母羊

5. 晋岚绒山羊

晋岚绒山羊属绒肉兼用型山羊品种，是以辽宁绒山羊为父本，以吕梁黑山羊为母本，经杂交改良、横交固定和选育提高而培育的绒山羊品种，2011年通过国家品种审定委员会鉴定。主产区为山西省岢岚县、偏关县、兴县、岚县等地，分布于吕梁山区及其周边市县。具有适应性强、耐粗饲、遗传性能稳定、产绒量高、绒毛细度好的特点。

晋岚绒山羊全身被毛白色，外层为粗毛，内层为致密的绒毛，绒毛油汗为白色或乳白色。头清秀，额顶有少量长毛，颌下有髯，眼大有神。公母羊均有角、白色，公羊角粗大、呈螺旋状向上向外伸展，母羊角细小、向上向后向外伸展，成年公母羊角螺旋明显。颈宽厚，胸深，背腰平直，四肢端正。蹄质坚韧，呈白色。体格中等，紧凑细致。尾瘦而短，尾尖上翘。

成年公羊和母羊体重分别为37千克和30千克，体高分别为55厘米和50厘米，体长为65厘米和58厘米。成年羯羊宰前重41千克，屠宰率46.8%，净肉率36.8%。成年公羊和母羊产绒量分别为650克和420克，羊绒长度4～6厘米，细度14.5～16.5微米。公羊9～10月龄达到性成熟，15～18月龄开始配种。母羊初情期7～8月龄，

12～15月龄开始初配，产羔率105%，羔羊初生重1.8～2.0千克，断奶重9～10千克（图1-78、图1-79）。

图1-78　晋岚绒山羊公羊
（毛杨毅摄）

图1-79　晋岚绒山羊母羊
（毛杨毅摄）

6.罕山白绒山羊

罕山白绒山羊属绒肉兼用型山羊培育品种，1995年由内蒙古自治区人民政府命名。2010年由国家畜禽遗传资源委员会审定，具有遗传性能稳定、产绒量高、绒毛品质优良、产肉性能好、耐粗饲和适应性强等特点。中心产区位于内蒙古赤峰市的巴林右旗和通辽市的扎鲁特旗，巴林左旗、阿鲁科尔沁旗、霍林郭勒市、库伦旗等旗（县）亦有少量分布。该品种是在当地土种山羊基础上，通过加大选育和导入辽宁绒山羊血液，经横交固定和扩繁提高等培育的绒山羊新品种。

罕山白绒山羊全身被毛为白色，体格较大，体质结实，结构匀称。面部清秀，头大小适中，额前有一束长毛，两耳向两侧伸展或呈半垂状，公羊有扁螺旋形大角，母羊角细长且向后、向外、向上方扭曲伸展。背腰平直，后躯稍高，体长略大于体高。四肢强健，蹄质坚实，尾短而小、向上翘立。

成年公羊和母羊体重分别为38.4千克和36.7千克，体高分别为55.5厘米和54.2厘米，体长分别为74.8厘米和72.0厘米。成年羯羊宰前重40.7千克，屠宰率44.5%，净肉率37.6%。成年公羊和母羊产绒量分别为754克和514克，细度14微米。公羊7～9月龄、母羊6～8月龄性成熟，公羊初配年龄14～16月龄，母羊12～14月龄。产羔率120%，羔羊成活率100%。公羔初生重2.1千克，母羔2.0千克，120日龄公羔断奶重14.5千克，母羔12.1千克（图1-80、图1-81）。

图1–80　罕山白绒山羊公羊

图1–81　罕山白绒山羊母羊

7.南江黄羊

南江黄羊是我国培育的肉用型山羊品种，以努比山羊、成都麻羊为父本，南江县本地山羊、金堂黑山羊为母本，采用复杂杂交方式育成。具有体格大、生长发育快、四季发情、繁殖率高、泌乳力好、抗病力强、适应能力强、产肉力高、板皮品质好、杂交改良效果好等特性。

南江黄羊被毛呈黄褐色，毛短、紧贴皮肤、富有光泽，面部多呈黑色，鼻梁两侧有一条浅黄色条纹。公羊从头顶部至尾根沿背脊有一条宽窄不等的黑色毛带。前胸、颈、肩和四肢上端着生黑而长的粗毛。公、母羊大多数有角，头较大，耳长大，部分羊耳微下垂，颈较粗壮，体格高大，背腰平直，后躯丰满，体躯近似圆筒形。四肢粗壮。

成年公羊和母羊体重分别为67.07千克和45.6千克，体高分别为76.5厘米和66.0厘米，体长分别为82.6厘米和72.2厘米。成年羯羊宰前重50.5千克，屠宰率55.9%，净肉率43.4%。母羊常年发情，8月龄时可配种，一年产两胎或两年产三胎，平均产羔率205.42%（图1-82、图1-83）。

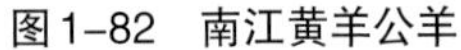
图1-82　南江黄羊公羊

图1-83　南江黄羊母羊

二、引进国外山羊品种

1.萨能奶山羊

萨能奶山羊又名莎能奶山羊，原产于瑞士萨能山谷，是世界上公认最优秀的乳用山羊品种之一。1904年由德国传教士及其侨民将萨能奶山羊带入我国，1932年以后我国又从加拿大、瑞士引进萨能奶山羊，在西北农学院（现西北农林科技大学）经过多年选育出适应我国农区条件下的高产奶羊群体，1985定名为“西农萨能奶山羊”。萨能奶山羊具有体格高大、乳用体形典型、产乳性能好、乳汁优良、繁殖力强、适应性广、遗传性能稳定等特点，在我国奶山羊新品种的培育中发挥了重要作用。

萨能奶山羊全身被毛为白色短毛，皮肤呈粉红色。具有奶畜典型的“楔形”体形。体格高大，结构紧凑，体形匀称，体质结实。具有头长、颈长、体长、腿长的特点。额宽，鼻直，耳薄长，眼大突出。多数羊无角，有的羊有肉垂。公羊颈部粗壮，前胸开阔，尻部发育好，部分羊肩、背及股部生有少量长毛。母羊胸部丰满，背腰平直，腹大而不下垂，后躯发达，尻稍倾斜，乳房基部宽广、附着良好、质地柔软，乳头大小适中。公、母羊四肢端正，蹄质坚实、呈蜡黄色。

成年公羊和母羊体重分别为75～95千克和55～70千克，体高分别为80～90厘米和70～78厘米。成年母羊泌乳期8～10个月，年产奶量为600～1200千克，乳蛋白3.3%，乳脂率3.8%～4.0%。萨能奶山羊2～4月龄性成熟，母羊8～9月龄为初配年龄，产羔率200%。公羔初生重3.5千克，母羔3.0千克，公羔断奶重30.0千克，母羔20.0千克（图1-84、图1-85）。

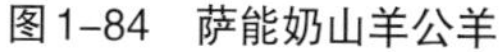

图1-84　萨能奶山羊公羊

图1-85　萨能奶山羊母羊

2.安哥拉山羊

安哥拉山羊是世界著名的毛用山羊品种，具有产毛量高、适应性较强、羊毛品质优良等特点，所生产的羊毛称为“马海毛”，具有特殊的丝状光泽，是优质动物纤维之一。安哥拉山羊原产于土耳其首都安卡拉（旧称安哥拉）周围。1985年我国首次引入安哥拉山羊，随后内蒙古、河南、青海、山西等12个省、自治区陆续引进该品种羊，并与当地山羊进行杂交，对改善羊毛品质和增加产毛量效果明显。

安哥拉山羊全身被毛为白色，由波浪形或螺旋状的毛辫组成，较长者垂至地面，具有美观的绢丝光泽。公、母羊均有白色扁平角，公羊角大、角间距宽，向后、向外、尖端向上弯曲，母羊角比公羊捻曲显著，尖端下弯。颜面平直，头轻而干燥，颌下有须，耳大、稍下垂，嘴端或耳缘有深色斑点，颈部细短。体格中等，背腰平直，体躯稍长。四肢端正，蹄质坚实。为短瘦尾。

安哥拉山羊被毛由两型毛和无髓毛组成。一年剪毛一次，3岁公、母羊产毛量分别为3.6千克和53.1千克，5岁公、母羊产毛量分别为4.4千克和3.2千克。羊毛自然长度13～16厘米，最长可达50

厘米，伸直长度成年公羊19.6厘米，成年母羊18.2厘米。羊毛细度成年公羊34.5微米，成年母羊34.1微米，相当于50～48支，属于同质半细毛，净毛率公羊65%，母羊80%。性成熟较晚，公、母羊初配年龄一般为18个月，每年8～10月份是母羊发情配种高峰期，羊毛产羔率160%，其中第一胎151%，第二胎158%，第三胎175%（图1-86、图1-87）。

图1-86　安哥拉山羊（毛杨毅摄）

图1-87　安哥拉山羊群（毛杨毅摄）

3.波尔山羊

波尔山羊是世界上著名的肉用山羊品种，以肉用体形明显、体形大、生长速度快、产肉多、耐粗饲、适应性强而著称。波尔山羊是由南非培育的肉用型山羊品种，1995年我国首次从德国引进，随后有不少省份引进，在我国山羊主产区均有分布。

波尔山羊体躯为白色，头、耳和颈部为浅红色至深红色或棕色，但头部从前额沿鼻梁到嘴头为白色，宽度不超过两眼间距。体质结实，体格大，结构匀称。额突，眼大，鼻呈鹰钩状，耳长而大，宽阔下垂。公羊角粗大，向后、向外弯曲，母羊角细而直立。颈粗壮，胸深而宽，体躯深而宽阔、圆筒状，肋骨开张良好，背部宽阔而平直，腹部紧凑，臀部和腿部肌肉丰满。短瘦尾，上翘。四肢端正，蹄壳坚实、呈黑色。

波尔山羊周岁公羊体重50～70千克，母羊45～65千克。成年公羊体重90～130千克，母羊60～90千克。肉用性能好，屠宰率8～10月龄48%，周岁50%，2岁52%，3岁54%，4岁时达56%～60%，其胴体瘦而不干，肉厚而不肥，色泽纯正。母羊

5～6月龄性成熟，初配年龄为7～8月龄。在良好的饲养管理条件下，母羊可以全年发情，产羔率193%～225%，母性强，泌乳性能好，羔羊出生重3～4千克，断奶重20～25千克，7月龄公羊体重40～50千克，母羊35～45千克（图1-88、图1-89）。

图1-88 波尔山羊母羊（毛杨毅摄）

图1-89 波尔山羊群体（毛杨毅摄）

第四节 品种利用与选育提高

一、优种羊选择与利用

不同的品种有不同的产品类型、适宜的养殖环境和利用方式，会产生不同的经济效益。在养羊生产中，只有选择合适的品种才会取得较好的经济效益，品种选择非常重要。

1.优良品种概念

品种的好坏，可以直接影响畜牧业的生产水平、产品质量和经济效益。优良的品种，可以在相似的饲养管理条件下生产出更多、更好的产品，可以明显提高养殖业的劳动生产率和经济效益。

品种的好坏是相对于一定生态条件和生产目的、经济效益而言。同一品种在不同的生态环境条件下可以产生不同的生产效果和不同的经济效益。在畜牧业生产中，优良品种需具备以下几个条件。

（1）品种应能很好地适应引入地（或养殖区域）的生态环境条件　任何一个品种都是在特定的生态条件下经长时间选育（自然选择或人工选育）而成，都有其适宜生活的最佳环境，离开最适宜的环境条件其生产性能就会受到一定影响，甚至会影响到生命。比如，南方一些品种对北方冬季严寒气候条件和积雪天气等适应性差，北方的一些品种也会对南方的炎热、潮湿的气候条件表现不适应，都会造成生产能力下降或不能正常生存。因此，选择品种一定要考虑原产地和引入地的环境条件是否一致或接近。

（2）品种应能很好地适应引入地（或养殖区域）的饲养管理条件　不同的品种对饲养管理条件的要求也不同，饲养管理条件不管是放牧还是舍饲，是在陡坡石山区放牧还是在丘陵山区、草原牧区等，这些养殖条件的不同对羊的生产性能影响极大。如小尾寒羊是我国绵羊中多胎优良品种，适宜舍饲或平川农区牵牧饲养，若引种到陡坡石山区放牧则根本无法适应，在这种区域养殖方式下小尾寒羊可能就不是优良品种。再如体形大的肉用羊品种不宜在陡坡、灌木林地放牧，会严重影响生产性能的发挥等。

（3）品种应具有较高的生产性能或特殊的生产用途　引进和养殖优良品种的主要目的是提高生产性能和经济效益，生产性能一般或没有特殊的生产用途则失去引种和养殖的意义。如舍饲养殖的品种应具备繁殖力高、生长发育快、饲料报酬高的特点，若养殖单胎品种或晚熟品种、生产性能不高的品种都不可能有好的经济效益。

（4）品种应具有稳定的遗传性　优良品种不仅本身个体有较好的生产性能和优良性状，而且要具有能够把这些优良性状稳定遗传给后代的遗传特性，不会在后代中出现较大的变异而失去优良特性。

（5）品种应具有广泛的可推广性　优良品种应获得社会的广泛认可，能够给养殖者和社会带来明显的经济效益，而不是仅限于炒种带来的短期效益，没有养殖前途或养殖价值。

（6）品种应能够产生更高的经济效益　优良品种的最终综合体现形式是优质的产品和较高的经济效益。

2.优种羊选择的原则

国内外优良羊品种较多，在众多的品种中如何选择理想的品种显得格外重要。品种的选择要综合考虑以下几方面因素。

（1）依养殖环境选择　选择引进饲养的品种必须要考虑当地的气候条件、养殖环境，要考虑到山区、平川区、南方、北方、牧区、农区等的气候特点，考虑到引进品种在当地的适应性。如在北方和牧区，要考虑到羊的抗寒越冬能力、游走放牧能力和耐粗饲能力等。

（2）依生产产品选择　羊的产品多样，不同的品种其主要生产方向和产品类型不同，引进品种就必须考虑到所期望的产品是什么，如肉用、绒用、毛用、皮用、乳用等，因此选择重点和品种有很大的差异。

（3）依养殖目的选择　养殖目的不同（种羊生产、扩繁、杂交改良、育肥等）则选择的品种质量、数量及性别比例不同、种羊的利用方式也不同。若是为了种羊生产和销售，则选择时对种羊的来源、血统和体形外貌等要进行严格选拔，为防止近亲繁殖和退化，还需要按照血统引进较多比例的公羊。若是自繁自育养殖（包括纯种扩繁），则选择一定比例的公羊即可。若是为了杂交改良，则仅引进公羊即可。若是为了肉羊生产，则可引进2～3个不同肉用羊品种的公羊和具有繁殖率高的母羊品种，开展多元经济杂交效果更好。若仅仅是进行羔羊育肥，则选择肉用羊的杂种羊育肥效果更好。

（4）依养殖方式选择　养殖方式不同选择品种的侧重点不同，若放牧养殖需要考虑选择的品种是否具有善游走能力、爬坡能力、耐粗饲和适应恶劣气候条件的能力等。若舍饲养殖需要考虑繁殖能力、生产性能、抗病能力、饲料报酬等性状。

（5）依养殖习惯选择　·般来说，某一地区传统养殖的品种是最适宜（对气候条件、养殖条件适宜）的品种类型，如传统养殖的品种类型是绵羊或是山羊，说明这些品种在此有较好的适应性，而且当地也积累了对此类型羊的养殖经验，对引进品种的饲养管理都有许多可借鉴的经验。所以，引进品种类型就可优先考虑绵羊或山羊，或者是绵羊、山羊中的某种生产方向的品种（毛用、毛肉兼用、皮用、乳用等），这都可以作为引进品种的参考依据。

3.优种羊个体选择原则

选择个体（选羊）一般应从以下几方面认真选择。

（1）个体应符合品种要求　每个品种都有其明显的区别于其他品种的外貌特征，特别是在头形、体形、毛色、尾形等方面要符合品种特征。

（2）个体生长发育正常　羊的体格大小要和其生长发育阶段、年龄相匹配，不仅在体重方面，而且在体躯发育上要严格筛选。对公羊应着重检查睾丸的发育情况、有无隐睾现象。对母羊要检查乳房发育情况和是否有异常等。

（3）年龄适当　要根据养殖需求选择年龄，若急需配种时则需选择适配年龄的羊，不同品种适配年龄不同。一般建议选购断奶后的育成羊，不宜选购成年羊。年龄过大时会影响购入后的使用年限。

（4）血统清晰　对于引进数量较多时或用于种羊生产时，购买羊只特别是公羊不应有非常近的血缘关系，如全同胞或半同胞或父子关系。

（5）身体健康无疫病　选购羊只应发育正常，体格健壮，动作灵活有精神，反刍与呼吸正常，临床健康。同时要按照动物防疫条例进行有关项目的检测化验，不从疫区引种。

（6）公、母比例适当　不同的用途引种的公母比例不同。若为杂交改良，仅购买公羊即可。若用于纯种繁育可同时购买公羊和母羊。

4.优种羊利用方式

优种羊利用的目的是最大化地发挥种用价值和产生更大的经济效益和社会效益，主要利用方式有以下几种。

（1）种羊繁殖与扩群　对引进或饲养的种羊主要是纯种繁殖，扩大群体数量，通过选育提高使群体的生产性能不断提高，产生好的经济效益。主要有两种类型：一种是种羊生产，以提供种羊为目的，多数是对从国外引进的种羊采用扩繁的方式来扩大羊群数量，为社会提供更多的种羊。另一种是自繁自育养殖，多数是对引进或饲养的优良品种进行自群繁育生产。

（2）品种杂交改良　品种杂交改良主要是利用优良品种对一般或生产性能低的品种进行杂交改良，通过杂交改良提高一般羊群的生产性能，这是养羊生产中最常见的方式。如肉用羊的杂交改良或经济杂交，绒山羊的杂交改良等。

（3）培育新品种　利用优种羊的独特的生产性能来提高一般羊群的生产性能和改变羊的生产方向，并经过长期的复杂杂交和系统选育而培育新的品种。如我国细毛羊品种多数是利用澳大利亚美利奴羊等国外品种和本地绵羊品种经过几十年的连续杂交改良、横交固定和系统选育而成。再如晋岚绒山羊、陕北白绒山羊是利用辽宁绒山羊和当地普通山羊经过几十年的杂交改良和系统选育而成。

（4）提高优种羊利用效果技术措施　为了提高优种羊的利用效果，一是采取改善饲养管理条件，建立与优种羊生活习性、饲养方式和营养需求相适应的生产技术体系，确保优种羊正常繁殖和生产；二是要加快优种羊的繁殖速度，扩大优种羊的数量，为社会提供更多更好的品种；三是要充分发挥优种羊的种用价值，可采用人工授精的方式来扩大优种羊对羊群的影响力，提高利用效果。因此，对于特别贵重、稀缺的种羊，一定要利用新的繁殖技术扩大种羊的影响力。

二、优种羊选育提高

优种羊本身具有较高的生产性能和特殊的产品品质，但在生产中还必须不断地进行选育提高，才有可能使遗传特性稳定地遗传给后代和生产性能得到进一步提高，更能符合畜牧生产和市场的需求，才具有更强的竞争力和取得更高的经济效益。

（一）选育目标

不同生产方向的羊其选育目的和指标不同，但都包括常规指标和专用指标，常规指标适用于各种类型羊的选育，专用指标适用于具有独特生产方向的羊的选育。

1.毛用羊选育目标

毛用羊（包括细毛羊、半细毛羊、绒山羊）选育的主攻方向是提高绒毛的质量和生产能力。

（1）常规指标　体形外貌：头形、角形、毛色、体躯结构、皮肤、四肢等。

生长发育指标：羔羊初生重、断奶重、6月龄重、周岁重、成年体重及各个阶段的体尺指数等。

繁殖性能指标：性成熟、初配期、发情季节、发情期周期、发情持续期、妊娠期、产羔率、羔羊成活率等。

适应性指标：抗逆性（抗寒、抗热、抗雪灾、抗潮湿）、放牧行走能力、抗病性、成活率、耐粗饲能力等。

（2）专用指标　专用指标包括毛（绒）产量、细度、自然长度、伸直长度、匀度、伸度、强度、白度、密度、净毛（绒）率、油脂含量、被毛与腹毛着生情况、单位体重产毛（绒）量等。

2.肉用羊选育目标

肉用羊选育的主攻方向是生长发育速度、饲料报酬、产肉性能和肉品质等。

（1）常规指标　与毛用羊常规指标一致，但在体形外貌方面主要是评价肉用体形。

（2）专用指标　专用指标主要包括育肥及饲料转化指标（日增重、料重比、目标体重日龄等）、产肉性能指标（屠宰体重、胴体重、屠宰率、净肉率、骨肉比、眼肌面积、GR值、胴体脂肪含量等）、肉品质指标（肉色、大理石纹、脂肪含量、蛋白质含量、氨基酸组成、pH、肉嫩度、失水率、熟肉率、膻味及脂肪酸等）、胴体分级及胴体分割指标等。

3.乳用羊选育目标

乳用羊选育的主攻方向是乳的产量、乳品质量和羊的利用期。

（1）常规指标　与毛用羊常规指标一致，但在体形外貌方面主要是评价乳用体形、乳房。在适应性指标方面主要评价乳房病、营养代谢病、繁殖疾病的发病情况和乳用羊利用年限。

（2）专用指标　专用指标包括泌乳期、泌乳量、乳脂率、乳蛋白、乳房形状、饲料报酬及后裔生产性能等，特别是对公羊要进行后裔生产性能测定。

4. 裘（羔）皮用羊选育目标

皮用羊选育的主攻方向是裘（羔）皮的质量及母羊的繁殖性能。

（1）常规指标　与毛用羊常规指标一致，主要考虑产羔率。

（2）专用指标　裘（羔）皮颜色、光泽、花纹、面积、厚度及毛的长度、细度、羊毛弯曲等。

（二）选育技术措施

1. 本品种选育

对于生产性能比较好且有独特优良性状的品种，多采用本品种选育的方法。选育的方法可采用常规选育和分子辅助标记选育。

2. 导入外血

对于某一性状在本品种选育效率低或无法提高的情况下，可选择生产方向相同，且选育性状优秀的其他品种进行改良提高，在导入外血的基础上再进行选育提高。

3. 加强饲养管理

品种优良性状的表现是品种的遗传基础和外界环境共同作用的结果，加强饲养管理是确保品种选育的准确性和提高选育效果的基础，必须予以重视。

4. 建立育种体系

品种选育工作是一项长期的工作，要制定明确的选育目标和技术方案，建立育种技术队伍落实育种方案，健全育种观察、记载和档案管理等，形成完整的育种技术体系。

本章由罗惠娣编写

第二章 羊的营养需要及日粮配制

第一节 羊营养需要及饲料营养功能

一、羊的营养需要

羊生长发育、生产、繁殖及生命活动所需要的营养物质包括能量、蛋白质、矿物质、维生素和水等。羊的营养需要量因品种、年龄、体重、生理阶段和生产需求的不同而有差异，同时也受养殖方式、生产环境等因素的影响。

羊的营养需要分为维持需要和生产需要两部分，一般以维持需要为基础，再按不同生产需要制定相应的能量、蛋白质、矿物质和维生素的需要量。

1.维持需要

羊的维持需要在理论上就是在非生产状态下保持体重不变，体内营养物质种类和数量变化基本维持恒定，物质分解和合成代谢处于动态平衡时对营养物质的需要量。但实际上在体重不变的情况下，体内营养物质成分的比例不一定保持不变。如产毛羊在维持情况下，羊毛仍在生长，体内脂肪和蛋白质比例也在变化；生长羊在维持状态下，体内蛋白质在增加，脂肪在减少，仍可保持体重不变。羊在维持状态下，体内各种酶、内分泌、各组织器官的细胞仍在进行着新陈代谢、细胞更新，需要各种营养物质的均衡供给。所以维持需要是仅用于满足羊生命活动的最基本的代谢需要。

羊的维持需要与体重、年龄及环境有关。羊的维持需要与体重呈高度相关，体重大，维持需要量高。随年龄增长，维持需要量逐渐下降，妊娠后期比空怀期和妊娠前期维持需要量高46%（怀单羔）～83%（怀双羔）；放牧羊比舍饲羊的维持需要量高50%～100%，不良草地上放牧比在良好草地上放牧维持需要量高，寒冷环境或季节比温热环境或温暖季节维持需要量高。为减少维持消耗，应创造良好的放牧条件，冬春季节要采取措施，保持羊舍温暖。

2. 生长需要

生长羊对能量的需要随年龄增长而上升。羔羊单位体重增重需能量较少，成年羊需能量较多。如体重5～10千克羔羊，每增加100克体重需代谢能900千焦；体重30～50千克的生长羊，每增重100克需代谢能2600千焦。生长期羊以生长肌肉和骨骼为主，对蛋白质和钙、磷需要量较高，但在生长后期，随年龄增加每单位增重的蛋白质需要量降低。

3. 妊娠需要

妊娠母羊的营养需要，除维持需要外，主要是供给胎儿生长发育和母羊本身的物质蓄积。妊娠前期（妊娠前3个月）胎儿生长发育慢，子宫、胎盘发育快及羊水形成快，营养物质需要量应略高于空怀期；妊娠后期（妊娠第4、第5个月）胎儿生长发育快，幼羔初生重的70%是在此阶段形成的，营养物质的需要量比妊娠前期高30%～40%。

4. 泌乳需要

母羊泌乳期营养水平对产奶量有很大影响。羊奶中含有蛋白质、乳糖、乳脂、多种维生素和矿物质。母羊每天从奶中排出的能量比维持需要量高2倍；每天从奶中排出蛋白质有45克之多，产奶高峰期达72克。妊娠期营养水平不仅对胎儿生长有影响，对产后产奶量也有一定影响，泌乳期营养不足，母羊要动用体组织营养物质供产奶用，直接影响产奶量，进而影响羊的生长发育。因此，促进羔羊的生长发育的措施，应从妊娠期抓起。

5.产毛需要

能量水平高，产毛量增加，毛纤维变粗；能量水平低，产毛量低，严重时毛纤维形成“饥饿痕”。研究表明，用于产毛的能量约为维持需要量的10%，代谢能转化为产毛的净能效率为18%。一只年产4千克毛的绵羊，每天羊毛生长所需的代谢能需要量为1.3兆焦。毛纤维几乎全部由角质蛋白质组成，据资料分析，年产毛量6千克的绵羊，羊毛生长每日需要23克可消化蛋白质才能满足需要。

2021年，我国科技工作者根据羊的生长发育特点及生产营养需求，在通过大量试验研究的基础上，制定了中华人民共和国农业行业标准《肉羊营养需要量》（NY/T 816—2021）和《绒山羊营养需要量》（NY/T 4048—2021），作为饲料供给、设计饲料配方、生产全价饲粮和对羊实行标准化饲养管理的技术参数和科学依据。由于应用条件不同，标准中推荐的营养需求量是一个相对科学合理的营养需要量，在实践应用中要结合不同的品种、不同的饲料资源和不同的气候条件及不同饲养管理方式进行科学合理的应用。

二、羊饲料营养功能

营养物质是羊一切生命活动和生产活动的基础，羊所需的营养物质来源于羊采食的各种饲料，不同的饲料所含的营养物质在量和质方面有所不同，营养物质中不同的养分其营养功能也有所不同。

1.水的营养功能

水是畜体内一切细胞、体液和体组织的必需成分，是各种物质的溶剂和运输载体，又是各种营养物质代谢的媒介和体温调节剂。各种营养物质的消化、吸收、运输、排泄及羊体内各种生理过程，均需要水参与。提供充足、卫生的饮水，是保证羊正常生产和生存的重要条件。水缺乏时，会使羊丧失食欲，影响体内代谢过程，降低日增重和饲草利用率，羊体内水分失去20%时就会危及生命。

羊所需要的水分来源于饮水和饲料中的水分，而饮水是主要来源。羊的饮水量与羊的体重、品种、饲草类型和季节等有一定的关系，一般羊采食1千克干物质需3～4升的水，夏季羊的饮水量较冬季要多。

2.蛋白质的营养功能

蛋白质是一切生命的物质基础，对家畜的健康和生产力具有决定性作用，是其他营养物质不能代替的，主要有以下几方面的功能。

蛋白质是构成畜体组织和细胞的基础物质，也是家畜赖以进行正常代谢和生命活动的各种激素、抗体、核酸、血红蛋白的基本成分，而这些物质在体内起催化和调节代谢的作用。

维持正常的新陈代谢，组织细胞通过蛋白质的不断分解和合成进行更新，修补体组织，维持正常的生命活动。幼年家畜生长发育需要更多的蛋白质，成年家畜为维持体组织蛋白质的恒定也需经常摄入蛋白质，以补充体组织蛋白质合成的需要。

蛋白质是动物生长发育和生产奶、肉、蛋、皮毛等畜产品的基本物质，是家畜繁殖、胎儿生长发育所必需的物质。

羊所需的蛋白质营养来源于饲料，特别是富含蛋白质的饲料。羊日粮中蛋白质缺少时，不仅影响其生长发育和繁殖，降低其生产能力及产品品质，还会导致羊贫血、消瘦，降低对疾病的抵御能力。一般认为，羊日粮中蛋白质含量以13%～15%为宜。

3.脂肪的营养功能

脂肪是羊体组织的重要成分，构成体组织和细胞的成分，如卵磷脂、脑磷脂、胆固醇、维生素D等，是形成新组织和修补旧组织的不可缺少的物质。

脂肪是家畜贮存能量和供给家畜热能的原料，羊脂肪来源于饲料中的碳水化合物和脂肪，饲料中脂肪经消化吸收后可氧化产生热能供机体需要，多余的部分转化为体脂肪而贮存起来，呈现增膘现象。因饲料中脂肪含量少不能满足生活和生长需要时，羊会动用和转化体内贮存的脂肪，而表现出消瘦现象。

4.碳水化合物的营养功能

碳水化合物是羊日粮的主要营养物质，是羊的主要能源物质。羊所需的能量主要来自植物饲料中的碳水化合物，碳水化合物占植物性饲料的50% ～ 80%，是最经济的能源。

若饲料中碳水化合物含量不足，所产生的能量不能满足家畜维持生活所需时，则动用体内贮存的糖原和脂肪，严重不足时动用体蛋白质以满足能量需要。这种情况下羊逐渐消瘦、体重减轻，生产力下降，甚至死亡。

5.纤维素的营养功能

羊是反刍动物，纤维素是羊不可缺少的重要营养来源之一，纤维素的主要来源是粗饲料。纤维素通过瘤胃微生物的作用可为羊提供能量，纤维素还可起填充作用，给羊以饱腹感，促进瘤胃反刍和胃肠正常蠕动。饲料中纤维素不足可直接影响羊的消化功能并可诱发多种疾病，也影响羊的乳脂形成。因此，日粮中必须有一定数量的粗饲料或含一定数量的纤维素，2 ～ 6月龄羔羊以7% ～ 11%为宜，6 ～ 12月龄为17% ～ 22%，成年羊为20% ～ 23%。

6.矿物质的营养功能

矿物质是一类无机营养物质，如钙、磷、钾、钠、镁、氯、硫及铁、铜、锌、锰、钴、硒、碘等，通常以无机盐或有机盐的形式存在，每种元素在体内都有重要作用，参与各种代谢过程，是骨骼、肌肉、器官、血红细胞、多种酶的成分，能调节体液平衡和酸碱平衡。

羊最易缺乏的矿物质是钙、磷和食盐，绵羊对钙和磷的需求量较大，占其体内矿物质总量的65% ～ 70%。若羊缺乏钙和磷，则会导致食欲减退，生长停滞，消瘦，异嗜，产乳量下降，繁殖率降低或产死胎。严重缺乏时，骨骼就会松软变形，瘫痪，甚至死亡。缺铁时可引起贫血，缺硒时可引起白肌病。因此，在饲料中应重视矿物质元素的供给。

7.维生素营养功能

维生素是一种不可缺少的微量营养物质，在畜体内代谢过程中起活化和催化剂的作用，对机体神经的调节、能量转化及组织新陈代谢起重要作用。缺乏维生素会引起畜体代谢紊乱，生产性能下降和繁殖功能障碍，会影响羔羊正常生长发育，生长停滞，抗病力弱，并造成组织的破坏现象，如佝偻症。

羊饲料中维生素的来源主要是青绿饲料、优质牧草和维生素添加剂饲料。在羊的冬季日粮中搭配一些胡萝卜或青贮饲料，是补充羊的维生素的有效措施。

第二节 羊饲料与加工

一、羊饲料分类

凡能给羊提供生长发育和生产所需的各种营养物质，且无毒、无害的原料及加工产品都可称为羊的饲料。依据饲料的营养特性，将饲料分为以下八大类。

1.粗饲料

指干物质中粗纤维的含量在18%以上的一类饲料，主要包括干草类、秸秆类、农副产品类以及干物质中粗纤维含量为18%以上的糟渣类、树叶类等（图2-1～图2-4）。

图2-1　玉米秸秆（毛杨毅摄）

图2-2　燕麦干草（毛杨毅摄）

图2-3 国产苜蓿干草
（毛杨毅摄）

图2-4 进口苜蓿干草
（毛杨毅摄）

2. 青绿饲料

指自然水分含量在60%以上的一类饲料，包括新鲜牧草类、青绿状态新鲜的农作物秸秆、叶菜类、非淀粉质的根茎瓜果类、水草类等（图2-5、图2-6）。

图2-5 苜蓿青草
（毛杨毅摄）

图2-6 野生杂草
（毛杨毅摄）

3. 青贮饲料

用新鲜的天然植物性饲料经微生物发酵制成的饲料及加有适量糠麸类或其他添加物制成的饲料，包括水分含量在45%～55%的半干青贮。主要包括玉米秸秆（或玉米全株）青贮、苜蓿青贮、燕麦草青贮等（图2-7、图2-8）。

图2-7　裹包青贮
（毛杨毅摄）

图2-8　青贮池全株青贮饲料
（毛杨毅摄）

4.能量饲料

指干物质中粗纤维的含量在18%以下，粗蛋白质的含量在20%以下的一类饲料，主要包括谷实类（玉米、小麦、高粱、燕麦、大麦等）、糠麸类、淀粉质的根茎瓜果类、油脂、草籽树实类等（图2-9、图2-10）。

图2-9　未脱粒玉米
（毛杨毅摄）

图2-10　脱粒玉米
（毛杨毅摄）

5.蛋白质饲料

指干物质中粗纤维含量在18%以下、粗蛋白质含量在20%以上的一类饲料，主要包括植物性蛋白质饲料（各种豆类及豆饼、棉籽饼、菜籽饼、胡麻饼、葵花饼等）、单细胞蛋白质饲料等（图2-11、图2-12）。

图2-11　豆粕（毛杨毅摄）

图2-12　豆饼（毛杨毅摄）

6.矿物质饲料

包括工业合成的或天然的单一矿物质饲料，多种矿物质混合的矿物质饲料，以及加有载体或稀释剂的矿物质添加剂预混料。

7.维生素饲料

指人工合成或提纯的单一维生素或复合维生素，但不包括某项维生素含量较多的天然饲料。

8.添加剂

指各种用于强化饲养效果，有利于配合饲料生产和贮存的非营养性添加剂原料及其配制产品，如各种抗氧化剂、防霉剂、黏结剂、着色剂、增味剂、保健与代谢调节药物、微量元素添加剂等（表2-1）。

表2-1　中国饲料分类依据

序号	饲料种类	划分依据		
		自然水分含量/%	干物质中粗纤维含量/%	干物质中粗蛋白质含量/%
1	粗饲料	＜45	≥18	
2	青绿饲料	≥45		
3	青贮饲料	≥45		
4	能量饲料	＜45	＜18	＜20
5	蛋白质饲料	＜45	＜18	≥20
6	矿物质饲料			
7	维生素饲料			
8	添加剂			

二、羊饲料营养特点与加工利用

（一）青饲料

1.营养特点

（1）含水量较大，干物质较少。青饲料含水率为70% ～ 85%，而水生饲料则可达90%以上。

（2）蛋白质含量较高，品种优良，容易消化吸收。一般禾本科牧草与叶菜类饲料粗蛋白含量分别为13% ～ 15%和18% ～ 24%。青饲料的粗蛋白质所含必需氨基酸较全面，特别是赖氨酸、色氨酸较多。青饲料的蛋白质生物学价值高达80%。

（3）维生素种类多，含量大，是羊维生素营养的主要来源。胡萝卜素主要来自青饲料，青饲料也含有较丰富的维生素C、维生素E、维生素K、叶酸等，但缺乏维生素D。

（4）含钙、磷、钾较多，含氯和钠较少。青饲料还含有铁、锰、锌等多种矿物质及微量元素。

（5）含无氮浸出物较多，粗纤维较少。有机物质消化率较高，羊对鲜牧草中有机物消化率达75% ～ 85%。

（6）含有大量叶绿素。叶绿素虽然不是一种营养物质，但它是草食动物生命活动所必需的物质之一，有助于家畜体内血红素的形成，对造血有一定作用。叶绿素的存在与维生素的保存也有密切关系。

2.饲用要点

（1）饲用价值　青饲料的饲用价值与其种类和生长发育期有很大关系。一般来说，随着逐渐粗老，其营养价值和饲用价值则降低。

（2）饲用方法　直接饲喂或青贮、放牧，或晒制青干草饲喂。

（3）饲用时应注意的事项　有些青饲料含草酸较多，容易同饲料中的钙结合生成难以溶解的草酸钙，影响钙的吸收，因此，对于羔羊应控制喂量；有些青饲料含的硝酸盐较多，在一定的条件下可转化为亚硝酸盐，能引起羊的亚硝酸盐中毒，而新鲜的青饲料，只要喂前调制方法恰当，一般不会引起中毒。新鲜苜蓿喂羊容易引起瘤胃臌胀，应晾晒后适量饲喂。草原牧草木质化很快，应抓紧时机放牧利用或刈割晒制青干草。

3.青饲料加工

（1）直接饲喂　新鲜青绿饲料可以经过简单的切短加工就可以饲喂，但堆积时间长、已发热、发霉、有异味、腐败变质的青饲料不要喂羊。

（2）青干草晒制　人工种植的各种牧草、天然草地刈割的牧草、杂草及作物茎叶等，经翻晒或机械干燥而制成保持青绿色的干草，便于长期保存和利用。

（3）青贮饲料制作　将新鲜青草采用青贮窖（池）、裹包青贮等方式制作成青贮饲料，可以长期保存和利用（表2-2）。

表2-2　常用青饲料初花期营养成分　　单位：%

饲料名称	水分	粗蛋白	粗脂肪	无氮浸出物	粗纤维	粗灰分
苜蓿	77.5	4.6	0.7	9.3	5.8	2.1
红三叶	72.7	4.1	1.1	12.4	7.7	2.0
紫云英	90.2	2.8	0.5	4.4	1.3	0.8
毛苕子	81.8	2.9	0.5	6.3	5.0	2.2
无芒雀麦	70.0	3.5	1.3	13.4	9.0	2.1
羊草	71.4	4.2	0.8	14.7	8.2	1.4
披碱草	65.0	4.2	1.1	13.2	15.5	2.3
刺槐叶	73.6	7.2	1.0	12.7	3.4	2.1
白杨叶	87.5	5.3	1.3	16.6	6.2	3.1
柳树叶	73.6	5.0	0.8	13.1	4.9	1.5

（二）青贮饲料

青贮饲料是指在密闭青贮设施（壕、窖、塔、袋等）中，经乳酸菌发酵，或采用化学制剂调制，或降低水分而保存的青绿多汁饲料。青贮是调制和保存青绿饲料的有效方法，已在养羊生产中得到广泛应用。

1. 青贮饲料特点

（1）青贮能有效地保存青饲料的营养成分　一般青绿植物在成熟晒干后，营养价值降低30%～50%，但青贮后仅降低3%～10%。青贮能有效保存青绿植物中的蛋白质和维生素（胡萝卜素）。

（2）青贮饲料适口性好，消化率高　青贮饲料能保持原料青绿时的鲜嫩汁液，且具有芳香酸味，适口性好，能刺激家畜的食欲，增加消化液的分泌和胃肠道的蠕动，从而增强消化功能。

（3）青贮可以扩大饲料来源　动物不愿采食或不能采食的杂草、野菜、树叶等青绿植物，经过青贮发酵，可转变成动物喜食的饲料。如向日葵、菊芋、蒿草、玉米秸等，有的在新鲜时有臭味，有的质地粗硬，一般动物不喜食或利用率很低，如果把它们调制成青贮饲料，不但可以改变口味，且可使其软化，增加可食部分。

（4）青贮是保存饲料经济而安全的方法　青贮饲料比贮存干草需要的空间小，只要管理得当，可长期保存，既不会因风吹日晒和雨淋而变质，也不会有火灾等事故的发生。

（5）青贮可以消灭害虫及杂草　很多危害农作物的害虫，多寄生在收割后的秸秆上越冬，如果把这些秸秆铡碎青贮，则由于青贮饲料里缺氧且酸度较高，就可将许多害虫杀死。许多杂草上的种子，经青贮后可失去发芽的能力，将杂草青贮，不仅给动物提供了饲料，也对减少杂草种子随粪便投放到土壤中对土壤杂草的滋生起到一定作用。

2. 青贮设施

常见的青贮饲料设施主要有青贮窖、地面堆贮、裹包青贮等三种类型。青贮池的大小要根据养殖数量的多少而定，在完全舍饲养殖的情况下，成年羊每天青贮饲料的饲喂量按3千克计算（在饲喂过程中还需要有部分干草和精饲料），年需要青贮饲料约为1100千克。根据养殖总量可以估算出年需要的青贮饲料总量和每天取用的总量，青贮饲料容积按500～600千克计，并计算出每天取用的截面积大小（取用厚度不少于20厘米），根据截面积大小确定青贮池的宽度和高度，计算出青贮池所需要的长度。建议在生产中不要将青贮池做得太宽和太深，有利于保存青贮，若用量大时可增加青贮池的长度。

（1）青贮窖　青贮窖是目前在生产中使用最多的一种青贮设施，有地下式、地上式和半地下式三种类型，不同区域、不同地质条件可采用不同的青贮窖形式。

① 地下式青贮窖（图2-13）：一般选择地下水位较低、地势干燥、土质较硬的地块，适宜于北方寒冷地区，可有效防止冬季青贮的冻结。青贮窖一般为长方形，由地面向下挖坑，坑的宽度一般为4～6米，深度2.5～3米（最高不要超过取料机的取料高度），宽度和深度以每天可取料的饲料而定，坑的长度依养殖数量和青贮饲喂的时间而定，青贮窖的四周用砖砌墙（还需水泥抹面）或混凝土墙，窖底为混凝土。出料口多为斜坡面。此类青贮窖的不足是取料后往外拉上坡困难，特别是在下雪天坡面较滑。另一个不足是容易积存雨水，雨水浸泡青贮容易变质。

② 地上式青贮窖（图2-14）：适宜于冬季气候不太寒冷的区域，是目前新建青贮窖最常见的一种类型。在地势高燥平坦处，在平地上用砖或混凝土筑墙，建长方形青贮窖，窖地面为混凝土，在一侧留取料口，窖的尺寸要求与地下式青贮窖相同。此类青贮窖的优点是取料方便，不怕雨水浸泡。

图2-13　地下式青贮窖

（毛杨毅摄）

图2-14　地上式青贮窖

（毛杨毅摄）

③ 半地下式青贮窖：介于地下式青贮窖和地上青贮窖的一种形式，即一部分青贮窖低于地面，一部分高于地面。青贮窖仍为长方

形，尺寸大小要求同上。这种窖取料相对于地下青贮窖要方便些，但也要防止雨水倒灌和及时抽排雨水。

（2）地面堆贮　地面堆贮是最近几年开始使用的一种青贮方式。选择在地势高燥的地段，筑起高于地面30～50厘米的平台，平台为水泥地面。青贮原料经粉碎后直接堆放在地面上，然后层层碾压堆积，堆积到一定高度后用塑料薄膜四周密封。其优点是不需要建青贮窖，设施投资少，不容易积水，取料方便，但存在因四周碾压不实导致饲料容易变质的弊端（图2-15、图2-16）。

图2-15　地上堆贮（一）（毛杨毅摄）

图2-16　地上堆贮（二）（毛杨毅摄）

3. 青贮方法

从青贮原料水分来讲，有常规青贮和半干青贮。

（1）常规青贮

① 选好原料　原料种类和适宜的收割时期对青贮饲料的质量有很大影响。青贮原料的种类很多，大体可分为3类。第一类为易于青贮的原料，如玉米、高粱、甘薯藤、胡萝卜秧、南瓜及禾本科牧草等，原料中含有较多或适量的可溶性糖，可供乳酸菌发酵利用，以形成足量的乳酸；第二类是不易于青贮的原料，如苜蓿、紫云英、三叶草、金花菜、草木樨、大豆、豌豆及马铃薯秧等，这类原料含糖分少，宜与第一类混贮；第三类如南瓜藤、西瓜藤等，含糖分极低，单独青贮很难成功，应与易于青贮的原料混贮或添加能量饲料（如糠麸等）混贮，也可以添加无机酸或有机酸青贮，均能取得较好的效果。

② 适时收割　青贮原料的适时收割可保证其产量和养分含量，若过老则纤维木质化，太嫩则含水分过多，均不利于青贮。全株玉米（带果穗）应在蜡熟期收割，收果穗后的玉米秸可趁茎秆还青绿时及时抢收制作青贮。禾本科牧草青贮收割时期以抽穗期为好，豆科牧草以开花初期收获为好（图2-17、图2-18）。

图2-17　青贮玉米蜡熟期
（毛杨毅摄）

图2-18　紫花苜蓿初花期
（毛杨毅摄）

扫一扫
观看视频 2-1 机械收割青贮原料（毛杨毅摄）

③ 适度切碎　青贮原料切碎的目的是便于青贮时压实，增加饲料密度，排除原料间隙中的空气，使植物细胞渗出液湿润饲料表面，以有利于乳酸菌的迅速发酵，提高青贮饲料的品质，同时还便于取用和提高羊的采食率。切碎的长度一般为1.5 ～ 2厘米（图2-19、图2-20）。

④ 控制水分　原料的水分含量是决定青贮品质最重要的因素。青贮作物原料以含水分65% ～ 75%的青贮效果最好。过干不易压实，窖温上升，有利于酪酸菌发酵，形成恶臭气味。水分过多，在

图2-19　联合收割机收割切碎（毛杨毅摄）

图2-20　切草机切碎（毛杨毅摄）

压实的过程中就会流失可溶性氨化物、糖类和矿物盐等，严重时可损失干物质的25%～30%。若窖底不透水而积水，会造成腐烂或酸度过大，影响适口性。青贮原料中含水过高，可混入干草、秸秆或糠麸，也可在收割后进行短期晾晒使之萎蔫。水分含量少时，可在青贮时喷入适量水分（图2-21）。

⑤ 快装和压实　一旦开始填装青贮原料，就要集中力量，抓紧时间，装窖愈快愈好，以免在原料装满与密封之前腐败。为了能将切碎的原料及时送入青贮设施内，切草机最好放置在青贮建筑的附近，可直接将切好的草吹到青贮池内。然后要一层一层装匀铺平碾压。青贮壕青贮时，可分段从池后端向前端装填，仍需分层填装碾压，每隔一段填装到池顶后要及时密封。装填原料的同时，要用人力或履带式拖拉机层层压实，尤其要注意将四角或周边部位压紧，以防留有空隙引

图2-21　洒水车加水（毛杨毅摄）

扫一扫
观看视频2-2 青贮机械碾压（赵鹏摄）

起发霉腐烂（图2-22、图2-23）。

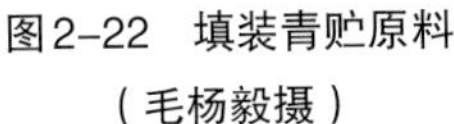
图2-22　填装青贮原料
（毛杨毅摄）

图2-23　机械碾压
（毛杨毅摄）

⑥ 密封保存　当原料装满压实并高出青贮池50 ～ 100厘米时，应立即用塑料薄膜覆盖密封，在塑料薄膜上覆盖30 ～ 50厘米的湿土压实，或用废旧轮胎压实。其目的是隔绝空气继续与原料接触，使青贮建筑物内成为厌氧环境，以抑制好气性微生物发酵。封窖后要经常检查，若有因原料下沉产生的裂缝，应及时填平，防止漏气和雨水渗入，四周应留排水沟（图2-24、图2-25）。

图2-24　塑料布周边密封
（毛杨毅摄）

图2-25　塑料布封顶与压实
（毛杨毅摄）

（2）半干青贮　半干青贮又叫低水分青贮，也是青贮发酵的主要类型之一。青饲料刈割后，经风干水分含量降到45% ～ 55%时，对腐败菌、酪酸菌甚至乳酸菌，均可造成生理干燥状态，使其生命活动受到抑制。

半干青贮饲料由于含水分低，干物质含量比一般青贮饲料多，有效能、粗蛋白质、胡萝卜素的含量均较高，还具有果香味，不含丁酸，味微酸或不酸，呈深绿色、湿润状态，适口性良好。

半干青贮饲料制作时仍要选用优质原料，切碎，迅速装填，压紧密封，隔绝空气。

在生产实践中因青贮原料收割太晚，秸秆水分含量过低（如待玉米籽实完全成熟后才收割的玉米秸秆），叶片发干，但茎秆尚未完全干透，需要对秸秆保存时可采用黄贮方法进行贮存。贮存方法与青贮相同，主要是在原料切碎后加入水分调解水分含量，便于压实和利于微生物发酵。因原料原因，这种方法贮存的饲料营养价值较低（图2-26、图2-27）。

图2-26　半干青贮
（毛杨毅摄）

图2-27　黄贮
（毛杨毅摄）

（3）裹包青贮　裹包青贮是青贮饲料制作的一种方式，是将切碎后的青贮原料用专用的裹包机经过压实、塑料薄膜多层包裹而制成的青贮饲料，可长期保存，便于运输和销售。

扫一扫
观看视频 2-3 小型
裹包青贮（赵鹏摄）

裹包青贮在贮存运输时注意防止塑料薄膜破损，否则漏气后容易引起饲料变质（图2-28～图2-31）。

图2-28　大型裹包青贮机（毛杨毅摄）

图2-29　大包裹包青贮（毛杨毅摄）

图2-30　小型青贮裹包机（毛杨毅摄）

图2-31　小包裹包青贮（毛杨毅摄）

4.青贮饲料的品质鉴定

青贮饲料在饲用前要对其进行品质鉴定，确定青贮品质的好坏，确定青贮饲料的可食性与适口性。在生产实践中可通过嗅气味、看颜色、看茎叶结构和质地来判断品质好坏。

品质优良的青贮饲料，具有较浓的芳香酸味，气味柔和，不刺鼻，给人以舒适感；品质中等的，芳香味较弱，稍有酒味或醋味。如果带有刺鼻臭味或霉烂味，手抓后，较长时间仍有难闻的气味留在手上，不易用水洗掉，那么该青贮料已变质，不能饲用。

青贮饲料的颜色因原料不同而有差异。一般是越接近原料颜色，品质越好。品质良好的呈青绿色或黄绿色；品质中等的呈黄褐色或暗绿色；品质低劣的多呈褐色或黑色或有霉斑，不宜饲喂家畜（图2-32、图2-33）。

图2-32 青绿色的青贮饲料（毛杨毅摄）

图2-33 黄绿色的全株青贮饲料（毛杨毅摄）

优良的青贮饲料，在窖内压得紧密，但拿在手上却较松散，质地柔软而略湿润，植物的茎叶和花瓣仍保持原来状态，甚至可清楚地看出茎叶上的叶脉和绒毛。品质低劣的青贮饲料，茎叶结构不能保持原状，多黏结成团，手感黏滑或干燥粗硬。品质中等的介于上述两者之间（表2-3）。

表2-3 青贮饲料感官鉴定标准

等级	颜色	酸味	气味	质地
优良	黄绿色、绿色	较浓	芳香酸味	柔软湿润、茎叶结构良好
中等	黄褐色、墨绿色	中等	芳香味弱、稍有酒精味或酪酸味	柔软、水分稍干或稍多、结构变形
低劣	黑色、褐色	淡	刺鼻腐臭味	黏滑或干燥、粗硬、腐烂

5.饲喂方法

青贮饲料能在任何季节都可为羊采食。

绵羊、山羊都能有效地利用青贮料，其喂量为：成年羊每天3～4千克/只；羔羊为每天400～600克/只。在生产实践中，由于青贮饲料有特殊的芳香味，刚开始喂羊时可能因为有异味而影响采食，需要逐渐过渡。同时由于青贮饲料水分大且呈酸性，因此，在饲喂时要掺入一定量的干草，并添加小苏打。妊娠母羊饲喂青贮饲料时要控制饲喂量，过多饲喂青贮饲料有发生流产现象。

扫一扫
观看视频 2-4 青贮取料机取料（毛杨毅摄）

青贮饲料的取用要随用随取，每天取用的剖面厚度不少于20厘米，取用时不要刨松周边的饲料面，有条件的话使用取料机取料，确保未取用饲料的密封性（图2-34、图2-35）。

图2-34 取料机取料装车（毛杨毅摄）

图2-35 取料机取料剖面（毛杨毅摄）

（三）粗饲料

粗饲料包括收获后的作物秸秆、秕壳、青干草（包括各种枯草）、干树枝叶、糟渣类等。这类饲料干物质含粗纤维18%以上。

1. 营养特点

（1）含水分少，粗纤维多　干物质中粗纤维含量高，人工晒制的干草中粗纤维含量为25%～30%，农作物秸秆和秕壳中粗纤维含量高达35%～45%。粗纤维含量愈高，消化率愈低，影响其他营养物质的吸收和利用。

（2）粗蛋白含量差异较大　秸秆和秕壳中的粗蛋白质含量低、品质差、难消化。如豆科干草含蛋白质10%～20%，禾本科干草含6%～10%，禾本科秸秆和秕壳仅含3%～5%。粗蛋白质的消化率，干草高于秸秆和秕壳。如苜蓿干草的粗蛋白消化率为71%，苏丹草干草为49%，而大豆秸秆和稻草分别为21%和16%。

（3）含钙较多，磷较少　豆科干草和秸秆的含钙量约为1.5%，禾本科干草和秸秆为0.2% ～ 0.4%。干草含磷量为0.15% ～ 0.30%，而秸秆类均在0.1%以下。

（4）维生素含量低（0.02% ～ 0.16%） 除优质青干草含有较多的胡萝卜素和维生素D，秸秆和秕壳除含少量维生素D外，其他维生素含量很少，缺乏维生素C、维生素E和维生素B_2等。

（5）粗饲料具有重要的营养功能 粗饲料中的纤维素可通过瘤胃微生物的作用为羊提供能量，并起填充作用，给羊以饱腹感，促进瘤胃反刍和胃肠正常蠕动。日粮中缺乏粗纤维会引起羊的消化系统紊乱和疾病发生。

（6）粗饲料营养价值与粗饲料的收割期和草的种类有很大关系 牧草或作物秸秆在青绿状态时晒制的干草营养价值高，枯草期收割的草营养价值低，经雨淋的干草营养价值也会受到影响。叶片的营养价值高于茎秆，收割加工时注意保护叶片，少受损失。

2.加工方法

鉴于粗饲料纤维素含量高、消化利用率低的营养特性，为了提高采食利用率和消化率，需对粗饲料进行加工。

（1）切短、粉碎、揉丝 这是粗饲料加工最常用的方法。通过切草机、粉碎机或揉搓机将粗饲料切短或揉丝或粉碎，都可以提高粗饲料的采食率，减少饲草的浪费，也有助于在瘤胃内更好地与瘤胃微生物接触而提高消化率。一般切短的长度为1 ～ 1.5厘米较为合适，过短、过碎在一定程度上影响反刍（图2-36、图2-37）。

图2-36 秸秆切短（毛杨毅摄）

图2-37 秸秆粉碎（毛杨毅摄）

（2）制粒　将粗饲料粉碎成草粉，然后拌入一定量的精饲料混合后制成颗粒饲料。

（3）浸泡或发酵　由于粗饲料因水分含量少、粗硬等影响羊的适口性，因此，可在饲喂前在粉碎后的粗饲料中拌入适量的水使草软化，再加上食盐，都可以改善适口性。或者在粉碎后的草粉中加入发酵菌和一定量的水，充分搅拌后堆放发酵。

3.饲用要点

粗饲料虽然消化率低，营养含量少，但在瘤胃微生物作用下，羊能够有效地利用粗饲料。

（1）粗饲料是羊的主要饲料，在满足营养情况下，尽量让羊吃饱，给羊以饱腹感。

（2）多种粗饲料搭配饲喂，有助于营养互补。

（3）粗饲料和精饲料搭配，更好地满足羊的营养需求。成年羊日粮中粗饲料的比例应不低于50%。

（4）带有芒的加工副产品不宜喂羊，如麦壳、稻壳等，容易使芒附着或刺入瘤胃黏膜上，影响羊的消化，严重时可造成死亡。

（5）严禁饲喂霉变和被污染的饲草。对采食后的剩余草不应进行二次加工后再饲喂。

（四）能量饲料

包括禾本科籽实（主要包括玉米、小麦、高粱、燕麦、大麦等）、块根、块茎、瓜类饲料、加工副产品等。这类饲料粗纤维低于18%，粗蛋白低于20%，每千克干物质中含消化能在1.05×10^{7}焦耳以上。

1.禾本科籽实饲料

（1）营养特点　籽实类饲料含有大量无氮浸出物，主要是淀粉，占干物质的70%～80%。粗纤维含量低，通常为2%～10%，多在6%以下。适口性好，消化率较高。粗蛋白质含量较少，一般为8%～12%。缺乏赖氨酸和色氨酸，蛋白质生物学价值较低（50%～70%）。粗脂肪含量仅为1.5%～2%，而玉米和小米（粟）

的脂肪含量较高，为4% ～ 5%。含磷多（0.31% ～ 0.45%）、含钙少（0.1%以下），磷多以有机物质形式存在，羊可以利用。含有丰富的维生素B_1与维生素E，缺乏胡萝卜素、维生素D和维生素C等。晒干的籽实含水量为12% ～ 14%。容易贮藏，干物质多，营养丰富（表2-4）。

表2-4　常用禾本科籽实饲料营养成分　　单位：%

饲料名称	水分	粗蛋白	粗脂肪	无氮浸出物	粗纤维	粗灰分
玉米	13.2	9.1	4.1	70.2	1.7	1.8
大麦	11.4	11.3	2.0	66.9	5.6	3.2
高粱	12.3	9.2	4.2	70.4	1.8	2.1
谷子（粟）	11.1	9.7	1.9	67.6	4.9	4.9
燕麦	10.6	12.5	4.6	58.5	9.8	4.0

（2）加工方法　籽实类饲料最常用的方法是粉碎，也可粉碎后和其他饲料混合后制粒，在有加工条件情况下可进行膨化。在养羊生产中，籽实类饲料不宜加工过细，破碎就可以（图2-38）。

图2-38　玉米破碎（毛杨毅摄）

（3）饲用要点　籽实类饲料应和蛋白质饲料、粗饲料配合饲用，确保营养均衡，单一种类饲料利用效果不佳。籽实类饲料一次饲喂量不宜过多，容易引起羊瘤胃积食、瘤胃臌胀、腹泻等。

2.块根、块茎、瓜类饲料

块根类主要包括红薯（红苕、甘薯）、甜菜、胡萝卜等，块茎

类主要包括马铃薯（洋芋）、菊芋等，瓜类主要包括南瓜等，这类饲料又称多汁饲料。

（1）营养特点　多汁饲料味甜适口，清脆多汁含水分较多，一般为70%～90%，干物质少，能量较低。干物质中主要是淀粉和糖，纤维素通常在10%以下，不含木质素。粗蛋白质含量低，仅占1%～2%，其中约半数为氨化物。有机物质消化率可达80%以上。矿物质含量差异较大，一般含钾丰富，缺乏钙、磷和钠。维生素含量与其种类及品种有很大关系，但都缺乏维生素D。

（2）加工方法　这类饲料一般可以经过粉碎、切片（或丝）后直接饲喂或拌在饲料（日粮）中饲喂。粉碎后的块状物不宜过大，一般不超过2厘米，块过大容易引起食管堵塞。

（3）饲用要点　多汁饲料水分多，容易腐烂变质，加工或饲喂时要注意剔除腐烂饲料、有黑斑病的饲料，防止中毒病的发生。勿喂冻块饲料，容易引起羊的胃肠炎和妊娠母羊流产。

3.加工副产品饲料

农作物籽实进行加工处理后，剩余的各种副产品，主要为糠、麸、糟渣类，大部分可以用作羊饲料。其营养成分和营养价值因加工的原料和方法不同而异。

（1）米糠　是粗米加工白米时分离出来的种皮、淀粉层与胚三种物质的混合物。其营养价值就稻谷加工的程度不同而异，一般分统糠和细米糠两种（表2-5）。

表2-5　几种糠麸类饲料营养成分　　单位：%

饲料名称	水分	粗蛋白	粗脂肪	无氮浸出物	粗纤维	粗灰分
统糠	13.4	2.2	2.8	38.0	29.9	13.7
细米糠	11.8	10.8	12.0	47.0	8.2	
麸皮	11.9	14.3	4.1	55.7	8.6	
玉米皮	12.5	9.9	3.6	61.5	9.5	

统糠是稻谷碾成大米时的副产品，包括稻壳、果皮、种皮和少量碎米。它含的粗纤维较多，营养价值较低。喂羊时不宜超过日粮

的30%，并应补充蛋白质饲料。

细米糠是稻谷除去稻壳后，在清光大米粒时所得到的细粉状副产品。它含的粗纤维只有统糠的1/3，故营养价值较高，维生素B族和磷多，钙少。

（2）麸皮　又称麦麸。是小麦磨粉后的副产品，包括种皮、淀粉层与少量的胚和胚乳。麸皮的营养价值因所含胚和胚乳的多少有很大关系，麸皮同小麦相比，除无氮浸出物（主要指淀粉）较少外，其他有机营养成分皆比小麦籽实高。含赖氨酸和色氨酸较多，蛋氨酸较少。麸皮中维生素B族含量高，维生素B_1为8.9ppm，维生素B_2为3.5ppm。麸皮的主要缺点是钙、磷比例不平衡，通常磷是钙的5～6倍。因此要注意日粮中钙的补充。麸皮用量以占日粮的10%～15%为宜，公羊和育肥羔羊日粮中麸皮比例建议为5%～10%，麸皮比例过高容易引起羊尿结石发生。

麸皮具有轻泻性，除了供给羊只营养外，还有良好的物理性质，它的容量较小，可调节日粮营养浓度与容积的关系。

（3）玉米皮、豆皮　是玉米、大豆加工过程中的副产品。包括外皮和部分胚乳，它的蛋白质少，粗纤维多（图2-39、图2-40）。

图2-39　玉米皮（毛杨毅摄）

图2-40　豆皮（毛杨毅摄）

（4）粉渣　是制粉条和淀粉的副产品。其营养价值和原料有很大关系，以禾本科籽实和薯类为原料的含淀粉和粗纤维多，以豆科籽实为原料的含蛋白质多，但蛋白质的品质不佳。各种粉渣都缺乏钙和维生素。饲用时注意搭配其他饲料。原料霉烂或粉渣腐败变质，不能饲喂羊，以防中毒。放置过久或酸度过大的粉渣，可用

1%～2%的石灰水处理后再饲喂。

图2-41　豆腐渣（毛杨毅摄）

（5）豆腐渣　是制作豆腐的副产品。干豆腐渣含粗蛋白质25%左右，缺乏维生素和矿物质。豆腐渣含水分高，容易酸败，饲喂过多易引起腹泻。豆腐渣可直接单独饲喂，也可和其他饲草混合后饲喂（图2-41）。

（6）甜菜渣　是甜菜加工制糖的副产品。新鲜甜菜渣含水量多，营养价值低，但适口性好，是较好的能量饲料。含有较高的钙，但缺乏维生素。含有大量游离有机酸，喂量过大容易引起下痢。干甜菜渣喂羊，喂前必须加2～3倍水浸泡数小时，直接喂干渣容易引起腹部臌胀、疼痛等，并注意补充蛋白质饲料和维生素饲料。

（7）酒糟（酒渣）　酒糟是用淀粉含量较多的原料如玉米、高粱和薯类经酿酒后的副产品，其营养价值随原料不同而异。总的来说，以粮食作物为原料的比以薯类为原料的营养价值高。酒渣含无氮浸出物少，其中的淀粉大部分变成酒精被提取，故蛋白质含量相对提高。酒渣含维生素B族和磷很丰富，但缺乏胡萝卜素、维生素D和钙，并含有少量残留的酒精和醋酸。

图2-42　酒糟（毛杨毅摄）

酒糟由于含有酒精和醋酸，喂量过大，会引起孕羊流产、死胎，故多用于育肥羊的饲料，配合16%～20%的精料和一定数量的青粗饲料（55%～60%）。用稻壳作为辅料的酒糟也不宜饲喂母羊和育成羊及种公羊，适宜于短期育肥羊（图2-42、表2-6）。

表2-6 糟渣类饲料营养成分 单位：%

饲料名称	水分	粗蛋白	粗脂肪	无氮浸出物	粗纤维	粗灰分
甜菜渣（干）	15.1	4.35	0.23	20.5	50.3	9.6
甜菜渣（鲜）	84.8	1.30	0.1	8.1	2.8	2.9
粉渣（玉米）	88.0	2.2	0.6	7.8	0.8	0.9
粉渣（红薯）	89.5	3.3	0.1	7.5	1.4	0.2
豆腐渣（鲜）	88.6	3.4	1.0	3.9	2.5	0.6
酒糟（高粱）	72.1	5.2	1.4	12.8	5.6	2.9

（8）啤酒糟 啤酒糟是以大麦为主要原料制取啤酒后的副产品，是麦芽汁的浸出渣。干啤酒糟的营养价值和小麦麸相当，粗蛋白质的含量为22.2%，无氮浸出物的含量为42.5%。啤酒酵母的干物质中粗蛋白质的含量高达53%，品质也好；无氮浸出物的含量为23.1%；含磷丰富，钙的含量较低。

另外，在部分地区还有醋糟、酱油糟等，也可作为羊的饲料。但应控制饲喂量，酱油糟含盐量大，故在日粮配制中可减少食盐的添加量。

（五）蛋白质饲料

包括植物性、动物性和微生物蛋白质饲料三类，此类饲料粗纤维低于18%，粗蛋白在20%以上。在养羊生产中禁止使用除乳及乳制品以外的动物性饲料。

1.豆科籽实饲料

豆科籽实蛋白质含量较高，一般在20%以上，有的可达50%，比禾本科籽实多1～3倍。蛋白质品质较好，赖氨酸、蛋氨酸、精氨酸和苯丙氨酸等均多于禾本科籽实。粗脂肪除大豆较高外，其他与禾本科籽实相近，约为2%。无氮浸出物和粗纤维比禾本科籽实少，易消化。矿物质中钙、磷较禾本科多，但磷多钙少，比例不等。含有少量的维生素B_1和维生素B_2，缺乏胡萝卜素和维生素C。在生产中一般直接饲喂豆科籽实的较少，多数是农户使用。由于豆科籽实有较坚硬的外壳，因此应粉碎或浸泡后饲喂（表2-7）。

表2-7　常用豆科籽实饲料营养成分　　单位：%

饲料名称	水分	粗蛋白	粗脂肪	无氮浸出物	粗纤维	粗灰分
大豆	13.7	36.2	16.1	25.3	3.8	4.9
豌豆	12.2	38.8	1.7	56.3	3.6	2.7
蚕豆	11.8	21.8	1.8	55.1	7.0	2.5
黑豆	9.1	38.8	16.0	25.9	4.9	4.3
草木樨籽	27.5	26.3	4.5	21.8	11.2	10.3

2.油（豆）饼类饲料

油（豆）饼类饲料是油料作物籽实或经济作物籽实榨油后的副产品，是羊蛋白质饲料的主要原料。

（1）营养特点　粗蛋白质含量高。一般为30%～40%（其中95%的氮属真蛋白）。蛋白质的必需氨基酸较完善，生物学价值较高。粗脂肪含量一般压榨法为4%～7%，因加工方法不同而异，浸出法仅为1%左右。无氮浸出物为25%～30%。粗纤维含量与加工时带壳与否关系很大，去壳者一般为6%～7%，带壳者高达20%左右。矿物质含量比籽实饲料少，与秸秆类粗饲料相近，磷多钙少。维生素B族较丰富，胡萝卜素含量很少。

（2）饲用要点　目前市场上销售饼类饲料多数是粉状或小片状产品，一般不需要另外加工，可以直接和其他饲料混合后饲喂。

大豆饼适口性好，营养价值和消化率都高，一般用量占日粮15%～25%，但不能多用，否则脂肪会变软。由于豆饼的市场价格较高，在生产中可以考虑用其他饼类饲料代替一部分豆饼。

棉籽饼价格相对较低，虽含有毒物质棉酚，但对羊不敏感，一般日粮中不超过8%。

菜籽饼适口性稍差，含一种芥酸（芥子苷），过多饲喂后在体内会产生毒性物质，一般宜占日粮7%以下。

亚麻仁饼含一种苷（配糖体），饲喂后，在体内也会产生毒性，应将饼渣用开水煮几分钟脱毒，一般宜占日粮7%以下。

葵花籽饼是羊良好的蛋白质饲料，一般占日粮5.5%～11%为宜。

花生饼适口性较好，但要注意黄曲霉素，切忌饲喂发霉变质的花生饼（表2-8）。

表2-8 常用油（豆）饼类饲料营养成分 单位：%

饲料名称	水分	粗蛋白	粗脂肪	无氮浸出物	粗纤维	粗灰分
大豆饼	10.9	42.2	5.7	28.6	6.6	5.8
花生饼	10.4	43.8	5.7	30.9	3.7	5.5
棉籽饼（去壳）	12.3	36.3	7.1	29.9	11.4	6.1
棉籽饼（带壳）	7.6	28	5.2	33.2	21.4	4.6
菜籽饼	9.7	32.6	11.8	24.1	9.8	12.0
亚麻仁饼	10.8	32.5	8.5	30.5	9.5	7.1
芝麻饼	8.4	39.1	13.3	22.8	5.6	10.8

3.动物性饲料

按照国家有关标准要求，在羊的饲料中禁止使用除乳及乳制品以外其他动物性饲料，如鱼粉、骨粉、肉骨粉等都禁止使用。

4.微生物性饲料

主要有细菌、酵母及某些真菌等。这类饲料蛋白质含量很高（40%～50%），其中真蛋白占80%。品质介于动物性蛋白质饲料与植物性蛋白质饲料之间。应用较多的石油酵母消化率达95%左右，但利用率则为50%～59%，若加0.3%消旋蛋氨酸，利用率可提高到88%～91%。

（六）矿物质饲料

矿物质饲料很多，有的矿物质饲料较单纯，有的含多种元素。凡是将几种矿物质饲料配合在一起，以达到一个共同目的的混合物，叫作复合矿物质饲料。例如，由硫酸亚铁、硫酸铜与氧化钴等配制而成的复合矿物质饲料，市售的各种羊用微量元素添加剂等。常用的矿物质饲料有以下几种。

1.食盐

食盐可补充羊体内钠、氯的需要，维持体内电解质平衡，并有

图2-43 盐砖（毛杨毅摄）

调味促进食欲的作用。一般拌入精料中饲喂，占精料量的1%，或每只成年羊每天按10克计算使用量，羔羊、育成羊适当减少用量。放牧羊多采用啖盐的方式进行补盐，夏季放牧可10～15天采用啖盐一次。养殖用盐可选用畜牧盐。除在精饲料中添加食盐外，需在圈舍另外放置盐砖，让羊自由舔舐。盐砖的主要成分包括食盐、其他矿物质元素及微量元素等，可补充饲料中部分微量元素不足的问题（图2-43）。

2. 磷酸氢钙

磷酸氢钙是羊饲料中最常用的矿物质饲料，主要补充钙和磷，钙含量为18%～23%。磷含量为24%～30%，饲喂时一般占精饲料的1%～1.5%。

3. 石灰石粉（石粉）

石灰石粉是由石灰石磨制而成，主要成分是碳酸钙，含钙32%左右，还有少量的铁和碘等。

4. 脱氟磷酸钙

脱氟磷酸钙是天然磷酸钙去氟处理后的产物，含钙约28%，磷14%左右，含氟不得超过400毫克/千克，尚未进行脱氟处理的磷酸钙不能直接喂羊。

（七）添加剂饲料

添加剂饲料属非常规性饲料，包括营养性和非营养性添加剂两类。

1. 营养性添加剂

常用的维生素添加剂有维生素A、维生素D、维生素E、维生素

K、维生素B_1、维生素B_2、维生素B_6、维生素B_{12}、氯化胆碱（维生素B_4）、烟酸（维生素B_5）、叶酸（维生素B_{11}）、泛酸（维生素B_3）、生物素（维生素H）等。市场上销售的多数为多种维生素添加剂。

（1）常量矿物质添加剂　主要包含的成分有钙、磷、钾、钠、硫、氯、镁、铁。微量元素添加剂主要包含的成分有钴、铜、碘、锰、硒、锌等。市场上销售的预混料主要成分就是矿物质元素添加剂，也含有多种维生素。

（2）氨基酸添加剂　主要用于补充植物性饲料缺少的蛋氨酸和赖氨酸等必需氨基酸。

（3）非蛋白氮添加剂　由于羊是反刍动物，可利用瘤胃中的微生物将含氮化合物合成菌体蛋白，所以可以在羊的饲料中添加少量非蛋白氮，常用的有尿素、缩二脲、磷酸氢二铵、氯化铵等。

2. 非营养性添加剂

这类添加剂的作用是调解瘤胃功能、促进代谢、饲料防腐、抗氧化、调味等。主要有酶制剂（如淀粉酶、纤维素酶、脂肪酶、枯草芽孢杆菌等），抗氧化剂［乙氧基喹啉、丁基羟基茴香醚（BHA）、二丁基羟基甲苯（BHT）、没食子酸丙酯］，饲料防腐剂（如丙酸钙、丙酸等），着色剂（β-胡萝卜素、辣椒红、叶黄素等）和调味剂（糖精钠、谷氨酸钠）等。这些添加剂一般在饲料生产企业加工饲料过程中已添加在饲料中，若需另外添加，一定要按照使用说明添加。

第三节
羊日粮配制

一、几种常用的饲料类型

目前在市场上销售的羊饲料主要有三种：预混料、浓缩料、精料补充料，不同饲料的使用方法不同。养殖场可按照羊的营养需要和饲料原料而配制全价饲料。

1.预混料

预混料是根据羊营养需要特点由多种微量元素组合而成的一种饲料添加剂，主要成分是各种微量元素、氨基酸、维生素、矿物质、抗氧化剂及载体等。

预混料不能直接饲喂动物，需要按照预混料说明书添加蛋白质饲料、玉米、麸皮等。羊是反刍动物，在养羊生产中不可使用猪、鸡的预混料。

正规饲料厂家生产的预混料有生产许可证号、生产批准文号、产品标准编号及预混料产品成分组成、添加使用说明及生产地址、联系电话等，否则产品质量无法得到保证。

2.浓缩料

浓缩料是在预混料的基础上添加蛋白质而组成的饲料，即浓缩料＝预混料＋蛋白质饲料。浓缩料不可单独饲喂，应按说明要求添加玉米、麸皮等能量饲料。对于一般养殖户，建议购买浓缩饲料后自己添加玉米、麸皮等，使用比较方便。

正规饲料厂家生产的浓缩料有生产许可证号、生产批准文号、产品标准编号及浓缩料产品成分组成、添加使用说明及生产地址、联系电话等，否则产品质量无法得到保证。

3.精料补充料

精料补充料是目前养羊生产中最常用的配合饲料，精料补充料营养丰富但不单独构成饲粮，仅是羊日粮的一部分，用以补充采食饲草不足的那部分营养，饲喂时必须与粗饲料、青饲料或青贮饲料搭配在一起。

精料补充料的组成包含有能量饲料、蛋白质饲料、矿物质饲料、维生素饲料、添加剂、载体或稀释剂，用量占全饲粮干物质的15%～40%。养殖户或养殖企业自配精饲料时，可用购买的浓缩料或预混料进行配制，配制方法有：精料补充料＝浓缩料＋玉米＋麸皮，或精料补充料＝预混料＋蛋白质饲料＋玉米＋麸皮。

市场销售的精料补充料有多种，有育肥羊的精料补充料（还可分为育肥前期、育肥中期和育肥后期的精料补充料）、繁殖母羊精

料补充料、育成羊精料补充料等。精料补充料还有多种类型，有粉料、颗粒料，饲喂时按照说明书并结合羊群的实际情况和饲草情况而添加饲喂。

正规饲料厂家生产的精料补充料有生产许可证号、生产批准文号、产品标准编号及产品成分组成、使用说明及生产地址、联系电话等，否则产品质量无法得到保证。

4. 全价饲料

羊的全价饲料是指按照不同品种、不同生理阶段和不同生产目的的营养需求和采食量而配制的满足全部营养需求的饲料，由粗饲料、能量饲料、蛋白质饲料、矿物质饲料、多种维生素、多种微量元素及添加剂等组成，也称全价日粮或全日粮配合饲料，可以直接饲喂而不需要另外添加其他营养物质。

由于羊全价日粮包含体积比较大的粗饲料（或青绿饲料、青贮饲料等），故都是养殖场自己配制。市场也有销售的包含草粉的全价颗粒饲料，但由于体积和价格的原因，推广受到一定影响。

二、日粮配合

日粮是指根据羊一天所需各种营养物质而提供的配合饲料的总称。日粮配合是根据不同生理与生产水平每天所需各种营养物质的数量，按照原料特点和羊的生活习性、采食量、适口性等，将各种饲料原料以适当比例进行配合的过程，所配制的日粮称为“全价日粮”。构成日粮的各种饲料原料配合方案称为日粮配方。

1. 日粮配合的原则

（1）安全性与合法性　羊的日粮配制或饲料配方设计必须遵守国家有关的法律法规和行业标准规定，如《饲料和饲料添加剂管理条例》《饲料卫生标准》《无公害食品肉羊饲养饲料使用准则》等，确保饲料安全；严禁使用明令禁用的兽药和非法饲料添加剂，使日粮达到安全、卫生、无毒、无药残、无污染，完全符合营养指标、感官指标和卫生指标的标准。

（2）以饲养标准为基础　羊配合饲料的作用是要保证其生长发

育、生产能力等所需的各种营养。因此，在进行日粮配制时，要以羊不同生理阶段和不同生产需要的饲养标准为依据，参考所选用饲料的营养成分进行合理配制，确保满足营养需求。

（3）饲料原料选择多样性　尽量选择适口性好、来源广、营养丰富、价格便宜、质量可靠的饲料原料。要在同类饲料中选择当地资源最多、产量高、质量优和价格低的饲料原料，特别是要充分利用农副产品，以降低饲料费用和生产成本。根据不同饲料原料都有其独特的营养特性，单独的一种饲料原料不能满足羊的营养需要，因此，应尽量保持饲料的多样化，达到营养成分互补，提高配合饲料的全价性和饲养效益。

（4）饲料原料搭配合理性　羊是反刍动物，在日粮配制中要根据不同类型羊的消化生理特点，充分发挥瘤胃微生物的消化作用，在日粮组成中以青、粗饲料为主，合理调配精、粗饲料的比例。一般情况下，日粮中粗饲料的比例不低于50%，短期育肥羔羊日粮中粗饲料比例不低于20%。

（5）日粮配制科学性　在日粮配制中不仅要考虑营养总量的供给和平衡，还必须考虑羊的采食量和饲料体积大小，应注意饲料的体积尽量和羊的消化生理特点相适应。通常情况下，若饲料体积过大，则能量浓度降低，不仅会导致消化道负担过重，在一定程度上影响羊的采食量和对饲料的消化利用，而且无法满足营养需求。反之，饲料体积过小，即使能满足养分的需要，但羊达不到饱感而处于不安状态，影响羊的生产性能或饲料利用效率，还容易引起羊的消化道疾病发生。因此，日粮配制不仅要考虑日粮养分是否能满足羊的营养需要，而且还要考虑日粮的容积是否亦满足羊的需要，它是保证羊正常消化的物质基础。除日粮中精粗饲料配制比例外，还要考虑饲料的适口性。

2. 全混合日粮配制与加工

（1）全混合日粮　全混合日粮（Total Mixed Rations，TMR）是目前规模化养殖场中常用的日粮加工技术，是根据不同羊群的营养需要和饲养方案，将粗料、精料、矿物质、维生素和其他添加剂等成分在TMR搅拌机内进行充分搅拌、混合而得到的一种精粗比例稳定、营养浓度一致、供羊自由采食的营养平衡的日粮。同时，配合撒料车饲喂，可以提高工作效率（图2-44、图2-45）。

图2-44　固定式TMR日粮搅拌机（毛杨毅摄）

图2-45　牵引式TMR日粮搅拌机（毛杨毅摄）

（2）全混合日粮饲养工艺优点

① 精饲料与粗饲料均匀混合，日粮营养均衡，避免羊只挑食，有利于提供均衡的日粮。

② 增加羊干物质采食量，提高饲料转化效率。

③ 充分利用农副产品和一些适口性差的饲料原料，减少饲料浪费，降低饲养成本。

④ 简化饲喂程序，减少饲养的随意性，精准饲喂程度提高。

⑤ 便于机械饲喂，提高劳动生产率，降低劳动力成本。

（3）全混合日粮配制

① 根据羊的生理和生产需求，参照羊的营养需求标准，确定每天采食量和各种营养的需要量。

② 根据已有的饲料原料，参看不同饲料的营养价值，选用饲料原料。

③ 根据不同类型羊的消化特点，初步确定日粮中精饲料和粗饲料比例。

④ 计算拟供粗饲料所能提供的营养，如能量、蛋白质的营养量。粗饲料在日粮中的比例因不同生产需要可保持在20%～70%不等。粗饲料原料应选用2～4种为宜。

⑤ 营养不足部分选用精饲料进行配制。

⑥ 在营养配制中首先考虑能量的需要，其次是蛋白质的需求，然后是矿物质的需要。

⑦ 为确保日粮的各种微量元素的供给，应在日粮中按比例加入预混料，并确保搅拌均匀。

（4）全混合日粮加工　按照日粮配方的比例，在TMR搅拌机中先加入干草，经过充分搅拌后，再加入青贮饲料，加入适量的水，调节日粮的水分含量，然后加入精饲料进行充分搅拌均匀，最后通过传动带将日粮装入撒料车（图2-46、图2-47）。

图2-46　TMR日粮加工与出料
（毛杨毅摄）

图2-47　撒料车投喂
（毛杨毅摄）

本章由赵鹏编写

第三章 绵羊饲养管理

第一节 羊生活习性与消化特点

一、羊的生活习性

1.适应性强

羊对自然条件和环境有很好的适应性，主要表现为耐粗饲、耐渴、耐热、耐寒、抗病能力强，这些能力的强弱，直接关系到羊生产能力的发挥。

（1）耐粗饲性　羊在恶劣的条件下，具有较强的生存能力，它有很好的耐粗饲性，能采食各种秸秆、树叶等维持生命和生产畜产品，山羊对粗纤维消化率比绵羊要高出3.7%，耐粗饲性表现更为突出。羊虽然耐粗饲，但好的牧草更有利于羊的生长发育和生产性能的发挥（图3-1）。

图3-1　羊耐粗饲性（毛杨毅摄）

（2）耐渴性　绵羊、山羊的耐渴性均比较强，缺水季节时，能在黎明时分用唇和舌接触牧草，收集叶上凝结的露珠，或可利用青绿饲料中的水分，在冬季可以采食雪水。山羊的耐渴性要比绵羊强，但严重缺水会影响羊的生命和生产性能的发挥。

（3）耐热性　绵羊的汗腺不发达，散热主要靠喘气，耐热性较山羊差。当夏季中午炎热时，绵羊常有停食、喘气、“扎窝子”等表现，特别是一些毛用羊和进口绵羊的耐热性就更差，而山羊却很少出现“扎窝子”现象，气温在37.8℃时，仍能继续采食。因此在夏季的饲养管理中要注意防暑降温，避免在中午炎热时喂羊和在烈日下放牧。

（4）耐寒性　绵羊由于有厚密的被毛和较多的皮下脂肪，故较山羊耐寒。但初生羔羊耐寒性稍差，特别是在冬季严寒季节，若不注意羔羊的护理会发生羔羊冻死现象。产毛、产绒山羊的耐寒性要高于其他山羊（图3-2）。

图3-2　冬季放牧的绵羊（毛杨毅摄）

（5）抗病力　正常情况下羊的抗病力比较强。放牧条件下的各种羊一般发病较少。舍饲条件下，由于羊群密度大，养殖环境差，羊的发病概率增加。山羊的抗病力略强于绵羊。由于羊的抗病力强，一般不表现症状，在发病初期不易被发觉，当没有经验的牧工发现病羊时，多半病情已很严重。为此，在饲养管理过程中必须要仔细观察羊的膘情、采食、饮水、呼吸、毛色及运动状态等各种行为表现，做到早发现、早治疗和对症治疗。

2. 合群性好

任何家畜的合群性均不及羊，绵羊、山羊虽不同种，但能很好地混合组群，彼此“相安无事”。羊主要通过视、听、嗅、触等感官活动来传递和接受各种信息，以保持和调整群体成员之间的活动。利用合群性就可以大群放牧，便于管理羊群。在羊群体中只要有“领头羊”带领，其他羊便跟随而来，这对放牧、迁徙、渡水等都提供了便利。但合群性也有不好的一面，比如有少数羊混了群，其他羊亦跟随而来，或少数羊受了惊，其它羊亦跟上狂奔，故在管理上应避免混群和炸群（图3-3、图3-4）。

图3–3　绵羊合群性
（毛杨毅摄）

图3–4　太行山羊放牧中队形
（毛杨毅摄）

3. 采食性广

羊可利用的植物种类很广泛，天然牧草、灌木、农副产品都可作为饲料。在半荒漠草场上，有66%的植物种类不能为牛所利用，而羊仅为38%。在对600多种植物的采食试验中，山羊可食用其中的88%，绵羊为80%，而牛、马、猪则分别为73%、64%和46%，说明羊的食谱较广。因为羊可利用的饲草种类多并且善于啃食很短的牧草，在不过牧的情况下，可以进行牛羊混牧或不能放牧马、牛的短草牧场也可以放羊。

4. 爱清洁

羊喜欢采食干净的饲草，喜欢饮用清洁的水。羊在采食各种草料之前，先用鼻子嗅一嗅然后再吃，被污染的草料不愿采食。舍饲时，凡经践踏污染的草，羊不愿再食，被污染的水也不愿喝。因此在饲养管理过程中一定要注意及时清扫饲槽，饮水要勤换，保证水、草、用具的清洁卫生。

5.喜干忌湿

羊喜干燥，怕潮湿，潮湿的环境易使羊发生寄生虫病和腐蹄病。不同的绵羊品种对气候的适应性不同，如细毛羊喜欢温暖、干旱、半干旱的气候，而肉用羊和肉毛兼用羊则喜欢温暖、湿润、全年温差较小的气候。我国北方地区相对湿度多为40%～60%，故适于大多数羊种，特别是细毛羊。而在南方高湿高热地区则较适于养肉羊。所以在羊场选址时，要选在地势较高、干燥向阳的地方。

6.善游走

不同品种的羊在不同牧草状况、牧场条件下，其游走能力有很大区别。游走有助于增加放牧羊只的采食空间，特别是牧区的羊，终年以放牧为主，需长途跋涉才能吃饱喝好，常常一日往返里程达到6～10千米。山羊的性情比绵羊好动敏捷，更喜欢游走，善于登高、跳跃，所以在山区和陡坡牧场，更适于养山羊（图3-5、图3-6）。

图3-5　草原区放牧羊群（毛杨毅摄）

图3-6　转场中的羊群（毛杨毅摄）

7.易训导

绵羊胆小易惊、反应比山羊迟钝，但性情温驯、易于人接近和训导，对人的攻击性小。山羊机警灵敏、大胆顽强、记忆力强，易于训练成特殊用途的羊。在放牧中，个别山羊离群后，只要牧工给予适当的口令，山羊就会很快地跟群。我国驯兽者也利用这一特性训练山羊成为娱乐工具。

二、羊的消化特点

1. 羊的消化道特点

羊属于典型的反刍家畜，没有上切齿和犬齿，主要依赖上齿垫和下切齿、唇和舌头采食。羊的嘴窄扁，上唇有一纵沟，唇薄而灵活，门齿锐利而稍向外倾斜，吃草时口唇和地面接近，有利于啃吃短草和拣吃草屑，舌前端尖，舌面上有短而钝的乳头，舌尖光滑，可协助咀嚼和吞咽。

羊具有复胃结构，分为瘤胃、网胃、瓣胃和皱胃。绵羊胃总容量为30升左右，山羊为16升左右。前三个胃称为前胃，胃壁黏膜无腺体，犹如单胃的无腺区。皱胃称为真胃，胃壁黏膜有腺体，其功能与单胃动物相同（图3-7）。

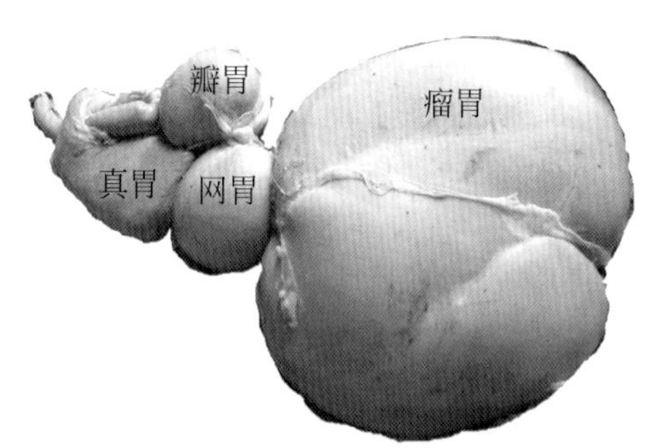

图3-7　羊复胃结构图（毛杨毅摄）

瘤胃容积最大，占总容量的79%，其位于腹腔左侧，呈椭圆形，黏膜为棕黑色，表面有无数密集的乳头。其功能是贮藏采食的饲草和进行微生物发酵，待休息时反刍，除机械作用促进消化外，在瘤网胃由大量的微生物和原虫所构成的厌氧系统的作用下，由微生物对饲料进行消化分解，并将饲料中的蛋白质分解后合成菌体蛋白，进一步提高了饲料蛋白质的营养价值。同时，通过微生物的作用还可以合成一些B族维生素等。因此，瘤胃是羊最重要的消化器官。

羔羊出生时瘤胃、网胃由于尚未形成微生物菌群而不具备对粗饲料的消化功能，对淀粉的耐受量很低，不能采食和利用草料，但皱胃相对来说是最大的，与单胃动物相似。羔羊所吃母乳直接进入皱胃，由皱胃分泌的凝乳酶进行消化。在羔羊生长阶段需要逐步建立微生物区系，来促进瘤胃、网胃的发育。羔羊瘤胃微生物区系的建立是通过干饲料和个体间的接触产生的，在羔羊开始吃干饲料时才逐渐发育完善，自然哺乳羔羊需要1.5～2个月，而早期断奶羔羊如在人工哺乳或自然哺乳阶段实行早期补饲，仅需要4～5周。

网胃呈球形，内壁分割成很多网格如蜂巢状，其平均容积为2升，其主要作用与瘤胃相似。

瓣胃呈椭圆形，内壁有纵列呈新月状的瓣叶，平均容积0.9升。其主要是对食物起机械压榨作用，分离出液体和消化细粒。进入皱胃，在这一过程中，有30%～60%的水分和40%～70%的挥发性脂肪酸、钠、磷等物质被吸收。

皱胃又名真胃，呈圆锥形，其平均容积3.3升。皱胃黏膜腺体分泌胃液，主要是盐酸和胃蛋白酶，对食物进行化学消化。

小肠是羊消化吸收的主要器官，羊的小肠细长曲折，长度为17～34米，是体长的25～30倍。胃内容物进入小肠后，经过各种消化液（胰液和肠液）的化学性消化作用，分解为各种营养物质而被绒毛上皮吸收，未被消化吸收的食物，随小肠的蠕动而进入大肠（图3-8）。

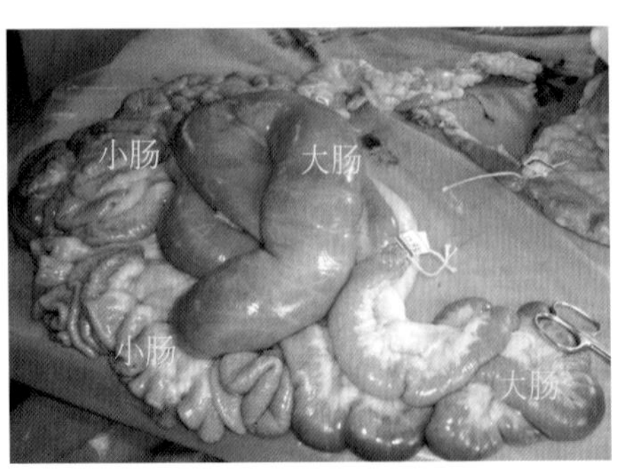

图3–8　羊肠（毛杨毅摄）

大肠长4～13米，它的功能主要是吸收水分和形成粪便。在小肠未被消化的食物进入大肠，也可在大肠微生物和小肠液带来的各种酶的作用下继续消化吸收，剩余的残渣形成粪便排出体外。

2.瘤胃功能

（1）反刍　反刍是指反刍动物在食物消化过程中将瘤胃的食团逆呕到口腔，经过再咀嚼和再咽下的活动，是羊消化的正常生理现象。羊在采食阶段的短时间内能采食大量草料储存于瘤胃，经瘤胃浸泡、混合和发酵，在采食结束后的休息时间中，通过反刍行为将瘤胃中的食物吐出一个食团于口中，反复咀嚼70～80次后，并混合唾液，再吞咽回腹中，如此反复进行。羊的反刍很有规律，正常情况下在食物进入瘤胃后40～70分钟即出现反刍，咀嚼速度一分钟在83～99次，每次反刍持续40～60分钟，有时可达1.5～2小时，一天共反刍8～15次，总反刍时间约8小时，一天反复咀嚼食团数约500个。羊白天和夜间都有反刍，午夜后羊要休息，反刍的速率较慢或停止。每次反刍所需时间与饲料品质有关，牧草含水量大、粗纤维含量高，反刍时间长；干草粉碎后的反刍活动快于长草；同样饲料多次分批喂给时，反刍时逆呕食团的速率快于一次性全量喂给。一般情况下，羔羊出生后约40天开始出现反刍行为，羔羊在哺乳期早期补饲容易消化的植物性饲料，能刺激前胃的发育，可提早出现反刍行为。

反刍是羊的重要消化生理特点，反刍停止是疾病征兆，观察反刍情况是辨别羊只健康与否的重要手段。反刍停止后，瘤胃内的食物发酵产生的气体排不出去而引起瘤胃臌气或引起局部炎症。有些外界因素常能使反刍活动暂停，疾病、突发性声响、饥饿、恐惧、外伤等，均能影响反刍活动。为保证绵羊有正常的反刍，必须提供安静的环境。

（2）发酵和营养物质合成　瘤胃可以看作是一个高效率而又连续接种供微生物繁殖的活体发酵罐。瘤胃内栖息着种类繁多、数量巨大的微生物，每毫升瘤胃内容物中含细菌10^{10}～10^{11}个，原虫10^{5}～10^{6}个。原虫主要是纤毛虫，此外还有一些鞭毛虫。瘤胃微生物在瘤胃发酵过程中主要有以下三方面的功能。

一是消化饲料中的纤维素。瘤胃是消化草料中碳水化合物，特别是纤维素的主要器官，在共生微生物的作用下，纤毛虫先使纤维

组织变得疏松，然后细菌通过水解酶的作用，将粗纤维分解为几种挥发性脂肪酸，由胃壁吸收后进入肝脏成为能量的主要来源和进入脂肪组织形成脂肪。二是分解和合成菌体蛋白。瘤胃微生物不仅可将草料中的蛋白质进行分解成氨基酸并再合成细菌蛋白，还可以将饲料中的一些非蛋白质结构的含氮化合物合成高质量菌体蛋白，进一步提高了饲料中蛋白质的营养价值。三是瘤胃微生物可在羊体内合成维生素B_1、维生素B_2、维生素B_{12}和维生素K，能满足自身需要，不必另行补充。

（3）嗳气　在瘤胃的发酵过程中，不断地产生大量气体，主要是二氧化碳和甲烷，还有少量氮和微量氢、氧及硫化氢，其中二氧化碳占50%～70%，甲烷占30%～40%。

瘤胃发酵产生的气体主要通过嗳气排出体外，少量由瘤胃壁吸收，进入血液后由肺脏排出。

第二节　绵羊舍饲养殖

一、舍饲养殖的基本条件

我国传统的养羊业主要是以放牧为主，随着现代畜牧业的快速发展和新技术、新品种的普及推广，舍饲养殖发展迅速，已成为今后畜牧业发展的主要趋势。但舍饲养殖与传统的放牧养殖有很大不同，无论在舍饲养殖圈舍条件、新技术与新品种的应用、管理水平、饲草料加工、疫病防控、经济条件等方面都有较高的要求。

1.设施条件

舍饲养殖首先要具备舍饲养殖的羊场、羊舍与养殖设施的条件（见“羊场建设”章节内容）。

2.品种要求

舍饲养殖与传统放牧养殖相比存在建设投资大、饲料成本高、人员成本增加等客观现实，使养殖综合成本增加。为此，必须要养殖生长发育快、产出收益高的优良品种，提高群体的综合生产能力，才有可能提高舍饲养殖的经济效益。在品种选择时，一定要选择生产性能好、繁殖率高、适应性好、抗病力强的品种。

3.饲养管理技术和经济条件要求

舍饲养殖多数是规模化的养殖，面临投入较大和成本的增加，必须在饲养管理的各个环节科学养殖，才能确保羊群的健康和发挥正常的生产能力，才有可能取得好的效益。饲养管理技术包括养殖生产的每个环节，如饲料加工与日粮配制环节是降低饲养成本和提高饲料利用效果的关键环节；疫病防控技术是提高羊群健康水平，降低病死亡率，确保羊群正常生产的关键环节；繁殖与接羔、育羔技术，是增加羊群存栏数和畜产品产量的关键环节；人员管理是降低劳动成本，提高劳动生产效率的关键环节等。因此，在规模化养殖场必须要有较好的技术团队和有管理经验的专业人员。

除此之外，舍饲养殖还需有一定的经济基础。由于舍饲养殖的圈舍建设、机械设备、饲草料购买和人员等方面的投资较大，每天都要面临饲草料的消耗，都需要较多的资金投入。因此，舍饲养殖须有一定的经济基础，能够确保羊群的正常生产运转，否则可能会因为资金短缺而导致养殖饲料或设备投资不到位，而影响正常生产运营，甚至会造成羊消瘦、死亡、成活率不高，产品数量减少和质量减低，最终都直接影响养殖经济效益。

二、各类羊的饲养管理

1.种公羊的饲养管理

（1）种公羊的选择

种公羊主要承担羊群的配种任务，公羊质量的优劣对全群品质的影响明显，因此，对公羊的选择和饲养管理非常重要。种公羊的选择应考虑以下几方面。

① 依生产方向的需求选择适宜的品种。我国有许多绵羊品种，生产方向也有所不同，如有细毛羊、半细毛羊、裘皮羊、地毯羊、

肉用羊、乳用羊等品种。因此选择品种一定要根据养殖的需要进行选择。

② 依地域条件和饲养管理方式选择品种。每个品种都有与其相适应的气候条件和饲养管理条件，如有的品种可以放牧饲养，有的品种适宜舍饲养殖。一般一些地方品种适宜放牧养殖，而大型的肉用羊品种适用于舍饲养殖，在放牧养殖的条件下则不能发挥很好的经济效益。有的品种可以在寒冷的地区养殖，有的品种则不适应。为此，在选择品种时一定要根据当地的自然条件和饲养管理条件来选择。

③ 依体形外貌选择。首先体形外貌要符合品种特征。其次羊的生长发育、体格大小要和所处的年龄阶段相一致，还要看羊发育是否匀称，毛色是否有光泽，步态是否正常，睾丸发育程度如何，有无隐睾、单睾或睾丸过于下垂、睾丸过小等。

④ 依血缘关系选择。若要选留或选购较多的公羊时，一定要考虑每只公羊之间是否有血缘关系，避免公羊有全同胞或半同胞的血缘关系，防止群体近亲繁殖。在农户选留公羊时，尽量避开在本群中选留。

⑤ 依年龄选择。无论是规模养殖场还是农户、牧户自己养殖，羊群的公羊要有一定的年龄结构，如成年配种公羊、后备公羊、育成公羊等，否则无法保证每年都有健壮的适龄公羊。

⑥ 依公羊的利用方式选留适当比例的公羊数量。若是自然交配，公母羊的比例为1∶（25～30），若是采用人工授精的方式，公母羊的比例为1∶（100～200）。

（2）种公羊的饲养管理　种公羊饲养管理的基本要求是膘情适中、体质结实、精力充沛、性欲旺盛、精液品质好。种公羊的饲养管理主要分为配种期和非配种期的饲养管理。

① 非配种期饲养管理。在非配种期，由于体力消耗比较小，应使公羊保持中上等膘情，公羊过肥或过于消瘦都会影响性欲和配种能力。

② 配种期饲养管理。在配种期前1～1.5个月应增加种公羊的营养，除了一般的饲养管理外，逐渐增加精料供应量，加强公羊运动和进行采精训练，并检查精液品质。配种期要注意提高蛋白质饲料的比例，必要时每日补充1～2枚鸡蛋。配种结束后逐渐过渡到非配种期的饲养方式，不能变化太大。在实施人工授精的养殖场，种公羊在配种前1个月开始每周采精1次，检查精液品质。开始配种后逐渐增加采精次数，直到每天1～2次，最多每天可采精3～4次。多次采精时，每次采精时间间隔1小时以上。对精液密度低的公羊，可提高公羊日粮中蛋白质、维生素和矿物质的含量；对精子活力差的公羊，要增加公羊的运动量。连续采精3～5天后可以让公羊休息1天。

2.繁殖母羊的饲养管理

对于繁殖母羊的要求是，常年保持良好的体况，完成配种、妊娠、哺乳和提高生产性能的任务。

（1）空怀期饲养管理　这一时期的饲养重点是及时整齐断奶、恢复膘情，为配种、妊娠储备体能和营养。此外整群也是非常重要的，及时淘汰年老体弱、患有生殖疾病的母羊。在配种前2～3周，每日补饲0.1～0.2千克精料，具有明显的催情效果，可使母羊发情整齐，有利于配种和提高产羔率。

（2）妊娠前期饲养管理　母羊的妊娠期为5个月。妊娠前期指妊娠的前3个月，此时胎儿发育较慢，胎儿重量仅占初生重的10%左右，此时母羊所需营养无需显著增多。此阶段管理的重点是预防母羊流产，要避免母羊吃霜草和发霉变质的饲草料，不饮冰水，不使羊受惊猛跑、拥挤，以免发生流产。

（3）妊娠后期饲养管理　妊娠后期2个月，胎儿发育速度很快，90%的初生重在这一时期完成。此阶段的饲养重点是确保母羊营养，为胎儿快速生长和产后哺乳提供较好的营养保障。在妊娠前期饲养管理的基础上，应每日补饲精料0.4～0.8千克，如缺乏营养，会造成胎儿发育不良、母羊产后缺奶、羔羊成活率低。在管理上，圈舍要宽松，圈门应宽敞，不惊吓羊群，防止羊群拥挤，保持通风良好，冬季还应保暖防贼风，做好“保膘保胎”。妊娠后期最容易出现的就是流产，饲料过冷、过酸、发霉变质、疾病等都能引起流产。所以饲喂时，一定要精细，不喂发霉变质饲料、霜草冻草、酸度过高的草，不饮冰水。每天坚持运动。产前1周，适当减少精饲料的补饲量，并将母羊转到待产圈舍。

（4）哺乳前期饲养管理　哺乳前期是指哺乳的前2个月，母乳是羔羊主要的营养物质来源，此时母羊的营养需要非常大，要增加母羊精料补饲量，产单羔母羊补饲量无需过多增加，产双羔、多羔母羊要逐渐增加精饲料补饲量至1～1.2千克，还要搭配优质牧草和多汁饲料，保证饮水。切记产后3天内不增加精料饲喂量，防止消化不良与乳腺炎，5天后逐渐增加补饲量。

（5）哺乳后期饲养管理　哺乳后期（哺乳2个月至断奶），母羊泌乳量下降，羔羊对母乳的依赖性大大降低，此时应将补饲重点放在羔羊上，逐渐减少对母羊的补饲，但仍要注意母羊的膘情，尽快恢复母羊体况。

3.羔羊的饲养管理

羔羊是指出生到断奶（不超过4月龄）的羊羔。

（1）羔羊哺乳前期饲养管理　羔羊出生后要及时吃上初乳，初乳含有丰富的营养物质和抗体，具有增强体质、抵抗疾病及排出胎粪的作用，若遇母羊缺奶、死亡时，应尽快寻找“保姆羊”或补饲牛、羊奶（图3-9、图3-10）。

图3–9　羔羊哺乳（毛杨毅摄）

图3–10　母仔同栏（毛杨毅摄）

羔羊出生后10天，开始训练羔羊采食，单独分群，补给优质精饲料和优质牧草，每天补饲羔羊开口料50～100克，并常备青干草、盐砖及清水供其自由采食。饲料要求营养价值高（蛋白质含量16%以上）、营养均衡、易消化吸收。饲草要求多样化、品质好、切碎饲喂，同时补充一些胡萝卜等多汁饲料。饲喂时要少量多次给料，待所有羔羊都学会吃草料时，改为定时定量饲喂。补饲结束后，将槽内剩余的草料清理干净，喂给母羊，并将食槽反扣，防止羔羊卧在槽内或将粪尿排在槽内。

（2）羔羊哺乳后期饲养管理　羔羊出生1.5个月后，母羊泌乳量减少，羔羊所需营养又增加，此时饲养重点应是羔羊的补饲，每日应补饲200～250克精料，自由采食青干草，常备舔砖和清洁的饮水。精料的粗蛋白含量在13%～15%，麸皮含量不超过10%，防止公羔尿结石。

圈舍要保持干燥、干净卫生、防风保暖。

（3）断奶技术　羔羊长到3～4月龄时断奶，在补饲条件好的情况下可以适当提前到2月龄断奶。根据羔羊体况，采取一次性断奶。在断奶前一周，要减少母羊精饲料和青绿多汁饲料的饲喂量，防止乳腺炎的发生。断奶时把母羊赶到其他圈舍饲养，羔羊留在原圈舍饲养。断奶后羔羊要喂给营养丰富的容易消化的草料，饲料要多样化，保证充足清洁的饮水。

4.育成羊的饲养管理

育成羊指断奶至初配（即4～18月龄）阶段的羊，有的早熟品种在周岁内就可以配种。这一时期，羊的生长发育最旺盛，所需营养物质较多，此时首先要有足够的青干草和青贮饲料，其次每天补饲200～500克精饲料，确保育成羊体况发育良好，注意不要补饲大量精饲料，可能会造成羊过肥。但营养供应不足，就会出现羊只发育不良、体重小、增重慢、畸形等营养不良症。育成羊除了要满足营养需要之外，还要保证充足的运动。

第三节
绵羊放牧饲养

羊群放牧可以充分利用天然的草地资源，降低生产成本，同时放牧地通常环境比较好，空气新鲜污染少，有利于羊的身体健康。

一、放牧条件和放牧方式

要有适宜的放牧草场，可以满足羊群的营养需要，例如天然牧坡、田间地头、河滩以及庄稼收获后的茬子地。

要合理利用放牧地，过牧、载畜过大均能影响草地的质量和产草量，从而影响羊的生长发育。

要有合理的放牧方法和技术，依据不同的牧坡条件、气候、季节有不同的放牧方式和方法，主要有自由放牧、围栏放牧、季节轮牧、划区轮牧。自由放牧无固定的放牧草地和放牧时间，主要根据草地情况选择较好的草场进行放牧。围栏放牧是指把一块草场围起来，根据围栏内牧草可以提供的营养物质和结合羊的营养需要量，安排一定数量的羊只放牧，此方法能合理利用和保护草场。季节轮牧是指根据季节来划分草场，按季节轮流放牧，此方法能合理利用和保护草场，提高放牧效果。划区轮牧是结合季节牧场的划分，再把牧场划定为若干个小区，根据草场的产量、羊群的大小及营养需要，按一定顺序进行轮流放牧，给其他小区牧草更多的恢复时间，可以有效地利用和保护草场，同时降低羊群的游走距离，减少消耗，有利于羊群增重。

二、四季放牧技术

1. 春季放牧

春季气候逐渐变暖，牧草开始返青，羊只经过整个冬季的枯草期，膘情较差、体质弱，而且由于年龄、产羔的原因造成羊只强弱不均，且牧草青黄不接，给放牧造成一定困难。

春季处于青黄不接的时间段，经过一个冬季的放牧，可采食的牧草越来越少，质量也较差。当年的牧草刚刚萌芽，草产量低，羊常常会贪吃青草而到处乱跑，俗称“跑青”，羊不但吃不饱还会浪费体力，甚至使部分瘦弱羊更加衰竭，再者，过早啃食青草不利于牧草的再生，影响产草量。因此春季放牧时要求控制羊群，防止“跑青”、腹泻和体力消耗过大。尽量先选择阴坡放牧，让羊吃枯草，待阴坡返青后再赶到阳坡放牧（阳坡返青早，草已经有一定的产量）。放牧时要照顾好弱羊，可适当补饲精料，或者单独分群就近放牧。

2.夏季放牧

夏季牧草茂盛，营养价值高，有利于羊群的抓膘，可适当扩大放牧范围。但是夏季高温、炎热、多雨、蚊虫较多、不利于羊群放牧。所以夏季放牧应选在高山、丘陵及其他较高的地带，这里比较干燥，气候凉爽、风大蚊虫少，羊能安静采食。夏季中午炎热，羊容易“扎窝子”，这时牧工要及时驱散羊群。同时为避开中午炎热，可以早晨早出牧，中午把羊群赶到树荫或其他凉爽地带休息，下午再进行放牧，做到“抓两头，歇中间”（图3-11、图3-12）。

图3–11　夏季丘陵山区放牧

（毛杨毅摄）

图3–12　夏季草原放牧

（毛杨毅摄）

3.秋季放牧

秋季气候逐渐转凉，气候适宜，牧草结籽且营养丰富，是羊群抓膘的黄金季节。此时放牧的重点是尽量延长放牧时间，勤换牧草地，使其能吃到更多的杂草和草籽。对刈割草场或农作物收获的茬子地，也可以进行抢茬放牧，羊不仅能吃到散落地上的籽粒谷物，还能吃到更多的结了籽的杂草。有条件的可以先放山坡草，待吃半饱后再放秋茬地，注意观察茬子地籽实情况，如籽实较多应减少秋茬地放牧时间，以防羊只采食大量谷物类籽实，造成瘤胃积食。秋季无霜时，应早出晚归，降霜后，应迟出早归，避免羊只吃霜草而造成流产（图3-13）。

图3-13　跑茬放牧（毛杨毅摄）

4.冬季放牧

冬季气候寒冷，牧草枯黄，放牧时间短，放牧地有限。此时放牧的重点是保膘保胎，力争胎儿的正常发育和羊只安全过冬。应延长秋季草场的放牧时间，推迟进入冬季草场的时间。冬季牧场的利用原则是，先远后近，先阴坡后阳坡，先高处后低处，先沟壑后平地。放牧时要顶风出牧，顺风归牧。同时也应当准备适量的饲草料用来防备气候变化和用于弱羊的补饲，当冬季草地不能满足羊的采食需求时，归牧回来要进行补草、补料。另外，冬季放牧要避免在雪地、冰草地放牧，要注意圈舍保温，有效的保温措施可以防止羊掉膘（图3-14）。

图3-14　冬季跑茬放牧（毛杨毅摄）

第四节 绵羊管理

一、羊群结构

羊群是由不同年龄、不同性别的羊组成的，羊群中各类羊的比例与整个羊群的生产力和所能产生的经济效益息息相关。母羊群以2～5岁的青壮年羊为主，约占整群羊的75%，周岁羊占15%～20%，6岁羊占5%～10%，6岁以上羊淘汰。每年春秋配种前和越冬前要进行整群，淘汰老、弱、病羊和繁殖性能不好、生产性能不高的羊，补充周岁羊，加快羊群周转，加大青年羊的比例，降低羊群平均年龄，有利于提高生产效率。在自然交配情况下，公羊所占比例为3%～4%，育成公羊1%～2%。人工授精时，公羊约占1%～2%，试情和育成公羊占2%～3%，公羊在5～6岁时淘汰。非留种羔羊最好当年全部育肥屠宰，羯羊占比大或育肥时间长，均不利于羊群的周转和经济效益。

二、分群管理

为方便管理和实现精细化饲养，羊群要根据品种、性别、年龄、体况、生产方向等分为若干个小群进行饲养。例如，非配种期公母羊分群饲养，在配种期把公羊并入母羊群，可以实现集中配种，便于后期产羔、羔羊补饲、育肥等管理。育肥羊和留种羊分群饲养，可以给予不同配方和营养水平的饲料，从而实现不同的生产目的。不同体重的育肥羊分群饲养，分阶段给予不同营养水平的日粮，可以生产不同的羊肉产品，实现精细化管理，节约成本，提高养殖经济效益。

三、日常管理

1. 羊的编号

为了识别羔羊，便于科学的饲养管理及以后的选种、选配等工作，需要对羔羊进行编号。佩戴耳标应在羔羊出生后7～15天进行，要求羔羊体况正常、无疾病。编号最常用的方法就是耳标法。耳标应体现羊的品种、性别、年龄、单双羔及个体编号。公羊号佩戴在左耳，母羊号佩戴在右耳。例如2022年生产的羔羊，耳号为DH206014，耳号的含义是：D代表父亲品种，父亲是杜泊羊用D表示，H代表母亲品种，母羊为湖羊用H表示，2代表2022年出生（因为羊群中一般不会出现10年以上的羊，所以用年的最后一个数字代表出生年代），06代表6月份出生，014是羔羊编号（百位数），最后一位是双数代表母羔（母羔编号为2、4、6、8、10、12、…），若是公羔，最后一位数是单数（1、3、5、7、9、11、…）。通过耳标就可以看出羊的品种、出生日期及编号等（图3-15）。

图3–15　佩戴耳标（毛杨毅摄）

2.羔羊去势、断尾

对不留作种用的公羔在出生后2～4周进行去势，采用刀切法、结扎法和去势钳法。

对长瘦尾型羊要在出生1周后断尾，可以和羊的编号同时进行，采用橡皮筋结扎法和热断法。用宽度3～5毫米的橡皮筋或者断尾专用皮筋紧紧套在羔羊第3尾椎和第4尾椎之间，断绝尾巴血液流动，7～10天后尾巴自行干枯脱落，断处擦碘酒消毒。使用热断尾钳断尾，参考使用说明书一次性切断尾巴。断尾可以防止粪便污染尾巴，也有利于配种，同时可节约一定的饲草料。大尾羊或肥臀羊不断尾。

3.剪毛与抓绒

绵羊剪毛通常在春季清明前后，如果粗毛羊可在秋季白露之前再剪一次，剪毛前12～24小时停食，剪毛后注射破伤风抗毒素，剪毛应避开母羊妊娠期。

4.药浴与驱虫

药浴的主要目的是驱除羊只体表寄生虫，常用药物有螨净、溴氰菊酯和双甲脒等，药浴应在剪毛后一周进行，通常有喷淋法、药浴池法和水锅药浴法。间隔一周后再药浴一次效果更好，另外羊群若有牧羊犬，也应一起药浴。

药浴应选择天气晴朗，气温较高的时间，药浴前8小时停止放牧和饲喂，药浴前2小时饮足清水，以免羊误饮药液。

按药浴药物使用说明配制浴液，药浴水温在25℃以上，药浴池内药液深度要能够淹没羊全身。先药浴健康羊，再药浴有皮肤病的羊；先药浴羔羊，再公羊，再母羊；羊只全身都要浸透，尤其头部。

药浴完，把羊赶入宽敞、向阳的运动场，并注意观察羊有无异常现象，过1～2小时可以饲喂或者放牧。

对病羊、有外伤的羊和怀孕2个月以上的可以推迟药浴。

工作人员应戴好口罩和橡皮手套，做好个人防护，以防中毒。

药浴当晚要密切注意羊群，对出现中毒症状的羊及时救治。

药浴剩余的药液要妥善处理，不能随意倾倒。

驱虫的目的是祛除体内和体表的寄生虫，驱虫应在药浴后进行，主要方式为口服药驱虫和注射驱虫。常用的药物有伊维菌素、阿维菌素、阿苯达唑、丙硫苯咪唑、左旋咪唑、吡喹酮等。春秋各驱虫一次，每次换药驱虫效果更好，可防止寄生虫产生耐药性和避免单一药品对某些寄生虫驱除效果不好（图3-16、图3-17）。

图3-16　羊药浴区
（毛杨毅摄）

图3-17　淋浴一体式药浴池
（毛杨毅摄）

5. 免疫注射

注射疫苗是预防羊传染病的重要措施之一，主要疫苗的免疫程序如表（表3-1）。

表3-1　羊免疫程序

类别	接种时间	疫苗	接种部位	免疫期
公母羊	配种前5周	口蹄疫疫苗	肌内注射	6个月
		羊梭菌病三联四防疫苗	皮下注射	6个月
	配种前3周	小反刍兽疫疫苗	皮下注射	3年
	配种前1周	传染性胸膜肺炎疫苗	肌内注射	1年
	产后1个月	口蹄疫疫苗	肌内注射	6个月
		羊梭菌病三联四防疫苗	皮下注射	6个月
	产后1.5个月	羊痘疫苗	皮下注射	1年
	产后2个月	布鲁菌病疫苗	饮水或注射	2年
羔羊	15日龄	羊梭菌病三联四防疫苗	皮下注射	6个月
		口蹄疫疫苗	肌内注射	6个月
	1月龄	传染性胸膜肺炎疫苗	肌内注射	1年
	2月龄	羊痘疫苗	皮下注射	1年
	6月龄	小反刍兽疫疫苗	皮下注射	3年
	7月龄	口蹄疫疫苗	肌内注射	6个月
		羊梭菌病三联四防疫苗	皮下注射	6个月
	周岁	布鲁菌病疫苗	饮水或注射	2年

种羊场种羊不做布病疫苗免疫，每年进行定期检淘净化。注射剂量和用法参考疫苗说明书（图3-18）。

图3-18　羊预防免疫（毛杨毅摄）

6.羊群运输的管理

购买羊一定要在无疫区购买，在当地兽医部门进行检疫，并对运输车辆进行消毒，领取到当地的检疫合格证和车辆消毒运输许可证后装羊。

运输前6～8小时不要饲喂，只给饮用少量水。运输时间少于8小时的短途运输路上不需饲喂，超过8小时应该给饮水，超过24小时可以少量饲喂，不要喂饱。

冬、春季运羊时要注意保暖，夏季运羊时要注意防暑和通风。

车辆上装载密度不要过大，以羊只站立或躺卧时不拥挤为宜。如果车辆较大，应该把羊群分为小栏，每栏羊数不超过10只羊。成年羊和羔羊也要分栏运输。怀孕后期的母羊和刚出生的羔羊，尽量不要长途运输（图3-19、图3-20）。

图3–19　装车
（毛杨毅摄）

图3–20　分栏式运输车辆
（毛杨毅摄）

卸车时注意防止羊肢蹄扭伤，刚卸车的羊不要急于饲喂，先让羊群休息活动一下，1小时后饮水，2小时以后开始饲喂。长途运输后第一顿要少喂，以后逐渐增加，尽量饲喂营养价值高、易消化的饲草。

刚运回来的羊，一定要单独隔离饲养，21天后如无疾病，可并入大群饲养。如发病，应做好相应处理，待病愈后并入大群。

本章由李俊编写

第四章
山羊饲养管理

第一节
山羊的生活习性

山羊和绵羊一样都属于反刍动物，有与绵羊相同的生活习性，也有其独特的生活习性。

一、活泼好动，胆大，喜欢登高

山羊生性好动，除卧地休息时反刍之外，大部分时间是处于走走停停的逍遥运动之中。羔羊表现得尤为突出，经常有前肢腾空、躯体直立、跳跃、嬉戏、斗架等行为。山羊喜欢攀爬高处、陡处、山崖、树干等，可以在悬崖陡壁处采食到绵羊不能采食的牧草，可以在陡山和灌木林地放牧。因此，在舍饲养殖的情况下，圈舍的围墙高度要比绵羊圈舍高，并应在运动场架设可以供羊玩耍、蹦跳的台阶或木桥等，使羊能够得以自由表达正常的行为，保证正常生长发育（图4-1 ～图4-4）。

图4-1　山羊攀高行为（毛杨毅摄）

图4-2　山羊嬉戏行为（毛杨毅摄）

图4-3　山羊腾空玩耍行为（毛杨毅摄）

图4-4　山羊攀崖行为（毛杨毅摄）

二、采食性广，觅食能力极强

山羊能够利用大家畜和绵羊等不能利用的牧草，它能采食植物的种类远多于猪、马、牛和绵羊，对各种牧草、灌木枝叶、作物秸秆、农副产品、瓜果蔬菜以及食品加工的糟粕均可采食，而且特别喜食幼嫩的灌木枝叶及树皮，因此，在放牧养殖的过程中，要避免过度放牧和在幼龄林地进行放牧（图4-5）。

图4-5　山羊采食灌木枝叶（毛杨毅摄）

三、适应性强，分布广

山羊和其他家畜相比，对生态环境的适应能力较强，凡是有人生活的地方，基本上都能繁衍生息。无论高山或平原，森林或沙漠，沿海或内地，热带或寒带均有山羊分布。山羊汗腺较少，水的利用率高，使它能够忍耐缺水和高温，能较好地适应沙漠地区的生活环境（图4-6、图4-7）。

图4–6　山羊在乱石滩里采食（毛杨毅摄）

图4–7　山羊在干旱的草场放牧（毛杨毅摄）

四、合群性强

“羊性善群”说明羊的合群性强，无论放牧或舍饲，一个群体的成员总喜欢在一起活动，由年龄大、身强力壮的头羊带领全群统一行动。羊的合群性，为放牧管理带来许多方便。

五、生性精灵，便于调教

山羊生性精灵，活动敏捷，能够善解人意，便于调教。可利用其特点，在饲养管理过程中利用口令、手势等进行调教，可以方便生产管理。一些马戏团也常常用山羊作精彩的表演。

第二节 绒山羊的饲养管理

一、绒山羊的饲养

我国绒山羊的饲养方式有放牧养殖、舍饲养殖和半舍饲半放牧养殖三种形式。

（一）绒山羊放牧养殖

1. 放牧养殖特点

放牧养殖是传统的饲养方式，是我国目前最主要的养殖方式。放牧养殖有利于降低养殖成本，在养羊的生产过程中饲料成本占养殖成本的70%左右。放牧养殖可以充分利用牧区的草原、农区的零星草地及南方的山地草资源等来解决羊的饲草问题，从而减少养殖过程中的饲草料投入，因而是一种经济的养殖方式（图4-8、图4-9）。

图4–8　农区放牧（毛杨毅摄）

图4–9　牧区放牧（毛杨毅摄）

过度放牧将加快草地生态环境的恶化，不利于生态环境的保护。

适度放牧有助于实现草地资源化利用和促进草地生态不断改善，有利于草的萌发和生长，也有助于草地牧草的资源化利用。放牧过程中羊的粪尿可为草地提供肥料，有助于提高草地肥力和草的生长。放牧还可减少冬季草地枯草的积蓄量，减少火灾发生的风险。因此，合理利用草地是实现养殖业和生态保护双赢的有效手段。

放牧养殖可增强羊的健康体质，减少疾病发生。放牧可使羊有充分的活动空间和良好的生活环境（和舍饲养殖相比，空气新鲜、粪便污染减少），同时羊可采食到各种各样的牧草及中草药，营养相对均衡，特别是在夏季、秋季放牧可采食到新鲜的牧草，这些都有利于羊的健康，使羊体质结实、抗病力增强、疾病减少。

2.放牧技术

（1）放牧羊群队形与控制　为了控制羊群游走、休息和采食时间，使羊群多采食、少走路，以利于抓膘，在放牧羊群时，应通过一定的队形控制羊群。羊群的放牧队形名称甚多，其基本队形主要有“一条鞭”和“满天星”两种。放牧队形应根据地形、草场品质、季节和天气情况灵活应用。

“一条鞭”队形是指羊群放牧时排列成“一”字形的横队。羊群横队里一般有1～3层。放牧员在羊群前面控制羊群前进的速度，使羊群缓缓前进，助手可在羊群后面观察、驱赶离队或掉队的羊只，防止羊只丢失。出牧初期是羊采食高峰期，应控制住领头羊，放慢前进速度，提高对牧草的采食利用率。当放牧一段时间后，羊快吃饱时，前进的速度可适当快一点，使羊采食更多的新鲜牧草。待到大部分羊只吃饱后，羊群出现站立、不采食或躺卧休息时，放牧员在羊群左右走动，不让羊群前进，让羊充分休息。羊群休息和反刍结束，再继续放牧。此种放牧队形，适用于牧地比较平坦、植被比较均匀的中等牧场。春季采用这种队形，可防止羊群“跑青”。

“满天星”队形多是在夏秋季牧草生长茂盛季节，让羊群在一定范围内自由散开采食，使羊能够自由采食更多喜食的牧草，适用于任何地形和草原类型的放牧地（图4-10、图4-11）。

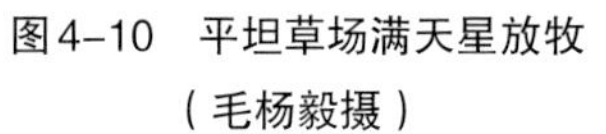

图4-10　平坦草场满天星放牧
（毛杨毅摄）

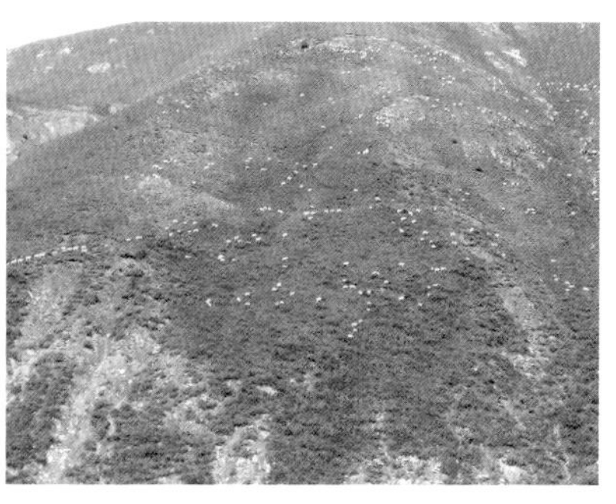

图4-11　山坡地带满天星放牧
（毛杨毅摄）

无论采用何种放牧队形，放牧员都应做到“三勤”（腿勤、眼勤、嘴勤）、“四稳”（出牧稳、放牧稳、收牧稳、饮水稳）、“四看”（看地形、看草场、看水源、看天气），宁可羊群多磨嘴，不让羊群多跑腿，保证羊一日三饱。否则，羊走路多，采食少，不利于抓膘。

（2）春季放牧技术要点　春季气候逐渐变暖，草场逐渐转青，是羊群由补饲逐渐转入全放牧的过渡时期。初春时，羊只经过漫长的冬季，膘情差，体质弱，产冬羔母羊仍处于哺乳期，加上气候不稳定，易出现“春乏”现象。这时，牧草刚萌芽，“远看一片青，近看草几根”，羊难以采食到草，常疲于跑青找草，增加体力消耗，导致瘦弱羊只死亡。再则，啃食牧草过早，将降低牧草再生能力，破坏植被，降低产草量。因此，初春时放牧要求控制羊群，挡住强羊，看好弱羊，防止“跑青”。在牧地选择上，应选阴坡或枯草高的牧地放牧，使羊看不见青草，只在草根部分有青草，羊只可以青草、干草一起采食。待牧草长高后，可逐渐转到返青早、开阔向阳的牧地放牧。到晚春，青草鲜嫩，草已长高可转入抢青，勤换牧地（2～3天），以促进羊群复壮。

（3）夏季放牧技术要点　羊群经药浴、驱虫后，及时进入夏季牧场。夏季放牧应避免选在蚊虫多、闷热潮湿的低洼地，宜到凉爽的高岗山坡上，有利于抓膘。

夏季放牧出牧宜早，归牧宜迟，尽量延长放牧时间，每天放牧不少于12小时，出牧和归牧时要掌握“出牧急行，收牧缓行”和“顺风出牧，顶风归牧”的原则。

夏季放牧要注意的问题：一是注意防暑，放牧应早出晚归，中午在阴凉、通风的地方放牧或休息。二是注意饮水，1天应饮水2～3次。三是注意合理使用放牧方式，保证羊有较高的日增重。夏季牧草比较茂盛，营养全面，适口性好，在放牧时多采用“满天星”队形放牧方式。四是要注意喂盐。羊每天需要的食盐量是5～10克，在放牧季节可以采用“啖盐”的办法，每隔7～10天喂盐1次。其方法是：将盐碾碎后均匀地撒在草坡的石板上，让羊自由的采食；有的牧工将食盐和小麦麸混炒后撒在石板上让羊采食；有的用“草盐”的办法喂盐，即将食盐用水化开后洒在一小片草地上，让羊在采食这片草时采食到食盐。如羊长时间缺盐，羊采食量下降，增膘缓慢。五是要注意防毒蛇和狼。采用打草惊蛇的办法驱赶蛇，采用“早防前，晚防后，中午要防洼洼沟”的办法防止狼偷袭羊只。六是要防止雨后羊进圈热捂，容易引起羊呼吸道病、皮肤病及寄生虫病的发生。

（4）秋季放牧技术要点　秋季放牧的基本任务是要在抓好伏膘的基础上，使羊体充分蓄积脂肪，最大限度地提高羊只膘情，要求达到满膘，为安全越冬做好准备。

秋季气候凉爽，牧草抽穗结籽，草籽富含碳水化合物、蛋白质和脂肪，营养价值高，是抓满膘的最好时期。秋季也是羊只配种的季节，抓好秋膘有利于提高受胎率。因此，秋季放牧应选择草高而密的沟河附近或江河两岸、草茂籽多的地方放牧，尽可能延长放牧时间，每天放牧不少于10小时。到晚秋有霜冻时应避免羊只吃霜草，以免影响上膘、患病、母羊流产等。

秋季放牧要注意的问题：一是要随着气候变化随时变换草场。二是要跑茬放牧，促进抓膘。秋季牧草种子是羊的好饲料，种子富含蛋白质和多种营养物质，不仅适口性好，而且羊采食后容易上膘。同时秋季各种作物收获，田间杂草和撒落的作物籽实是羊的好饲料，应抓紧收获时节跑茬放牧抓膘。三是要注意避开霜草和某些易引起中毒的饲草。四是秋季仍要注意羊的防疫和驱虫，减少疾病的发生和寄生虫的侵害，促进抓膘。除注意以上各点外，还要注意饮水和喂盐等日常的饲养管理。

（5）冬季放牧与补饲　冬季气候寒冷，风雪频繁。冬季放牧的主要任务是保膘、保胎，安全生产。因此，冬牧场应选择背风向阳、地势高燥、水源较好的山谷或阳坡低凹处。采取先远后近、先阴后阳，先高后低、先沟地后平地的放牧方法。

冬季放牧要晚出早归，慢走慢游，不可走得太远，这样，遇到天气骤变时，能很快返回牧场，保证羊群安全。冬季由于天气寒冷，羊越冬消耗比较大，同时草地牧草枯黄、营养价值低，可采食的牧草少，仅依靠放牧不能满足羊的保膘、保胎的营养需求，因此应及时对羊补草补料，特别是在牧区遭遇冰雪覆盖时，更应注意羊群的补饲，使羊群安全过冬。为保证羊安全越冬度春，应在夏秋季多收割、储备青干草和饲料，这是提高养羊业生产水平的重要措施之一。

（二）绒山羊舍饲养殖

1.舍饲养殖对品种的要求

单从饲养角度而言，无论是绵羊还是山羊都可以进行舍饲养殖。但由于舍饲养殖成本高于放牧养殖，影响养羊的经济效益，甚至养殖亏损。为了提高舍饲养羊经济效益，必须养殖优良的品种，提高单产和生产性能，才有可能获得较好的经济效益。为此，绒山羊舍饲养殖必须从以下几方面选择种羊，并在养殖生产中要坚持持续选留生产性能优秀的个体。

一是多胎性的母羊群体。饲养具有多胎型的母羊品种，这样在饲养条件和养殖成本基本一致的情况下，每只母羊每胎就可多生产1个或2个羔羊，就可以取得双倍的收入。在多胎的基础上，若加强饲养管理，可以实现2年3产，按每胎2个羔羊计算，平均每只母羊每年可生产3个羔羊，效益会更加可观（图4-12）。

图4-12　产双羔母羊（毛杨毅摄）

二是选择生产性能特别优秀的个体。如饲养一个产绒量仅200克的绒山羊和饲养产绒量1000克的绒山羊所带来的经济效益相差很大。为此，舍饲养殖就需要选择产绒量高、绒品质好或者生长发育快、产肉性能好的品种（图4-13、图4-14）。

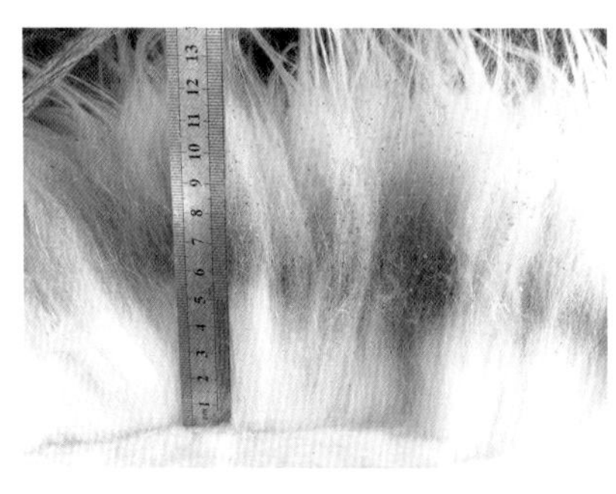

图4-13 长绒型绒山羊（毛杨毅摄）

图4-14 多绒型绒山羊（毛杨毅摄）

2.舍饲养殖生产条件

为了提高舍饲养殖的经济效益，舍饲养殖有以下几方面的基本条件。一是有好的优良品种。二是要有可满足养殖的生产环境和生产设施。三是要有充足的饲草条件。四是要有较好的经济基础和管理经验。舍饲养殖无论在直接的饲养成本上还是圈舍建设、机械设施配套等方面都需要较多的资金支持，资金缺乏就无法保证生产的正常进行，将会直接影响养殖效果和经济效益。同时，舍饲养殖还需要较为丰富的管理经验，确保养殖管理、饲料管理、疾病防控等方面能够科学管理，才会确保养殖的经济效益（图4-15）。

图4-15 绒山羊舍饲养殖（毛杨毅摄）

3.舍饲养殖技术

（1）种公羊饲养　种公羊的体质、体况、性欲和精液品质的好坏，对羊群的数量发展与品质提高关系极大，谚云："公羊好好一坡，母羊好好一窝"。种公羊是羊群的核心，要精心饲养管理，常年要保持中上等体况（膘情）、旺盛性欲和良好精液品质，不患或少患疾病。非配种期，每只每日喂精料0.3～0.5千克，配种期前一个月，开始加强饲养，逐渐增加精料量，直到配种期每只每日可喂精料量0.6～0.8千克，对配种次数较多的公羊，可适当加喂鸡蛋，使配种期末的体重不致降低到配种前以下。有条件时，对种公羊尽可能在配种期加喂适量多汁饲料，如胡萝卜，南瓜等。种公羊配种期适宜的配种量：每日1～2次，每周休息1～2天，最好采用人工授精法。

（2）成年母羊饲养　成年母羊分空怀期、妊娠期和哺乳期三个生理阶段。母羊自羔羊断奶后至下次妊娠前为空怀期，在正常中等营养条件下，可不喂或少喂精料。妊娠前三个月胚胎发育很慢，可每日喂0.2千克精料。妊娠最后两个月，正是胎儿发育很快的阶段，此时要加强母羊的饲养管理，对母羊产后泌乳，羔羊初生重及皮肤毛囊发育和出生后毛纤维密度增加，以及哺乳期羔羊生长发育等都有极重要的作用，此时应喂易消化吸收、体积较小的优质青干草1～1.5千克，少量多汁饲料（产前一个月可停喂青贮料），每只每日喂精料0.3～0.6千克。哺乳期前一周保持产前喂量，之后可增加精料喂量10%～25%，优质青干草和多汁饲料可在保持母羊食欲前提下适量增加。

（3）羔羊培育

提高羔羊的成活率和促进羔羊的生长是羔羊培育的关键环节。

羔羊生后3～5日龄内必须吃母羊初乳。若母羊无初乳或初乳很少时，可让羔羊吃同期产羔的其他母羊初乳，不宜用常奶或奶粉代喂。羔羊5～7日龄内，应让母子同栏。5～7日龄后，母子可放入哺乳母羊群。给母羊喂营养好、易消化的饲草料，精料宜逐渐增加，至产后10日可增到正常饲喂量。羔羊10多日龄时，即可训练吃优质青草或青干草和精饲料，精饲料的大体日喂量：1月龄50～80克，2月龄80～120克，3月龄120～200克，4月龄200～250克；羔羊在哺乳期内，可自由采食青草和优质青干草（图4-16）。

图4-16　哺乳母羊（毛杨毅摄）

在有条件的情况下，可购买专用的羔羊开口料或羔羊精补料，效果更好。

哺乳羊舍或运动场内，要设置专供羔羊补饲草料的补饲圈与补饲槽等，以保证羔羊能完全吃到所供草料，满足其营养需要。要加强羔羊运动，注意羔羊圈舍的环境卫生，及时清理圈舍里脱落的羊毛和其他异物，防止羔羊误食。

（4）育成羊饲养　羔羊断奶后至第一次配种前为育成时期，羔羊断奶后公、母羊要分群管理。育成阶段要供给以青绿饲料为主（如青饲料、青贮料、青干草等）的粗饲料，精饲料的喂量为：4～5月龄250～300克，5～6月龄300～350克，6～9月龄350～400克，9～12月龄400～450克，确保全期平均日增重能达150克以上，保持中上等膘情，不宜过肥或过瘦。育成阶段要加强运动，促进体格全面发育。

二、绒山羊的管理

1.组群

通常情况下应将羊群按照性别、年龄和生产阶段分为种公羊群、基础母羊群、育成公羊群、育成母羊群及羔羊群等。群体大小依养殖方式、草地资源、管理经验及圈舍条件等有所不同，以利于管理为原则，过小造成管理人员和羊舍建造的浪费，过大对羊的生长发育、健康保健和集约管理不利。在放牧养殖的情况下，农区一般按50～60只组群，牧区100～300只。在舍饲养殖情况下，可以实施大圈舍小群体（隔栏）饲养。

2.编号

所有羊只应一律编号，一般用塑料耳标或电子耳标。羊号一般为四位或五位数，首位数为该羊出生年份的末位数，如2008年出生者，耳号首位数为“8”，后三位数为当年全场出生羔羊顺序号，公羊编单号，母羊编双号。也可根据育种或养殖需求，自己设计一套编号方法。公羊耳标佩戴在左耳后缘上二分之一避开血管处，母羊耳标佩戴在右耳后缘上二分之一避开血管处。羔羊出生后在被毛上编临时号，20天后可以编戴永久号。戴耳标时，必须严格消毒，并做到不流血或少流血，以防感染。

3. 去势

对不宜作种用而淘汰育肥的公羊，在其20～30日龄时（最迟不晚于断奶鉴定）进行去势。多采用橡皮圈结扎法和阉割法，前者操作过程与断尾法相似，后者则用刀划破阴囊底部一侧皮肤，破口大小以能挤出睾丸为度，然后割破睾丸外膜，待白膜出现时，将其外层组织向上挤向精索，一手抓紧精索，另手抓睾丸连同白膜上的筋膜一起拧转若干圈，待血流中断后，双手反向用力掐、撕断精索，摘除睾丸，然后割开阴囊纵膈，用同样方法摘除另一睾丸，最后向阴囊内和外口洒上青霉素，并涂抹碘酒消毒，若阴囊底部切口过大时，可进行伤口缝合，完成去势全过程。去势后每天要观察阴囊肿胀和瘀血情况，瘀血多时要进行处理，抽出瘀血，进行消炎处理。对于规模化养殖场，有条件将公羔分群时，对公羔可以不去势。

4. 抓绒与剪绒

山羊绒的生长有周期性，每年春季脱绒，利用脱绒季节进行抓绒。抓绒适用于绒毛密度差，产绒量较少（低于400克）的羊只，对产绒量较高的绒山羊应采取剪绒的办法取绒。当绒山羊头部、耳部及眼周围的绒毛开始有脱落的现象，体躯部位绒毛根部与皮肤开始脱离时为取绒的最佳时期。抓绒过早，羊绒未脱离时不仅抓绒困难，而且会造成羊皮肤损伤。抓绒过晚，羊绒丢失严重影响产绒量。抓绒时将山羊倒放地上或抓绒板（台）上，用柔软绳索系牢羊贴地面的前腿和后腿，用粗梳梳去其体表杂物与粪便，将毛理顺，再用细梳顺毛抓绒，抓完一侧后翻转羊体，再抓另一侧羊绒，直至全身抓完绒为止，留在羊体上的羊毛暂时不剪，过半个月以后再剪。采用剪绒

扫一扫
观看视频 4-1 小型电动剪绒（毛杨毅摄）

扫一扫
观看视频 4-2 绒山羊抓绒（毛杨毅摄）

办法取绒时，动作应轻柔流畅，遇有皱褶处应将皮肤拉展使其尽可能平滑，均匀地把羊绒一次剪下，剪毛剪伤率应不大于10%，被剪羊的伤口数不超过2个，对伤口要及时进行消毒处理（图4-17～图4-20）。

图4–17　手工剪绒（毛杨毅摄）

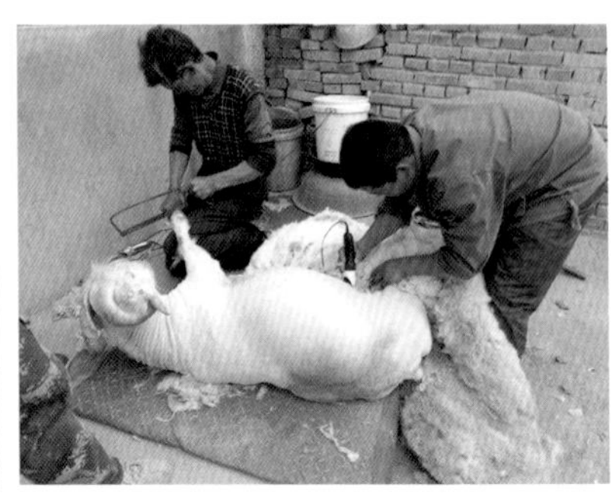

图4–18　小型电动手推剪绒（毛杨毅摄）

图4–19　绒山羊抓绒（毛杨毅摄）

图4–20　抓绒工具（毛杨毅摄）

5. 药浴

选择晴朗无风天气，于剪毛、抓绒后一周进行药浴。羊在药浴前8小时禁食，3小时前饮足水，以免羊饮药浴水。常用药物有螨净、除癞灵等，水温保持38～40℃。药浴多用药浴池法，也有用喷淋法。

6. 修蹄

羊蹄过长或变形影响羊的正常运动，应及时修剪。一般用修蹄刀或果枝剪进行修蹄。

7. 运动

舍饲养殖时羊应有4小时以上的活动时间。特别要重视种公羊和喂乳母羊、育成羊和羔羊的运动时间。

8. 羊舍管理

羊舍要经常保持良好通风、清洁、干燥，室内温度以冬暖夏凉为最好，冬季应不低于5℃，夏季不高于32℃；除某些地区冬春季有意识积粪保暖外，其他季节应每天清除粪尿，保持舍内清洁卫生。

第三节 奶山羊的饲养管理

一、奶山羊的生活习性

奶山羊除具有一般山羊的生活习性外，还具有独特的生活习性。

饲料转化利用率高。奶山羊对饲料的利用能力强，表现在消化能力强和单位体重所提供的产品量多。研究证明，山羊除对脂肪的消化能力稍低外，对其他各种营养物质的消化能力较强，尤其是对粗纤维的消化能力高于牛和绵羊。奶山羊单位体重所提供的产品量最多，如奶山羊的年产奶量为其体重的10倍以上，每千克体重的平均产奶量比奶牛要高62%。

奶山羊性成熟早，繁殖力强。萨能奶山羊一般在5～6月龄性成熟，饲喂条件好时，7～8月龄即可配种，平均产羔率200%左右，多为双羔。

奶山羊对环境应激反应敏感。恐吓、饲料突变或营养不足、环境突变或挤奶人员、挤奶方式、挤奶时间的变化等都对羊的产奶量有明显的影响，可使产奶量急剧下降，而产奶量的上升恢复需要一段时间。

二、奶山羊的饲养管理

（一）羔羊的培育

羔羊和青年羊的培育，不仅影响其生长发育，而且影响终身产奶量。加强羔羊培育，对提高羔羊成活率、提高羊群品质有重要作用。羔羊的培育分为胚胎期培育和哺乳期培育。

1.胚胎期的培育

羊的怀孕期平均为150天，胎儿从母体得到营养。因此，应特别注意怀孕母羊对营养物质的需要，防止因饲养管理条件不良而影响胎儿的生长发育。

羊在胚胎期的前3个月发育较慢，其重量仅为初生重的20%～30%，这一时期主要发育脑、心、肝等器官，要求营养物质完全但需求量不高，与处于产奶后期的母羊争夺营养的矛盾不突出，日粮只要能满足产奶母羊的需要，胎儿的发育就能得到保证。怀孕期最后两个月，胎儿发育很快，70%～80%的重量是在这一阶段增长的，此期胎儿骨骼、肌肉、皮肤及血液的生长更快。因此，日粮不仅要营养全面，而且要数量充足。

优良的豆科干草和青贮饲料，是保证怀孕母羊日粮营养全价的基本条件，精料补充也非常重要。用劣质的粗饲料（如麦秸、玉米秸等）和过量的精料喂怀孕后期的母羊，对母羊和胎儿都是不利的。母羊坚持运动，可预防难产和水肿；常晒太阳，可增加维生素D，两者都有益于母子健康，有利于胎儿的发育。高产母羊泌乳营养需要量大，第一胎母羊本身还要生长，母羊采食所获得的营养不仅要满足胎儿生长发育的需要，还要为产后泌乳储存营养，故怀孕期比一般羊要供给较多的营养物质。怀孕后期母羊体重比泌乳高峰期体重增加25%左右，羔羊初生重在3千克以上，是饲养良好的象征。

2.哺乳期的培育

哺乳期是指从初生到断奶这一阶段，羔羊的哺乳期一般为2～4个月。羔羊是羊一生中生长发育最快的时期，它在4个月内体重可增长7～8倍。羔羊适应性差，抗病力弱，消化功能发育不完全，仅皱（真）胃发达，瘤胃很小。不同的日粮类型、营养水平、管理方法，对它的生长发育、体质类型影响很大，因此，这一阶段的哺乳和护理工作非常重要。

哺乳期羔羊的培育分为初乳期（初生到5天）、常乳期（6～60天）和由奶到草料的过渡期（61～90天）。

（1）初乳期　母羊产后5天以内的乳叫初乳，初乳不仅营养丰富，而且含有免疫球蛋白，对提高羔羊的抵抗力和羔羊的生长发育有极其重要的作用，有助于排出胎粪和减少疾病发生。因此，应让羔羊尽量早吃、多吃初乳，吃得越早，吃得越多，增重越快，体质越强，发病少，成活率越高。初乳期最好让羔羊随着母羊自然哺乳，5天以后再改为人工哺乳。如果用人工哺育初乳，从生后20～30分钟开始，每日4次，喂量从0.6千克至1.2千克逐渐增加（图4-21、图4-22）。若羔羊出生在冬季寒冷季节，除产房注意保温外，有条件的情况下可用保温箱。

图4-21　羔羊吃初乳

图4-22　羔羊人工哺乳

（2）常乳期　从初生到45日龄这一阶段，奶是羔羊的主要食物。常乳期是羔羊体尺、体重相对增长最快的时期，营养需要量大。羔羊出生后两个月内，其生长速度与吃奶量有关，它每增重1千克需奶6～8千克，整个哺乳期给80千克奶，平均日增重母羔不低于140克，公羔不低于160克。在常乳期，为了确保羔羊的发育，培育良好的乳用体形和消化能力，在保证哺乳量的同时，要补饲优质干草，促进瘤胃发育。

（3）奶到草料过渡期　羔羊出生60天后，开始奶与草料并重，注意日粮的能量、蛋白质营养水平和全价性，日粮中可消化蛋白质16%～20%为佳，可消化总养分74%为宜。临近断奶期以优质干草与精料为主，哺乳量不断减少。

（二）青年羊的培育

从断奶到配种前的羊叫青年羊或育成羊。这一阶段是羊骨骼和器官充分发育的时期，营养不良便会影响生长发育、体质、采食量和将来的泌乳能力，加强培育，可以增强体质，促进器官的发育，对将来提高产奶量有重要作用，喂给优良的富含营养的青干草，有利于消化器官的发育，培育成的羊骨架大，肌肉薄，腹大而深，采食量大，消化力强，乳用体形明显，利用年限长，终生产奶也多。充足的运动，可使青年羊胸部宽广，心肺发达，体质强壮。半放牧半舍饲是培育青年羊最理想的饲养方式，断奶后至8月龄，每日在吃足优质干草的基础上，补饲混合精料250～300克，可消化粗蛋白质的含量不应低于15%。若精料料多而运动不足时，培育出来的青年羊个子小，体短肉厚，利用年限短，终生产奶少。

（三）成年母羊的饲养

1.泌乳期母羊的饲养

（1）泌乳初期　母羊产后20天内为泌乳初期，母羊生产体力消耗很大，体质较弱，腹部空虚且消化功能较差，生殖器官尚未复原，乳腺及血液循环系统功能还不正常，此时，应以恢复体力为主。在产后5～6天内，应给以易消化的优质干草，6天后逐渐增加青贮料或多汁饲料，15天以后精料增至正常喂量。泌乳早期增加精料可提高高峰期的产奶量和延长泌乳期。而精饲料的增加应根据母羊的体况、食欲、乳房膨胀情况、产奶量的高低逐渐增加，精料过多反而会导致母羊酸中毒。青绿多汁饲料有催奶作用，给得过早过多，奶量上升很快，会影响母羊体质和生殖器官的恢复，还容易发生消化不良、腹泻，影响本胎的奶量。

（2）泌乳高峰期　从产后20天到120天为泌乳高峰期。此期奶产量占全泌乳期奶产量的一半，与本胎次产奶量密切相关。泌乳高峰期的母羊，尤其是高产母羊，产奶所需能量很多，营养上入不敷出，母羊体重下降，因此，饲养要特别细心，营养要完全，促进泌乳高峰提前到来和维持较长的泌乳高峰期。

高产羊的泌乳高峰期出现较早，采食高峰期出现较晚，为了防止泌乳高峰期营养亏损，饲养上要做到产前（干奶期）丰富饲养，产后精心护理。饲料的适口性要好，体积小，营养高，种类多，易消化。增加饲喂次数，改进饲喂方法，定时定量，少给勤添，清洁卫生。增加多汁饲料，保证充足饮水，使其自由采食优质干草和食盐（图4-23）。

图4-23 奶山羊采食（毛杨毅摄）

扫一扫
观看视频4-3 奶山羊饲喂（毛杨毅摄）

（3）泌乳稳定期　母羊产后120～210天为泌乳稳定期。此期产奶量虽已逐渐下降，但下降较慢（每日递减5%～7%）。在饲养上要坚持不任意改变饲料、饲养方法及工作日程，尽一切可能使高产奶量稳定地保持一个较长的时期。这一阶段精料要较前减少，特别是产奶量低的母羊，精料过多会造成母羊肥胖，影响配种。

（4）泌乳后期　产后210天至干奶这段时期，为妊娠的中期、泌乳的后期，由于气候、饲料的影响，尤其是发情与怀孕的影响，产奶量显著下降，饲养上要想法使产奶量下降得慢一些。在泌乳高峰期精料量的增加要走在奶量上升之前，而此期精料的减少要走在奶量下降之后，这样会减缓奶量下降的速度。泌乳后期的3个月，也是怀孕的前3个月，胎儿虽增重不大，但对营养的要求要全价。

此期应减少精料多给优质粗饲料。

2.干奶期母羊的饲养

母羊经过10个月的泌乳和3个月的怀孕，营养消耗很大，为了使它有个恢复和补充的机会，让它停止产奶，就叫干奶，这一段时间叫干奶期。干奶的目的是使羊体得到恢复，乳腺得到休整，以保证胎儿的正常生长发育，并使母羊体内储存一定量的营养物质，为下一个泌乳期奠定物质基础。

（1）干奶母羊的饲养特点　干奶期的母羊，体内胎儿生长很快，母羊增重的50%是在干奶期增加的，要求饲料水分少、干物质含量高。增加精料，满足胎儿生长的营养需要，促进乳房膨胀，使母羊适应精料量的增加，不至于产后突然暴食，引起消化功能障碍，为产后增加精料打好基础。减少粗料喂量，是为了防止其体积过大，压迫子宫，影响血液循环，影响胎儿发育或引起流产。产前乳房水肿严重的母羊，要控制精料喂量。

（2）干奶的方法　分为自然干奶法和人工干奶法。产奶量低、营养差的母羊，在泌乳7个月左右配种，怀孕1～2个月以后奶量迅速下降而自动停止产奶，即自然干奶。产奶量高、营养条件好的母羊，自然干奶相对困难，要人为采取一些措施，让它停奶，即人工干奶法。人工干奶法分为逐渐干奶法和快速干奶法。逐渐干奶法的做法是逐渐减少挤奶次数，打乱挤奶时间，停止乳房按摩，适当降低精料，控制多汁饲料，加强运动，使其在7～14天之内逐渐干奶。生产当中一般多采用快速干奶法，其方法是：在预定干奶的那天，认真按摩乳房，将乳挤净，然后擦干乳房，用2%的碘液浸泡乳头，再给乳头孔注青霉素或金霉素软膏，并用火棉胶封闭，之后停止挤奶，7日之内乳房积乳渐被吸收，乳房收缩，干奶结束。

无论哪种干奶方法，最后一次挤奶一定要挤净，停止挤奶后要随时检查乳房，若乳房不过于肿胀，就不必管它，若乳房肿胀很厉害，发红、发硬、发亮，触摸时有痛感，就要把奶挤出重新干奶。如果乳腺发炎，必须治疗好后再次进行干奶。

（3）干奶期的管理　正常情况下干奶期约为60天，一般45～75

天。干奶多少天合适，要根据母羊的营养状况、产奶量的高低、体质强弱、年龄大小来决定。干奶初期，要注意圈舍、蓐草和环境卫生，以减少乳腺感染。平时要注意刷羊，因此时最容易感染虱病和皮肤病。怀孕中期，最好驱除1次体内外寄生虫。要注意保胎，严禁打羊和吓羊，出入圈舍谨防拥挤，严防滑倒和角斗。母羊要坚持运动，但不能剧烈。对腹部过大、乳房过大而行走困难的羊，不可驱赶，任其自由运动，运动对防止难产有着十分重要的作用。

三、奶山羊的日常管理

（一）一般饲养技术规范

分群饲喂：公羔羊群、母羔羊群、青年羊群、泌乳羊群、干乳羊群、种公羊群等。

按时饲喂：一般每昼夜3次，羔羊饲喂次数增加。

定量饲喂：满足营养需求，不饿，不过饱。

定质饲喂：保证饲料、饮水卫生。不喂腐烂、发霉、变质、有毒的草料等。不喂冰冻的水、冰冻的青贮饲料等。

合理搭配：营养全面，换料要逐渐进行（5～7天逐渐过渡）。

细心观察：发现异常及时处理或请兽医治疗。

饲喂顺序：先喂草、后喂料、最后饮水，少喂勤添，或采用TMR日粮一次性饲喂。

饲喂方法：精料粗粉，不能太细；青粗饲料可以切段（2～3厘米），不宜粉碎。

（二）管理技术规范

1.圈舍建设

背风向阳、通风干燥、冬暖夏凉、水源方便。舍内面积1.5～2平方米，运动场不小于4平方米。

2.挤奶

在规模化养殖场普遍使用机器挤奶，每天挤奶2次。挤奶时首先挤掉前3把奶，然后进行乳头消毒、擦洗，套上挤奶杯，挤奶完成后对乳头再次进行消毒（图4-24、图4-25）。

扫一扫
观看视频 4-4 挤奶前挤掉前三把奶（毛杨毅摄）

扫一扫
观看视频 4-5 挤奶后的乳房消毒（毛杨毅摄）

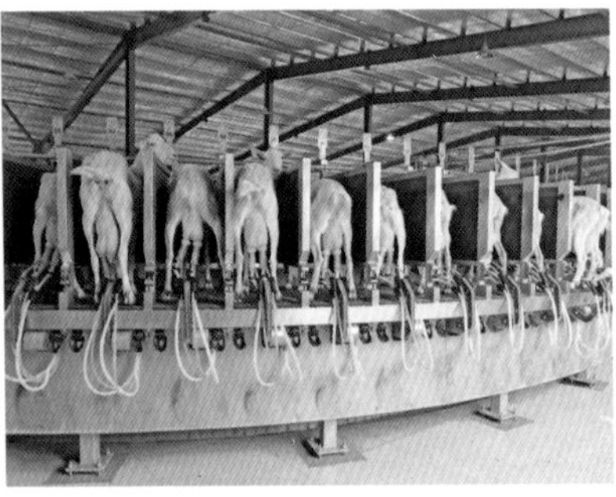

图4-24　奶山羊挤奶转盘（毛杨毅摄）

图4-25　挤奶前消毒处理（毛杨毅摄）

3. 去势

不作种用的公羊羔2～4周就可以去势，由兽医进行。

4. 去角

去角是为了更好地管理，羔羊7天内，使用直径2～2.5厘米中间凹的烙铁，烙10～15秒钟，注意火候防止烧伤。也可使用去角药水或苛性钠棒在犄角生长点进行涂擦，破坏生长点即可（图4-26）。

图4-26　奶山羊去角（毛杨毅摄）

5. 修蹄

舍饲羊一般3～4月修蹄一次。

6. 饮水

自由饮水，冬季饮15℃以上的温水，冰水容易导致怀孕母羊流产。

7. 卫生防疫

（1）免疫相关疫苗。

（2）每天清理饲槽，清除粪便，保持圈舍清洁卫生。

（3）对圈舍、运动场、饲槽等定期消毒。

（4）勤观察羊只的饮食、精神、粪便等，发现异常及时请兽医。

（5）讲究挤奶卫生，挤奶前挤掉前3把奶，用碘伏消毒、擦洗乳房，挤奶后再次碘伏消毒。对于初乳或患乳腺炎的羊单独挤奶。

第四节 肉用山羊的饲养管理

一、肉用山羊的放牧饲养管理

（一）组织放牧羊群

放牧羊群的大小要根据羊群的数量、品种、年龄、性别、生产性能、健康状况和植被情况而定，一般农区为50～60只/群，半农牧区为80～100只/群，牧区为150～300只/群，山区为60～70只/群。对于没有种用价值的公羊要去势，防止劣质公羊在群内滥交乱配，影响羊群的质量和生产。

（二）放牧的基本要求

第一，选择好的牧坡，使羊能够采食到好的牧草，避开毒草区域。要根据季节选择放牧地，夏季可以在山梁通风条件好、空气新

鲜的草地放牧，冬季在山洼地带放牧，减少寒冷对羊造成掉膘。

第二，放牧时要眼勤、腿勤、手勤、嘴勤，并要出入圈稳、放牧稳、走路稳、饮水稳，尤其要注意放牧稳。放牧稳能够在放牧时增加羊群的采食量，降低羊群放牧时的能量消耗量，促进羊膘的增长。

第三，掌握合理的放牧队形和放牧手法，夏季牧草丰盛时可以适当扩大羊的放牧采食范围，让羊有选择地采食优质牧草的机会，冬季要控制草食范围，减少到处乱跑造成羊的体力消耗。

图4-27　波尔山羊放牧（毛杨毅摄）

第四，要利用好头羊，以控制好羊群跟着前行的节奏不乱跑，有利于采食。要训练羊能够听懂的放牧口令，有利于控制羊群和减少放牧人员的体力消耗（图4-27）。

（三）饮水和喂盐

每天给羊群两次充足的饮水或自由饮水。在炎热的夏季要根据天气状况，适当增加羊群的饮水次数和饮水量。冬天虽然比较寒冷，但是由于羊群采食的牧草干枯，在冬天也必须给予羊群充足的饮水。给羊群喂食盐时要注意食盐的用量，一般情况下每只羊每天食盐的需要量为8～10克，种用公羊、妊娠母羊以及哺乳母羊应适当提高食盐喂量，一般每天每只羊需要量为10～15克。

二、肉用山羊的舍饲管理

（一）山羊舍饲养殖基本原则

山羊舍饲养殖技术与绵羊舍饲养殖技术基本相同。山羊舍饲养殖相对于放牧养殖的饲养管理成本要大，与肉用绵羊相比生长速度要低点，为提高养殖经济效益必须要在品种、饲料、疫病防控及管理等方面下功夫。一是要选择优良的肉用羊品种，确保在舍饲养殖期间有较好的生长发育速度和较高的繁殖能力。二是要有充足的饲草料原料及储备，这是确保羊生产性能正常发挥的基础。三是要科学喂养，在不同阶段、不同群体间的饲料营养需求不同，要有相应的饲料配比和营养供给。四是要注意疫病防控和环境控制，确保羊的健康，减少疾病发生和降低死亡率。五是要提高劳动生产效率，尽量使用机械化的饲喂设备，减少用工，降低成本。六是加强生产过程和环境中每个细节的管理，及时发现问题并解决问题，减少因人为造成的经济损失。

（二）山羊育肥技术

育肥是生产优质羊肉和提高养羊经济效益的有效措施，羔羊育肥已成为羊肉生产的主要方式。

羔羊育肥是利用羔羊早期生长快的特点和饲料转化效率高的特点生产出优质的羊肉，缩短出栏时间，增加经济效益。

羔羊育肥的特点：① 生产周期短，生长速度快，饲料报酬高，便于组织专业化、集约化生产；② 羔羊肉鲜嫩多汁，瘦肉多、脂肪少，膻味轻，味道鲜美，容易消化吸收，深受消费者喜爱；③ 羔羊当年屠宰利用，可提高羊群出栏率、出肉率和商品率，同时对减轻越冬度春期间的草场压力和避免冬春掉膘或死亡损失也是有利的。

1. 羔羊育肥

羔羊育肥一般分为预饲期与正式育肥期的育肥前期、育肥中期和育肥后期四个阶段，按照育肥羊的体重，育肥前期、中期、后期羔羊体重分别为15 ～ 25千克、26 ～ 35千克和36 ～ 45千克，不同阶段的营养需求不同，日粮配比不同，追求的生长速度也有所不同。育肥羊的营养需求可参照农业农村部NY/T 816—2021《肉羊营养需要量》执行。

（1）第一阶段：预饲期的饲养管理　预饲期是指羔羊入育肥场后的一个适应性过渡期，也是正式育肥前的准备时期，一般7 ～ 10

天要进行驱虫、防疫、隔离观察等工作。

新购羔羊若经长途运输到育肥场地后，让羊先充分休息，适量饮水，然后喂给易消化的青干草，切勿喂饱。过渡1天后可满足草的供给，适量饲喂精饲料。

经过2～3天的环境适应，羔羊可开始使用预饲日粮，每天喂料2次，先喂给粗料比例大的日粮，草比例可占日粮的60%～70%，随后逐渐增加日粮中精料的比例。每次投料量以30～45分钟内吃净为佳。自由饮水，可在饮水中投放电解多维，预防羊的应激。

在过渡期要按羔羊体格大小、健康程度和性别进行分组，再按组配合日粮。同时，根据购买时羊的免疫情况进行免疫、驱虫等工作。

（2）第二阶段：育肥前期饲养管理　育肥前期羔羊处于骨骼、肌肉快速生长阶段，增重的主要部分是肌肉、内脏和骨骼，这一阶段主要目的是促进体格生长发育，所以饲料中蛋白质的含量应该高一些，满足肌肉、骨骼发育的营养需求，不宜用大量能量饲料，确保羔羊器官的快速发育而不急于增膘，日粮中精粗比例约40∶60。

（3）第三阶段：育肥中期饲养管理　育肥中期羔羊仍处于骨骼、肌肉发育阶段，但相对生长速度慢，此阶段注意日粮中的蛋白质和能量饲料的平衡，确保羊骨骼和肌肉的增长，同时为增膘奠定基础。育肥中期精粗比例约50∶50。

（4）第四阶段：育肥后期饲养管理　此阶段羔羊的骨骼、肌肉生长速度相对较慢，主要是要确保羊快速增膘，增加肌肉中脂肪的沉积，使育肥羊有一个相对高的日增重并改善肉的品质，因此，在日粮配制中可以适当减少蛋白质的比例，提高能量饲料的比重。日粮中精粗比例为60∶40～80∶20（图4-28）。

图4-28　山羊舍饲育肥（毛杨毅摄）

2. 成年羊快速育肥技术

成年羊骨骼、肌肉生长发育基本结束，育肥的目的主要是增加肌肉中的脂肪和体脂肪的沉积，因此，育肥日粮中以能量饲料为主。育肥时应按品种、体重和预期增重等重要指标确定育肥方式和日粮标准。育肥方式有放牧与补饲混合型和舍饲育肥两种。

（1）放牧与补饲混合型育肥　在夏季，成年羊以放牧育肥为主，放牧可使羊采食营养全面的青绿饲料，为增加育肥效果，在放牧基础上补饲效果更好。秋季要充分利用农田茬子地和牧草籽实成熟阶段进行放牧，在放牧同时再补饲精饲料，可加快育肥速度，提高育肥效果，待牧草进入枯草和营养价值低的时候及时出栏，进入冬季后牧草质量下降，同时气候变冷使羊的热消耗增加，从而影响增膘甚至会发生掉膘。

（2）舍饲育肥　育肥饲料中粗饲料可占40%～50%，精料50%～60%。在育肥阶段，应多喂青干草、青贮饲料和各种藤蔓等，适当加喂精饲料。育肥期一般为2个月，育肥期前20天每只每天加喂精料350～450克，育肥中期20天每天每只加喂精料400～500克，育肥后期20天每只每天加喂精料500～800克。

3. 育肥羊管理

（1）组织羊群　育肥羊应根据性别、体重、来源、健康状况、性情和采食特性等分群饲养。一般情况下，群体内的个体体重差异不得超过5千克。为减轻羊群争斗、顶架等现象造成应激，分群前要采取3项措施：① 用带有气味的消毒剂对羊群进行喷雾以混淆气味、消除羊只之间的敌意；② 分群前停饲6～8小时，但要在转入的新圈舍食槽内投放饲料，以促使羊群转入后能够立即采食而放弃争斗；③ 组成的群体不宜过大。

（2）驱虫　在山羊育肥前，应主要重视驱除蛔虫、肝片吸虫、疥螨和虱等体内外寄生虫。驱虫时，要选择广谱、高效、低毒或安全的驱虫药物，常用的驱虫药物有左旋咪唑每千克体重10～15毫克、驱虫净（盐酸四咪唑）每千克体重20毫克、丙硫（苯）咪唑每千克体重100毫克等。

（3）去势　对用于育肥的公羊一般要去势，因去势后的公羊性情温驯、肉质好、增重速度快。

（4）修蹄　修蹄一般在雨后，先用果树剪将生长过长的蹄尖剪掉，再将蹄底的边缘修整到和蹄底一样平整。

（5）免疫接种　育肥羊群进场后通常要注射羊三联苗、口蹄疫苗、小反刍兽疫等，有条件的育肥场可在检测抗体水平的基础上有针对性地进行预防。

本章由赵鹏编写

第五章

羊肉生产技术

羊肉是人们重要的肉食品之一，不仅属于高蛋白、低脂肪、低胆固醇的高营养食品，而且味甘性温，具有益气补虚、驱寒健体的特殊功效。特别是羔羊肉具有瘦肉多、肌肉纤维细嫩、脂肪少、膻味轻、味美多汁、容易消化等特点，深受消费者青睐。随着我国社会经济的发展，人们收入水平逐渐提高，生活质量逐步得到改善，对优质、安全的羊肉及其羊肉制品需求量逐年提升。羊肉已经成为我国消费量第四大肉类。肉羊产业的高速发展对肉羊的品种、饲料转化率、产肉性能、育肥效率、肉品质、经济效益等指标提出了更高要求，优质羊肉生产将成为一个新型朝阳产业。

第一节 优质羊肉品质

一、羊肉品质

羊肉含有各种营养物质，优质羊肉具有胆固醇低、蛋白质高、富含多种人体必需氨基酸、肉质更为细嫩等特点，羊肉的品质直接影响人们对羊肉的消费和养羊经济效益。

羊肉品质是鲜肉或加工肉的外观、适口性和营养价值等相关物理特征和化学特征的综合体现。通常从食用品质、营养品质、技术品质或加工品质、安全品质或卫生品质等方面来评价羊肉肉质（图5-1），羊肉的肉色、嫩度、风味、口感是肉质评价的重要指标。肉中粗蛋白质含量、肌内脂肪含量、水分、干物质、灰分、pH值、氨基酸含量与种类、脂肪酸含量、熟肉率、蒸煮损失、肉色、剪切力值、眼肌面积、肌纤维直径和肌纤维密度等都与羊肉品质有关。研究表明，多种因素包括养殖品种、饲料供应、饲养方式、屠宰加工等都对羊肉的肉色、风味、嫩度、口感、氨基酸组成等肉质特性有直接影响。

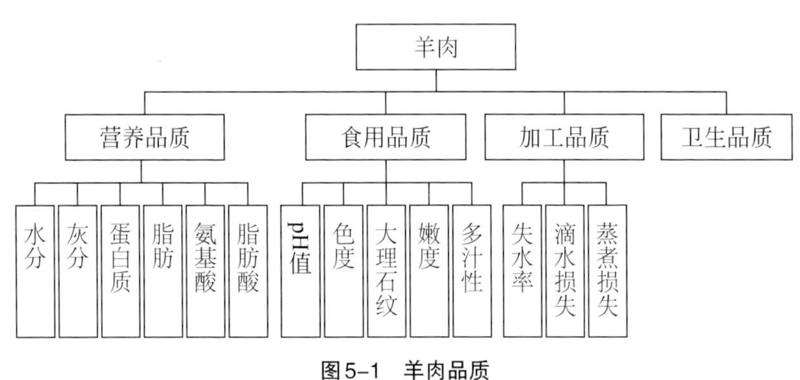

图5-1　羊肉品质

1.食用品质

食用品质是决定肉类食品的主要因素，主要评价指标有羊肉的颜色（色度）、嫩度（剪切力）、大理石纹感官评分、羊肉的pH值。

（1）羊肉的颜色　肉色是动物本身肌肉生理、生化、微生物变化等作用的结果。羊肉的颜色与羊的性别、年龄、品种、肥度、宰前状态和屠宰、冷藏的加工工艺与水平有关。绵羊肉致密，纤维柔软，膻味轻，老龄羊肉呈暗红色，成年羊肉为鲜红色，羔羊肉为玫瑰色。山羊肉较绵羊肉色红。地方品种羊的羊肉更加致密，肌间脂肪沉积较少。杂交品种的羊肉质更加细嫩，肌间脂肪沉积较多。评定肉色时，可用分光光度计精确测定肉的总色度，也可按肌红蛋白含量来评定。在现场多用目测评分法，即在评定时，于胴体分割0.5小时后，取第12～13肋骨间背最长肌新鲜肉样，对照NY/

T 2781—2015《羊胴体等级规格评定规范》中肌肉颜色标准板测定肉色。也可用色差计进行色度测定。肉色影响消费者对肉品的可接受性。

（2）嫩度　嫩度是指咀嚼或切割肉时的剪切力，剪切力越小，肉越嫩。肉的嫩度与肌间脂肪含量、脂肪分布、肌纤维粗细、肌纤维密度和种类、结缔组织大小、大理石状纹理、蛋白质结构、蛋白酶的活性和含量等密切相关，也与羊的年龄、饲喂方式、宰前处理、宰后成熟、嫩化处理等因素相关。剪切力可用C-LM型嫩度计或者RH-N50型肉品嫩度测定仪测定。

（3）大理石花纹　大理石花纹是衡量羊肉食用品质的重要指标，反映肌肉中脂肪沉积量和分布情况，也是消费者购买优质羊肉的重要依据。肌内脂肪含量适中，分布均匀时，羊肉切面呈现良好的大理石花纹。大理石花纹评分越高，即肌肉脂肪含量越高，肉的口感越好。选取第12～13肋骨间背最长肌横切的肉样，在室内自然光下，按照NY/T 2781—2015《羊胴体等级规格评定规范》按6分制目测评分法对肉样大理石花纹进行评定。大理石花纹与羊的品种、营养、饲养方式等有较大的关系。

（4）羊肉的pH值　pH是肉类新鲜度的主要参数，是反映羊屠宰后肌糖原酵解速度和强度的一个重要指标，它不仅直接影响肉的适口性、嫩度、烹煮损失和货架时间，还与羊肉系水力和肉色等显著相关。动物屠宰后由于肌糖原分解转化成乳酸，肉的pH会降低。绵羊和山羊肉的pH通常有一个正常范围，根据pH值可以判断肉的变化情况，如肉的成熟和后熟、肌肉中的细菌生长情况等。pH测定的样品取自屠宰后倒数第三至第四胸椎处背最长肌7厘米的肉样，分别在宰后1小时和24小时采用数字式酸度计测量pH值。

（5）膻味　膻味是羊肉固有的特殊气味，膻味主要由羊肉中的脂肪酸产生。膻味的大小与品种、性别、年龄、季节、地区及饲养管理方式等有关。幼龄羊的膻味比成年羊小，母羊、羯羊的膻味比公羊小。膻味在很大程度上影响人们对羊肉的喜好，有的人习惯吃有膻味的羊肉，感觉到是真正吃到了羊肉，有些人不喜欢吃有膻味或膻味大的羊肉。羊肉膻味大小的评价最简单的办法是蒸熟品尝。

取羊前腿肉0.5～1千克的羊肉放入蒸锅蒸1小时，取出切片，在不加任何调料的情况下进行品尝比较。

2.营养品质

羊肉含有丰富的营养物质，羊肉的蛋白质含量在20%左右，矿物质丰富，其中铜、铁、锌、钙、磷的含量高于许多其他肉类。羊肉中含有的必需氨基酸与总氨基酸比值达40%以上，羊肉的赖氨酸、精氨酸、组氨酸和苏氨酸含量与其他肉类相比一般较高。羊肉脂肪含量和胆固醇含量较低，但热能值高，非常适合人们对营养物质的需求。羊肉中肉碱的含量高达188～282毫克/100克，肉碱具有提高神经递质——乙酰胆碱的生成作用，还有可能防止脑老化的功效，从脑科学角度讲，羊肉属于保健食品。羊肉营养成分如表5-1。

表5–1　羊肉营养成分比例

养分	含量（每百克）	养分	含量（每百克）
蛋白质	18克	铁	2.3毫克
脂肪	4克	锌	2.14毫克
灰分	0.7克	铜	0.12毫克
热量	456千焦	锰	0.08毫克
维生素A	16毫克	硒	6.18毫克
维生素E	0.53毫克	钙	12毫克
碳水化合物	2克	磷	145毫克
钾	108毫克	镁	9毫克
钠	92毫克		

3.加工品质

加工品质反映羊肉在处理和加工过程中羊肉品质的变化和可加工利用的程度，包括肉的状态（僵直、解僵、冷收缩、热收缩等）系水力、蛋白质变性程度、结缔组织含量、抗氧化能力、熟肉率等。最常用的指标有失水率、熟肉率。

羊肉的失水率（或系水力）是指羊屠宰后羊肉在一定压力下丧失或保存肌肉中水分的能力。通常采取第一腰椎以后背最长肌的肉样，制备成一定面积和厚度的肌肉样品，在一定的外力作用下，失去水分的重量百分率称为肌肉的失水率，即失水率是肉样失去水分的重量与肉样压前的重量百分比。羊肉的失水率影响羊肉的风味、嫩度、色泽、加工肉的产量和营养等食用品质。失水率越低，表明肉的保水性能好，肉质柔软，肉质好。系水力可采用RH-1000型系水力测定仪测定。

熟肉率是指肉样经蒸熟后的重量与生肉样重量的百分比，可反映出羊肉加工后出熟食品的能力，熟肉率高反映肉的加工成品利用率高，肉质好。测定时取腰大肌中段300～500克，去除肌膜和附着的脂肪，用感应量为0.1克的天平称重，将样品置于蒸锅中在1500瓦的电炉上蒸煮30分钟，然后在0～4℃冷却2小时后称重。

4. 安全品质

食品安全关系到人们的身体健康和生命安全。羊肉产品安全指标包括感官要求、理化指标、兽药残留、微生物限量等多项指标。具体检测按照《鲜、冻胴体羊肉》（GB/T 9961—2008）、《绿色食品 畜肉》（NY/T 2799—2015）、《畜禽屠宰加工卫生规范》（GB 12694—2016）、《食品安全国家标准　鲜（冻）畜、禽产品》（GB 2707—2016）标准执行。

二、羊肉胴体分级

羊肉胴体分级的目的是按质论价、按类分装，便于加工、销售。

羊肉可分为羔羊肉、肥羔肉和大羊肉。

羔羊肉是指12月龄以内、完全是乳齿的羔羊屠宰后的羊肉。

肥羔肉是指4～6月龄、经快速育肥的羊屠宰后的羊肉。

大羊肉是指屠宰超过12月龄以上羊所生产的羊肉。

不同类型羊肉有不同等级标准，羊肉品质除要求达到卫生指标外，还有以下要求。

1. 羔羊肉感官指标

色泽：肌肉呈淡红色，有光泽。脂肪呈白色或淡黄色。

组织状态：肌肉纤维致密，有韧性，富有弹性。

黏度：外表微干或有风干膜，切面湿润，不粘手。

气味：具有羔羊肉固有气味，无异味。

煮沸后肉汤：澄清透明，脂肪团聚于表面，具有羔羊肉固有的香味。

肉眼可见异物：不得检出。

水分：小于或等于78%。

2. 羊肉等级标准

我国制定的羊肉质量分级标准，将羊肉分为羔羊肉、肥羔肉、大羊肉三大类，每类羊肉按照质量标准又分为特等、优等、良好和可用四个等级。按照NY/T 630—2002进行评定分级（表5-2）。

表5-2 羊肉胴体等级标准及要求

分级指标	特等	优等	良好	可用
羔羊肉（绵羊/山羊）				
胴体重/千克	18/15以上	15～18/12～15	12～15/8～12	12/10以下
肥度	背膘厚度5毫米以上，腿、肩、背部覆盖有脂肪，腿部肌肉略显露，大理石花纹明显	背膘厚度3～5毫米，腿、肩、背部覆盖有薄层脂肪，腿、肩部肌肉略显露，大理石花纹略显	背膘厚度3毫米以下，腿、肩、背部脂肪覆盖少，肌肉显露，无大理石花纹	腿、肩、背部脂肪覆盖少，肌肉显露，无大理石花纹
肋肉厚/毫米	14～20	9～14	4～9	0～4
肉脂硬度	脂肪和肌肉硬实	脂肪和肌肉较硬实	脂肪和肌肉略软	脂肪和肌肉软
肌肉发育程度	全身骨骼不显露，腿部丰满充实，肌肉隆起明显，背部宽平，肩部宽厚充实	全身骨骼不显露，腿部丰满充实，微有肌肉隆起，背部和肩部比较宽	肩隆部及颈部脊椎骨尖稍突出，腿部欠丰满，无肌肉隆起，背部和肩部稍窄、稍薄	肩隆部及颈部脊椎骨尖稍突出，腿部窄瘦、有凹陷，背部和肩部窄、薄
生理成熟度	前小腿可有折裂关节，折裂关节湿润、颜色深红；肋骨略圆	前小腿可能有控制关节或折裂关节，肋骨略平、宽	前小腿可能有控制关节或折裂关节，肋骨略平	前小腿可能有控制关节或折裂关节，肋骨略平
肉脂色泽	肌肉颜色呈灰粉红色，脂肪白色	肌肉颜色呈淡粉红色，脂肪白色	肌肉颜色呈暗粉红色，脂肪浅黄色	肌肉颜色呈淡红色，脂肪黄色

续表

分级指标	特等	优等	良好	可用
肥羔肉				
胴体重/千克	≥16	13～16	10～13	7～10
肥度	肌肉大理石花纹略显	无大理石花纹	无大理石花纹	无大理石花纹
肋肉厚/毫米	14～20	9～14	4～9	0～4
肉脂硬度	脂肪和肌肉硬实	脂肪和肌肉较硬实	脂肪和肌肉略软	脂肪和肌肉软
肌肉发育程度	全身骨骼不显露，腿部丰满充实，肌肉隆起明显，背部宽平，肩部宽厚充实	全身骨骼不显露，腿部丰满充实，微有肌肉隆起，背部和肩部比较宽	肩隆部及颈部脊椎骨尖稍突出，腿部欠丰满，无肌肉隆起，背部和肩部稍窄、稍薄	肩隆部及颈部脊椎骨尖稍突出，腿部窄瘦、有凹陷，背部和肩部窄、薄
生理成熟度	前小腿有折裂关节，折裂关节湿润、颜色鲜红；肋骨略圆	前小腿有折裂关节，折裂关节湿润、颜色鲜红；肋骨略圆	前小腿有折裂关节，折裂关节湿润、颜色鲜红；肋骨略圆	前小腿有折裂关节，折裂关节湿润、颜色鲜红；肋骨略圆
肉脂色泽	肌肉颜色浅红，脂肪乳白色	肌肉颜色浅红，脂肪白色	肌肉颜色浅红，脂肪浅黄色	肌肉颜色浅红，脂肪黄色
大羊肉（绵羊/山羊）				
胴体重/千克	25/20以上	19～25/14～20	16～19/11～14	16～19/11～14
肥度	背膘厚度8～12毫米及以上，腿、肩、背部脂肪丰富，肌肉不显露，大理石花纹丰富	背膘厚度5～8毫米，腿、肩、背部覆盖有脂肪，腿部肌肉略显露，大理石花纹明显	背膘厚度3～5毫米，腿、肩、背部脂肪覆有薄层脂肪，腿部肩部肌肉略显，大理石花纹略显	背膘厚度小于3毫米，腿肩背部脂肪覆盖少，肌肉显露，无大理石花纹
肋肉厚/毫米	14～20	9～14	4～9	0～4
肉脂硬度	脂肪和肌肉硬实	脂肪和肌肉较硬实	脂肪和肌肉略软	脂肪和肌肉软
肌肉发育程度	全身骨骼不显露，腿部丰满充实，肌肉隆起明显，背部宽平，肩部宽厚充实	全身骨骼不显露，腿部丰满充实，微有肌肉隆起，背部和肩部比较宽厚	肩隆部及颈部脊椎骨尖稍突出，腿部欠丰满，无肌肉隆起，背部和肩部稍窄、稍薄	肩隆部及颈部脊椎骨尖稍突出，腿部窄瘦、有凹陷，背部和肩部窄、薄
生理成熟度	前小腿至少有一个控制关节，肋骨宽、平	前小腿至少有一个控制关节，肋骨宽、平	前小腿至少有一个控制关节，肋骨宽、平	前小腿至少有一个控制关节，肋骨宽、平
肉脂色泽	肌肉颜色深红，脂肪乳白色	肌肉颜色深红，脂肪白色	肌肉颜色深红，脂肪浅黄色	肌肉颜色深红，脂肪黄色

3.胴体分割

随着屠宰加工工艺的提升和人们对肉食品烹饪加工和消费需求多样化的增加，分割羊肉越来越多，羊肉的分割可生产出30多种产品，不同产品对羊肉的质量要求不同。因此，对羊肉的质量和品质评价不仅仅限于胴体大小和卫生质量安全，还要考虑胴体进行分割加工时所生产的合格产品的数量。在同样的胴体重量的情况下，能够生产出更多合格的分割肉的胴体比较受加工企业的喜欢。因此，胴体的品质不仅影响分割效果，也直接影响胴体的价格。例如，有的羊尾巴比较大，在对羊肉进行部位分割时往往因被剔除而影响胴体合格产品的数量。再如，在羔羊育肥生产中，由于饲养管理原因，过度追求高的日增重而大量使用精饲料育肥，致使胴体脂肪大量沉积，导致在进行胴体部位肉分割时不得不剔除多余的脂肪，也影响合格产品的生产数量，胴体的利用价值降低。

三、产肉性能评价

产肉性能是羊产肉水平的衡量指标，产肉性能的高低直接影响羊的生产水平和养殖效益。羊产肉性能的主要测定指标有胴体重、屠宰率、净肉率、胴体产肉率、骨肉比、眼肌面积、GR值等。

1.胴体重

胴体重是指羊屠宰放血后，剥去毛皮、除去头、内脏及前肢膝关节和后肢跗关节以下部分后的整个躯体（保留肾脏及其周围脂肪）静置30分钟后的重量。胴体重主要与羊屠宰前的体重、毛皮类型、皮板的厚度有关。在同样体重的情况下，被毛多（如细毛羊、半细毛羊）的羊的胴体重小于被毛少的羊胴体重（图5-2）。

图5-2　羊胴体（毛杨毅摄）

2.屠宰率

屠宰率是胴体重与宰前活重的百分比。

屠宰率(%)=胴体重（千克）/宰前活重（千克）×100%

3.净肉率

净肉重是胴体精细剔除骨头后的净肉重量。要求在剔除肉后的骨头上附着肉量及损耗的肉屑量不能超过300克。

净肉率为净肉重与宰前活重的百分比，反映出羊的出肉能力，与羊的品种、膘情有关。

净肉率=净肉重（千克）/宰前活重（千克）×100%

4.胴体产肉率

胴体产肉率是指净肉重与胴体重的百分比，也反映出羊的出肉能力，与羊的品种、膘情有关，相对于净肉率更能体现羊胴体的出肉水平。

胴体产肉率=净肉重（千克）/胴体重（千克）×100%

5.骨肉比

骨肉比是指胴体精细剔肉后，骨重与肉重之比，反映出骨骼附着肉的能力，骨骼粗细与骨肉比关系密切，骨骼粗壮则骨肉比低。骨肉比与品种和羊的膘情有关。

6.眼肌面积

眼肌面积是羊第12～13肋间脊柱上背最长肌的横切面积，以平方厘米表示，是反映羊产肉性能、衡量生产高端肉能力和羊肉品质的一项重要指标。眼肌面积与肉的产量呈高度正相关。其测量方法为羊屠宰后1小时内，横向切开12～13肋间背最长肌，用硫酸纸绘出眼肌横切面的轮廓，再在米格纸上剪裁出切面，利用积分法计算眼肌面积（图5-3）。

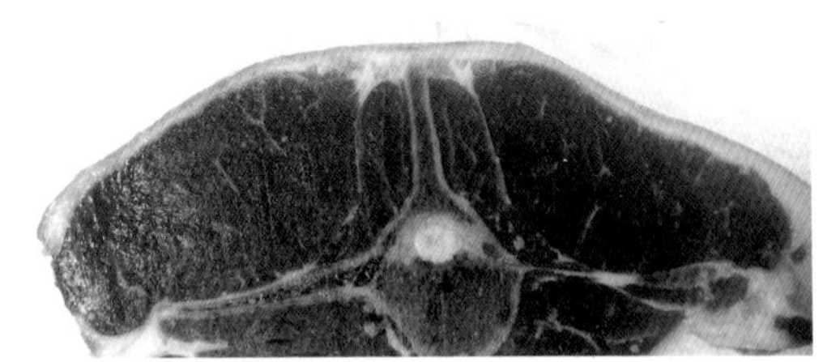

图5-3　羊眼肌（背最长肌横切面）（毛杨毅摄）

7.GR值（肋脂厚度）

GR值代表了胴体脂肪的含量，指在第12与第13肋骨之间截面，距背脊中线11厘米处的组织厚度（毫米）。使用游标卡尺进行测量。GR过高（超过20毫米），反映羊过肥，脂肪含量高，不适合人们消费理念，在一定程度上影响羊肉价格和分割成品率（分割过程中需要剔除多余的脂肪）。

四、影响羊产肉性能和羊肉品质的因素

羊的产肉性能和羊肉品质受多种因素影响，主要有品种、年龄、性别、饲养因素、屠宰加工因素等。

1.品种

品种是影响羊产肉性能和羊肉品质的首要因素。羊的品种，按生产方向可分为肉用、毛用、皮用、奶用、兼用等，不同类型的羊产肉效率及羊肉品质均有差异。优良的早熟肉用品种都表现出较好的产肉性能，宰前活重、胴体重、屠宰率、净肉重、净肉率等均优于普通羊，屠宰率高达65%～70%，而一般品种羊的屠宰率为45%～50%，毛用细毛羊的屠宰率仅为35%～45%，而且肉的品质也优于普通羊，更受消费者和屠宰加工企业的青睐。

2.年龄

由于不同年龄阶段羊生长发育及体重增加的体组织的成分和比例不同，对羊的产肉力和肉品质量都有很大影响。一般年龄越小的羔羊生长速度越快，1～6月龄是羔羊快速生长期，育肥效果好。羔羊和育成羊阶段体重的增加是骨骼、肌肉和脂肪同时增加的

结果，且肌肉增加比例较大，所产的羊肉比较细嫩，容易咀嚼和消化，而且脂肪含量也相对较少，羊的膻味也较小。羊成年后骨骼不再生长，重量基本恒定，体重的增加主要是肌肉间和皮下脂肪的增加，随着年龄的增长，体内的水分、蛋白质的比例降低，脂肪含量升高，肌纤维变粗变硬，胴体品质变差，嫩度减小。但屠宰率和净肉率随着体重的增加，膘情越好，屠宰率、净肉率越高。

3. 性别

性别不仅影响羊的生长发育速度，也影响肉的品质。一般情况下公羔的生长发育速度和饲料转化率高于母羔。性别对羊肉的质地、风味影响较大，对羊肉的化学组成也有影响。公羊肉的膻味比母羊大，未去势羊较去势羊（羯羊）气味大。中国农业科学院北京畜牧兽医研究所优质功能畜产品团队研究发现：去势显著改变了羊肉中风味氨基酸、5-磷酸核糖、次黄嘌呤等水溶性风味前体物质含量，提高了磷脂和甘油酯等重要脂溶性前体物质含量；挥发性物质1-辛烯-3-醇和己醛含量显著增加，羊肉的脂肪香味和青草香味更为明显，有助于提升羊肉的市场接受度。

4. 饲养因素

饲养因素对羊的产肉力及肉品质具有明显的影响。饲养因素主要包括饲养方式、营养因素、疾病因素等。

（1）饲养方式　羊的育肥方式主要有放牧饲养、舍饲饲养以及放牧与补饲相结合的饲养方式。由于不同的育肥方式在饲料营养供应、采食牧草种类及活动量的不同等，都直接影响育肥速度、产肉性能和羊肉品质。放牧饲养时，羊采食范围广，择食性强，运动消耗也较大，在其营养素的数量和质量上容易受到限制，生产效益较低，但在放牧地条件较好的条件下所生产的羊肉品质相对较好。舍饲饲养时，根据羊的不同品种特点、不同生长阶段等采取相应的饲喂技术，可提高育肥效果。内蒙古农业大学孙冰课题组等以6月龄苏尼特羊为试验对象，分析放牧、放牧＋补饲和舍饲三种饲养方式对屠宰性能和肉品质的影响进行研究，结果表明：相比于自然放牧，舍饲和放牧+补饲的饲养方式下屠宰性能和胴体品质更优，净肉质量、胴体质量、净肉率、屠宰率等多项屠宰性能和胴体品质指标有所提高。而放牧和放牧+补饲的饲养方式由于能增强肌肉的氧化代谢能力且氧化型肌纤维比例更高，一定程度上肉品品质更好。

（2）营养因素　营养对羊的生长及产肉性能有较大影响。营养水平和日粮因子（蛋白质、能量、维生素、矿物质及微量元素等）均是影响羊肉品质的关键因素。饲喂全价TMR日粮，不仅可以提高肉羊的生长速度，且对羊肉的多汁性、嫩度和风味等品质特性都有影响。放牧羊补饲含有大麦、玉米、豆粕、维生素添加剂和矿物质元素的精料时，羊肉的氧化稳定性、营养价值和风味物质均有显著提高。高能量日粮与低能量日粮相比能够提高羊的增重和肥度，有利于肌肉中脂肪的沉积，可改善肉品风味。但过高的能量日粮可能会造成羊肉中体脂肪的过度沉积而影响羊肉的品质和羊肉分割效果。日粮中添加乳酸菌可改善羊肠道菌群，提高生长性能、肉品质和抗氧化能力。日粮中添加维生素E可显著提高肉味评分，延长肌肉的鲜度和风味。适量维生素D_3可以改善羊肉的品质，尤其是嫩度。用具有芳香气味的饲草和中草药的饲草来饲喂肉羊能够改善羊肉的膻味，生产出具有独特风味的羊肉，如“柏籽羊肉”“黄芪羊肉”等。饲料组分的差异会对羊肉脂肪酸组分、颜色、颜色稳定性、脂肪氧化水平、脂肪氧化稳定性、微生物特征、加工特性，以及食用品质等产生影响。若饲料中某些微量元素超标也会影响肉的品质，如饲料中铜含量超标，可致羊肉胴体形成“黄膘肉”。在饲料营养严重缺乏时，不仅会影响羊的生长发育和育肥效果，而且也影响羊肉品质，羊肉中脂肪少，肌肉萎缩，结缔组织比例加大，肉质发硬，口味变差，加工成品率低等。

（3）疾病因素　疾病不仅影响羊的生长发育、繁殖及生产性能的表现，也影响肉食品安全和肉品质及食用价值。如羊焦虫病，轻者会造成胴体发黄，严重者致羊死亡。羊的传染性胸膜肺炎可引起肺部与胸腔粘连，影响胸部肉的品质。羊因采食毒草或被农药污染的饲草，不仅造成羊的食物性中毒或死亡，更严重的会造成羊肉中的毒素积累而影响食用。羊在疾病治疗过程中使用药物过度，造成羊肉中药物残留等都会影响羊肉的品质和食用性。因此，在屠宰前对活羊及屠宰后的胴体都要进行检查和检疫，确保羊肉的安全性。

5.屠宰加工因素

（1）宰前状况　包括宰前运输、应激、宰前休息、屠宰方式等均会影响肌肉中的肌糖原含量，从而间接影响肉的品质。宰前管理不当或屠宰方式粗暴都会造成宰前强应激，体内儿茶酚胺类激素的浓度升高，肌糖原浓度降低而乳酸浓度提高，引起宰后的肉酸化速度加快。同时酸化使肌肉蛋白强烈变性，发生收缩，快速失去系水力，pH值降低甚至肌糖原耗竭，可导致肌内剪切力增高和肉嫩度下降，形成品质低劣的PSE肉或DFD肉。

（2）屠宰环境　屠宰环境对羊肉产品的微生物及卫生指标有直接关系，屠宰和羊肉运输、保持的每个环节若卫生条件不达标，极易造成羊肉的污染，影响羊肉的卫生指标和食用性。羊的屠宰场所应按照GB 12694—2016标准执行，该标准规定了畜禽屠宰加工过程中畜禽验收、屠宰、分割、包装、贮存和运输环节的场所、设施设备、人员的基本要求和卫生控制操作的管理准则。

（3）宰后成熟（排酸处理）　羊肉品质及风味除与品种、饲养管理、疾病等多种因素有关外，也与屠宰后羊肉的保存有直接关系。一般情况下，新鲜羊肉在常温下经过一定的时间，肉的伸展性逐渐消失，由弛缓变为紧张，无光泽，呈现僵硬状态，称为僵直。僵直的肉硬度大，不易煮熟，有粗糙感，肉汁流失多，缺乏风味，不具备可食肉的特征。同时，由于牛羊肉具有冷收缩的特性，在冷却加工过程中，容易造成嫩度下降，影响产品品质。因此，为了提高羊肉品质和食用风味，必须采取“排酸”处理。排酸是在0～4℃、相对湿度90%的冷藏条件下，放置8～24小时，使屠宰后的胴体迅速冷却，肉类中的酶发生反应，将部分蛋白质分解成氨基酸，糖原减少、乳酸增加，使肉的纤维结构发生变化，肌肉和结缔组织由僵硬变得松弛，肉变得柔软芬芳，肉质变软多汁，从而使肉好熟易烂、口感细腻、多汁味美，易于切割，其切面有特殊的芳香气味，不仅易于咀嚼，而且消化、吸收利用率得到提高，口感更好。

第二节
肉用羊品种选择与经济杂交

不同品种、不同生产方向的羊都能够生产羊肉，但生产能力和产品的质量及经济效益差别较大。目前认为最经济和优质羊肉大多数都来自专用的肉用羊品种。在肉羊产业发展过程中，利用不同肉用羊的生长特点，开展品种间的杂交，生产具有不同品种特点的杂种后代，充分利用杂种优势来生产优质肉羊，是目前国内外优质羊肉生产的主要技术措施。

一、肉用羊品种选择

1.肉用羊品种特点

（1）体形外貌　头短颈圆、肩宽而厚、胸宽而深、背腰平直、肋骨开张、后臀宽大、肌肉丰满，具有典型的肉用特征。

（2）早熟特性　性成熟和体成熟早。性成熟早表现为初情期早；体成熟早表现为羔羊生长发育，其体重达到成年羊体重的70%～75%所需的时间段。

（3）生长发育快　羔羊生后4～6周断奶日增重可达350～400克，3～6个月可以出栏，成年公羊体重可达100千克以上，成年母羊体重可达70千克以上。

（4）胴体品质好　5～6月龄羔羊胴体重达18～22千克，屠宰率48%～50%，瘦肉多、脂肪少、肉色佳、眼肌面积大。

（5）繁殖率高　全年发情，具有一年2产或两年3产、产羔率在150%左右。

（6）经济效益高　表现为饲养周期短、饲料报酬高、育肥效果好。

（7）适应性好　能够适应不同地区的舍饲养殖或在较好的平川或丘陵地区放牧饲养，对草的挑剔性不高，采食率高。

2. 国外优秀肉用羊品种

近年来我国从国外引进的肉用羊品种不少，已对我国肉用羊产业发展起到明显的效果，目前利用比较广泛的品种有杜泊羊、萨福克羊、澳洲白羊、特克赛尔羊、夏洛来羊、无角陶赛特羊、德国肉用美利奴羊、东佛里生羊、波尔山羊等（具体生产性能见第二章）。这些品种都是国外著名的肉用羊品种，在我国除部分养殖场进行纯种繁育外，大多数养殖场主要是把这些早熟肉用羊品种公羊作为优秀父本与各地不同的品种母本进行经济杂交，利用杂种优势生产羔羊肉。

3. 国内优秀肉用羊品种

国内也有些肉用羊品种，但与国外的肉用羊品种相比在生产性能方面还有一些差距，但我国有些具有高繁殖性能的本地品种，具备肉用羊高繁殖率的特点，可以在肉用羊生产中和国外肉用羊品种进行经济杂交，已取得了较好的效果。

国内具有较高产羔率和产肉性能的品种有小尾寒羊、湖羊、洼地绵羊、南江黄羊、巴美肉羊等。同时，我国还有大量地方绵羊、山羊品种，是我国羊肉的主要来源。

二、肉用羊经济杂交

经济杂交是指利用杂种优势以提高畜牧业商品生产的杂交。肉用羊经济杂交是利用两个或两个以上品种进行的杂交，其目的是利用产生的杂种后代生活力强、生长速度快、饲料报酬高等优势提高群体的生产水平和经济效益。在经济杂交中父本品种选择的原则是：生长发育快、体形大、肉质好、产肉量高等；对母本品种的选择原则是：适应性强、产羔率高、母性好、养殖数量多。杂交后代吸收了父本个体大、生长发育快、肉质良好及母本适应性强等优点，明显提高了肉羊产业的经济效益。肉羊经济杂交模式主要有二元杂交、级进杂交、轮回杂交、三元杂交及双杂交等。其中二元杂交应用最广。

1. 二元经济杂交

二元杂交即简单杂交，是两种品种或品系间的杂交。通常是肉种羊作为父本，本地羊作为母本，杂交一代所获得的羊不作种用，全部用于商品生产。因杂种后代具有父本个体大、生长发育快、肉质良好和母本适应性强且操作简单等优点被广泛使用。或者，在杂交一代的基础上，为充分利用杂种一代母羊的杂种优势，再次用肉用羊种公羊和杂种母羊进行杂交，也会取得较好的效果。我国生产肉用绵羊应用最广的本地品种是湖羊和小尾寒羊，这两个地方优良品种都具有良好的繁殖性能，作为杂交的母本与国外引进的优良肉用绵羊父本进行杂交，能够得到肉质细嫩、营养价值高的杂交后代（图5-4）。

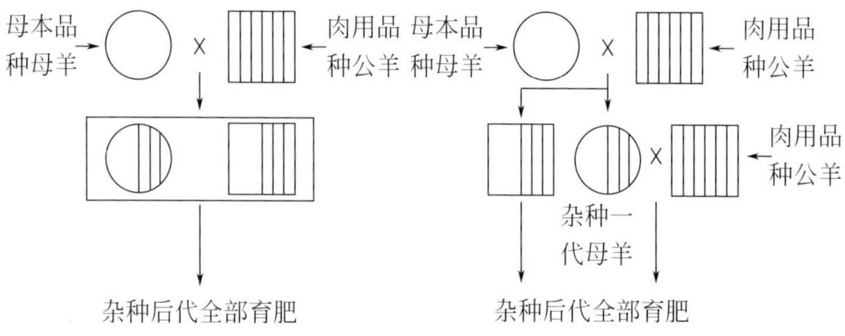

图5-4　二元杂交模式

近30多年来的研究证明，利用国外优质肉羊品种如萨福克羊、陶赛特羊、杜泊羊等与我国优秀地方品种小尾寒羊、湖羊等的二元杂交后代羔羊进行肥羔生产，不但增重快、饲料报酬高、屠宰率高、肉质良好，而且耐粗饲，特别适合舍饲。如山东农科院畜牧所利用杜泊羊与小尾寒羊的杂交结果表明：杂交羔羊在产肉性能方面具有明显优势，3月龄断奶重达29千克，6月龄体重40.5千克，显著高于小尾寒羊的24千克和34千克。6月龄屠宰时，杂交后代胴体重、屠宰率、净肉率分别为24.2千克、54.49%、43.13%，而小尾寒羊相应为17.07千克、47.42%、34.37%。山西农业科学院畜牧兽医研究所毛杨毅等利用萨福克羊与本地羊杂交F_1代羊4月龄公羔体重达28.59千克，母羔体重26.59千克，周岁公羊重54.33千克，母羊体重50.12千克。8月龄杂种羔羊屠宰率50.56%。产肉18.4千克，比同龄本地羊多产肉7.3千克，提高65.76%。

2. 三元经济杂交或多元杂交

三元杂交是先用两个品种或品系的羊进行杂交，所生杂种母羊再与第三个品种或品系杂交，所生二代杂种作为商品代。一般以本地羊作母本，选择肉用性能好的肉羊作为第一父本进行杂交，F_1公羊直接育肥，F_1母羊作为羔羊肉生产的母本，再选择体格大、早期生长快、瘦肉率高的肉羊品种作为第二父本（终端父本），与F_1母羊进行第二轮杂交，所产F_2羔羊全部肉用。三元杂种充分发挥了三个品种的遗传物质和三个品种的互补效应，因而在单个数量性状上的杂种优势可能更大，既可利用子代的杂交优势，又可利用母本的杂交优势，但繁育体系的组织工作相对较为复杂（图5-5）。

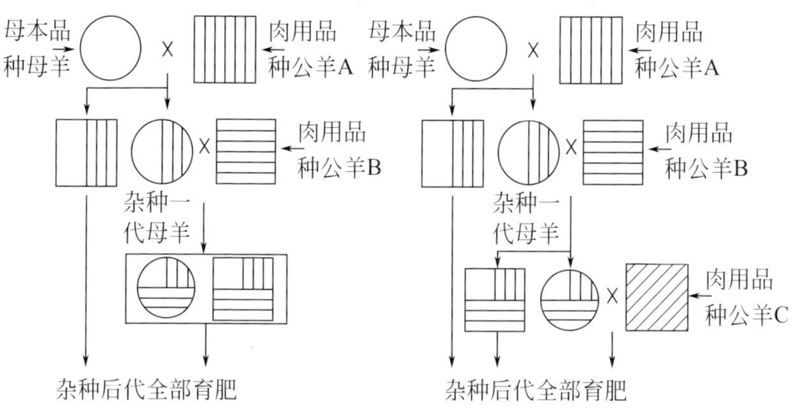

图5-5　三元杂交或多元杂交

李旺平等通过对澳洲白羊、杜泊羊、湖羊、小尾寒羊4个肉羊品种，澳湖、杜湖、澳湖寒、杜湖寒、澳杜湖、杜杜湖6种杂交组合F_1代、F_2代肉羊1月龄、2月龄、4月龄、6月龄体重及6月龄体尺指数、产肉性能和肉品质分析研究，结果表明：6月龄三元杂交肉羊的体重、日增重、胸围高于二元杂交肉羊，澳湖寒羊和杜湖寒羊的体长、体高仍优于其他杂交组合；澳杜湖羊和杜杜湖羊屠宰性能最优。可见，用澳洲白公羊或杜泊公羊对湖羊、湖寒母羊进行杂交改良后效果明显，澳杜湖羊和杜杜湖羊屠宰指标、羊肉营养价值和肉品质仍最高，是高端羊肉生产的最优选择，见表5-3、表5-4。

表5–3　不同杂交品种肉羊6月龄屠宰性能

项目	澳湖寒羊	杜湖寒羊	澳杜湖羊	杜杜湖羊
宰前活重/千克	43.65±3.12	43.21±3.53	45.36±4.01	45.17±4.22
胴体重/千克	22.82±2.02	22.79±1.94	24.15±2.15	24.04±1.62
净肉重/千克	16.45±0.99	16.26±1.38	17.12±2.31	17.02±2.01
骨重/千克	6.37±0.37	6.53±0.27	7.03±0.43	7.02±0.25
屠宰率/%	52.27±5.15	52.74±5.80	53.24±4.79	53.22±5.26
净肉率/%	37.68±3.48	37.63±3.63	37.74±4.20	37.70±3.51
肉骨比	2.58±0.12	2.49±0.04	2.44±0.03	2.42±0.09
板油重/千克	4.68±0.56	4.82±0.47	4.01±1.07	4.15±0.46
GR值/厘米	2.5±0.05	2.6±0.03	2.2±0.04	2.1±0.06
眼肌面积/厘米^2	14.02±2.13	13.99±2.25	14.48±1.97	14.31±2.31

表5–4　不同杂交品种肉羊6月龄肉品质测定

项目	澳湖寒羊	杜湖寒羊	澳杜湖羊	杜杜湖羊
肉色	3.7±0.23	3.8±0.26	3.8±0.12	3.8±0.42
大理石纹	2.98±0.23	2.74±0.33	3.26±0.21	3.20±0.28
pH（1小时）	6.45±0.26	6.38±0.28	6.46±0.33	6.37±0.18
pH（24小时）	5.62±0.24	5.64±0.35	5.60±0.22	5.63±0.14
剪切力/千克力	3.83±0.29	3.86±0.27	3.65±0.43	3.70±0.38
纤维直径/毫米	34.27±0.72	34.19±0.49	33.96±0.75	34.02±0.64
失水率/%	22.8±1.14	22.7±1.56	21.6±1.71	21.2±1.25
熟肉率/%	54.62±2.45	54.38±2.95	55.21±3.01	55.09±2.46

3.双杂交

双杂交是两个品种杂交的杂种公羊与另外两个品种杂交的杂种母羊进行杂交生产的杂种商品羊。其优点是杂种优势明显，杂种羊具有生长速度快、繁殖力高、饲料报酬高等优点，但繁育体系更为复杂，投资成本较大（图5-6）。

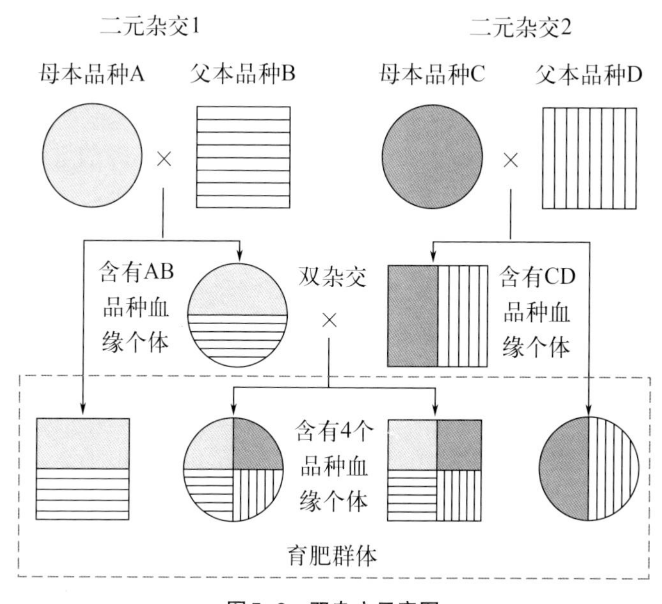

图5-6　双杂交示意图

钱宏光等通过利用引进的优良肉用品种羊德国美利奴羊、无角陶赛特羊、萨福克羊与本地蒙古羊进行四品种的双杂交试验，结果表明：12个双杂交组合平均初生重、4月龄平均重、6月龄平均重、8月龄平均重、周岁平均重分别比本地蒙古羊提高了0.77千克、18.3千克、17.2千克、14.8千克和14.7千克；双杂交带来的杂种优势已达到国外优秀肉羊品种的指标。

第三节
羔羊育肥

一、羔羊育肥特点

羔羊出生后正处于生长发育的第二次高峰（第一次高峰在胚胎时期），生理代谢功能旺盛，无论是绝对生长还是相对生长的速度都较快，体内肌肉、脂肪、骨骼和各种器官等组织都同步快速增长，对饲料的利用率较高，育肥的成本相对较低，投资回报效益高。

羔羊育肥正是利用羔羊前期生长速度快的发育特点，通过相应的育肥措施，满足生长发育的营养需求，最大限度地提高增重速度，在短时间内取得较高的日增重和生产优质羔羊肉的过程，是提高养羊经济效益的有效措施。

羔羊肉具有鲜嫩、多汁、精肉多、脂肪少、易消化、易加工、味道鲜美、膻味小等特点，特别适宜老、弱人群和儿童食用，适合现代人们的饮食保健需求，深受消费者欢迎。

羔羊具有生长发育快、饲料报酬高的特点，饲养成本低，经济效益高，适合现代规模化高效养殖的生产要求。据有关资料表明，饲养1只2岁50千克的羯羊所需要的干饲草可达840千克，而饲养10月龄45千克的羔羊所需要的干草为290千克，2岁羊消耗的饲草是羔羊消耗草量的2.9倍，可见生产羔羊肉效果非常显著。

实施羔羊育肥可以实现羔羊当年育肥屠宰，使羊群中非种用羊数量减少，加快了羊群的周转，有利于改善羊群结构，羊群中母羊的数量和比例增加，使同样的群体规模生产更多的产品，提高了羊群的整体生产水平和经济效益。

实施羔羊育肥可以缩短饲养周期，提高羊群的出栏率，与传统养殖相比，羔羊当年育肥出栏，可减轻冬季羊群的饲养量和人力、物力及饲草料的消耗，缓解饲草不足的生产问题，避免了冬季掉膘甚至死亡的损失，有利于在一定面积的牧坡和饲草的条件下，生产更多的羔羊和羊肉产品。

随着现代规模化养羊产业的发展，实施牧区繁殖、农区育肥（牧繁农育）的异地育肥越来越多，通过异地育肥不仅降低了牧区草地载畜压力，也有助于充分利用农区丰富的秸秆资源和饲料资源，有利于充分发挥资源优势和实现专业化、集约化的肉羊生产，达到保护生态环境、提高秸秆利用效率、促进我国农牧结合的肉羊快速发展的目的。

二、育肥羔羊的选择

育肥羔羊的选择是搞好育肥工作的关键。不同品种、不同来源、不同性别、不同体重等都对育肥效果有影响。从品种方面来讲，育肥羔羊最好选择专用肉羊与本地羊的杂交后代。绵羊选择杜泊羊、萨福克羊、特克赛尔羊等与本地羊的杂交羔羊，山羊选择波尔山羊杂交改良本地羊的羔羊。育肥羔羊要选择年龄、体重相近，精神状态好、身体健康、生长发育正常的羔羊，一般选择3～4月龄断奶后的羔羊，体重20～25千克，过小的羊影响羊的成活率和育肥效果。规模化羔羊育肥要求羔羊的整齐度好，便于统一配制饲料和管理，便于在同一时间出栏，有利于同进同出。育肥羔羊的时间一般是春秋季育肥的效果要好，而冬季天气比较寒冷，影响育肥效果。从外地购入的羊，必须来自非疫区，经当地兽医部门检疫并签发检疫合格证；运抵目的地后，再经隔离观察，确认为健康者经驱虫、消毒、补注射疫苗后，方可混群饲养。

三、育肥羊管理

1. 育肥前的准备

（1）羊舍的准备　羊舍作为羔羊育肥的场所，要求通风干燥、清洁卫生、冬暖夏凉。每只育肥羔羊所需羊舍面积为0.8～1.0平方米。每只羔羊槽位20～25厘米。肥羔羊每天要有一定的运动量，运动场的面积为整个羊舍面积的2～4倍，运动场安置饮水槽和饲料槽，确保羔羊能随时饮水和采食饲料。育肥前首先对羊舍进行彻底清扫和消毒，常用的消毒药有10%～20%石灰乳、10%漂白粉溶液、2%～4%氢氧化钠溶液、5%来苏尔或4%福尔马林等。用量为每平方米羊舍1升药液。消毒方法可采用喷雾消毒，顺序依次为地面、墙壁、天花板。消毒后应开启门窗通风，用清水刷洗饲槽、用具（图5-7）。

图5-7　羊圈舍生石灰消毒（毛杨毅摄）

（2）饲草料准备　育肥场

（户）可根据实际养羊规模，因地制宜做好饲草饲料供应计划，尽可能地选择饲料来源广泛、营养价值丰富的牧草作为育肥饲料。要备足育肥期的精饲料原料（玉米、豆粕、预混料、浓缩料及其他饲料等）。饲草料储备量按每只羊每天精饲料0.6 ～ 1.1千克、饲草0.5 ～ 1.0千克、食盐5 ～ 10克准备（图5-8、图5-9）。

图5–8 苜蓿干草（毛杨毅摄）

图5–9 花生秧（毛杨毅摄）

2. 育肥羊管理

（1）组群 羔羊在育肥开始前（或集中购买回来后在过渡期）要按照品种、年龄、性别、体重等进行分群，群体内的个体体重差异不得超过5千克。体质较弱、膘情较差的羔羊为一群，体况较好的羔羊为一群，便于饲养管理。为减轻羊群争斗、顶架等现象造成应激，分群前要采取3项措施：① 用带有气味的消毒剂对羊群进行喷雾以混淆气味、消除羊只之间的敌意；② 分群前停饲6 ～ 8小时，在转入的新圈舍食槽内投放饲料，使羊群转入后能够立即采食而放弃争斗；③ 组成的群体不宜过大（图5-10）。

图5–10 育肥羊分栏饲养（毛杨毅摄）

（2）驱虫 因羊的体内外寄生虫很普遍，会严重影响羔羊的正常生长。驱虫可以明显提高育肥羊的增重速度和饲料转化率，并能增进羊机体的健康，有效防止疾病，提高经济效益。在羔羊育肥前，应主要重视驱除蛔虫、肝片吸虫、疥螨和虱等体内外寄生虫。驱虫时，要选择广谱、高效、低毒或安全的驱虫药物，可以选择：左旋咪唑按体重10～15毫克/千克、驱虫净（四咪唑）20毫克/千克、丙硫（苯）咪唑100毫克/千克等拌料空腹饲喂（图5-11）。

图5-11　羊驱虫药注射（毛杨毅摄）

（3）免疫接种　目前肉用羊育肥多为异地育肥，育肥羊进场后通常要注射羊三联四防苗、口蹄疫苗、小反刍兽疫疫苗、羊痘疫苗等，有条件的育肥场可在检测抗体水平的基础上有针对性地进行预防（图5-12、图5-13）。

图5-12　羊皮下免疫注射（毛杨毅摄）

图5-13　羊肌内免疫注射（毛杨毅摄）

（4）去势　用于育肥的公羊一般要去势，去势后的公羊性情温驯、肉质好、增重速度快。

（5）修蹄　在育肥期要注意羊蹄甲的长短，对过长的蹄甲要及时进行修剪。

（6）剪毛　育肥实践表明，剪毛有助于提高羊的育肥效果，一般在育肥过程中2个月左右剪毛一次，最后一次剪毛应在出栏前1个月进行，冬季要减少或不剪毛，有利于保温增膘（图5-14、图5-15）。

图5–14　育肥羊剪毛（毛杨毅摄）

图5–15　剪毛后的育肥羊（毛杨毅摄）

（7）环境控制

环境因素对于羔羊育肥的影响较大。夏季高温，会引起肉羊食欲减退，采食量下降，从而影响育肥效果。反之，冬季寒冷季节，羔羊维持体温对营养的需求量增加，影响育肥效果。羊生长适宜温度为5～25℃，最适温度为10～18℃。育肥羊舍的卫生条件、空气质量、湿度和气流等对羔羊育肥都有较大影响。高温高湿环境下，肉羊散热困难，而低温低湿条件下，肉羊易患感冒、风湿、关节炎等疾病。如果羊舍的卫生条件较差时，会导致病原微生物大量滋生，产生大量有害气体，对肉羊同样不利，同时舍内卫生条件差还会影响肉羊的舒适度，使肉羊的采食量下降。羊舍适宜的相对湿度是55%～60%，最高不超过75%。圈舍采光系数以1∶（15～25）为宜，冬季气流应控制在0.1～0.2米/秒，夏季控制在0.3～1米/秒。氨浓度不得超过20毫克/千克，硫化氢含量最高不超过8毫克/千克，二氧化碳浓度不得超过1500毫克/千克（图5-16、图5-17）。

图5–16　夏季羊舍通风（毛杨毅摄）

图5–17　冬季羊舍保温（毛杨毅摄）

3.育肥饲养

羔羊育肥根据羊的生长发育阶段而采取不同的日粮，一般分为过渡期、育肥前期、育肥中期和育肥后期四个阶段。

（1）预饲期（过渡期）饲养　预饲期是指羔羊入育肥场后的一个适应性过渡期，也是正式育肥前的准备时间，一般7～10天，在过渡期要按羔羊体格大小、健康程度和性别进行分组，要进行驱虫、防疫、隔离观察等工作。

新购羔羊若经长途运输到育肥场地后，让羊先充分休息，适量饮水，然后喂给易消化的青干草，切勿喂饱。过渡1天后可满足草的供给，但不要急于多饲喂精饲料。

经过2～3天的环境适应，羔羊可开始使用预饲日粮，每天喂料2次，每次投料量以30～45分钟内吃完为佳。过渡期先喂给粗料比例较大的日粮，草可占日粮的60%～70%。加大喂料量或变换饲料配方应至少有7～10天的适应期。

（2）正式育肥期饲养　过渡期结束后即转入正式育肥期。此期应根据育肥阶段、当地饲草料条件和增重要求，进行日粮配制。在羔羊育肥阶段，由于羔羊仍处在一个生长发育的高峰阶段，所需的营养要全面，并且要满足生长发育的需要量。同时，在育肥过程中不同体重阶段所需要的营养物质也不一样，因此，在饲料配制中要根据不同阶段的营养需要进行配制。

羔羊育肥期一般根据不同时间、体重、生长发育特点分为育肥前期、育肥中期和育肥后期三个阶段。第一阶段体重为15～25千克，第二阶段为26～35千克，第三阶段为36～45千克。

育肥第一阶段羔羊处于骨骼、肌肉快速生长阶段，增重的主要部分是肌肉、内脏和骨骼，所以饲料中蛋白质的含量应该高一些，不宜用大量能量饲料，确保羔羊器官的快速发育而不急于增膘。第二阶段，羔羊仍处于骨骼、肌肉发育阶段，但相对生长速度慢，此阶段注意日粮中的蛋白质和能量饲料的平衡，确保羊骨骼和肌肉的增长，同时为增膘奠定基础。第三阶段骨骼、肌肉生长速度相对较慢，此阶段主要是要确保羊快速增膘，增加肌肉中脂肪的沉积，使育肥羊有一个相对高的日增重并改善肉的品质，因此，在日粮配制中需提高能量饲料的比重。

羊是反刍动物，应遵循羊的消化生理特点，在育肥日粮配制中要注意精饲料和粗饲料的比例，一般在育肥前期精粗比例约40 ∶ 60，育肥中期精粗比例约50 ∶ 50，育肥后期精粗比例约（60 ∶ 40）～（80 ∶ 20）。若在育肥的全期追求高的日增重，大量饲喂精饲料而减少或不喂粗饲料，则会使胴体重脂肪含量过高，甚至会出现黄膘肉，影响肉的品质，同时也不利于羊的健康，酸中毒、尿结石、蹄病等增多。育肥阶段的饲料营养配制，参照NY/T 816—2021《肉羊营养需要》执行。目前在规模化育肥场采用每天饲喂2次，采用TMR日粮配制和撒料车投料，提高了劳动效率。

鉴于羔羊育肥时可能品种、季节、体重、日龄、性别及饲草的质量不同，不同阶段的饲喂量、日粮浓度等有所不同，因此，在育肥过程中要结合本场、本批次的实际情况及实际增重情况调整日粮配方。注意观察采食量、粪便情况、增重情况和健康状况，羊正常情况下粪便较硬，多数呈圆形颗粒状，如精饲料过多，则羊粪较松软或呈稀粪，而且粪便中尚有未消化的饲料颗粒，造成饲料浪费和增加了养殖成本。要注意观察羊的反刍和排尿行为，在精饲料多、日粮中蛋白质比例高时，羊反刍减少，还会引起羊的尿结石发生（主要是公羊），造成排尿困难，影响羊的采食、增重和健康，甚至是死亡。

第四节 成年羊育肥

一、成年羊育肥特点

成年羊的育肥主要是指对1岁以上的绵羊、山羊进行育肥（其中包括不同年龄的乏瘦羊、淘汰公羊、母羊等的育肥），这类羊普遍体质弱、膘情差、精神状况中等。成年羊育肥的实质就是增加脂肪的沉积量和改善羊肉的品质。成年羊的育肥相对于羔羊育肥有所不同，一是成年羊的体格已经发育成熟，器官和骨骼在体积和重量上不会有太多的变化；二是成年羊的肌肉量已经达到一定限度，即使育肥也不会有太大增长，育肥体重的增加主要是肌肉间脂肪和体脂肪沉积量的增加。由于羊体内脂肪的沉积能力是有限的，达到满膘后增重缓慢，不仅会造成饲料的浪费，而且也影响羊肉的品质。所以，成年羊的育肥期不宜过长，主要根据育肥羊的膘情灵活掌握，一般育肥期为70 ～ 100天。

二、成年羊育肥方式

1. 放牧补饲育肥

在适合放牧的地方，凡不作种用的公、母羊和淘汰的老弱羊均可采用放牧补饲育肥，育肥期一般为60 ～ 75天。成年羊的育肥以在夏季和秋季为宜，夏季可以利用青绿牧草，牧草营养相对比较全面，秋季可利用牧草籽实或农作物收割后的田间遗留的作物籽实和牧草籽实，这样都可以取得较好的育肥效果。冬季天气寒冷，影响育肥效果。为提高育肥效益，育肥前对羊进行驱虫、防疫等，对病羊及时治疗，将羊调整到健康状态。同时，在放牧的基础上要加强补饲，补饲的精饲料由少到多，根据牧草营养成分变化、放牧采食效果及羊的膘情、体格大小，还可以增减补饲量。育肥羊补饲的精饲料在确保基本蛋白质的需要量的同时要加大能量饲料的比例，能量饲料以玉米为主。混合精料一般由玉米、棉籽饼、麸皮、豆粕、预混料等组成。

2. 舍饲育肥

对于即将进行育肥的成年羊只，应该调整羊的生理状态，使其处于非生产状态，如淘汰公羊应该停止配种、试情，并进行去势；淘汰母羊应该停止配种、妊娠或者哺乳。各类型羊在育肥前应该进行免疫、驱虫、剪毛、药浴，使育肥羊群处于最好状态。同时，应根据羊的性别、膘情、年龄、健康状况进行分群。

育肥开始时日粮以品质优良的粗饲料为主，精、粗饲料比例为

3 ∶ 7，以避免一些消化道疾病。随着羊体力的恢复，逐步增加精饲料。随着羊体力的恢复，育肥初期逐步增加精饲料量，日粮精、粗饲料比例由4 ∶ 6过渡到5 ∶ 5或6 ∶ 4，这个时期为30 ～ 60天。此后可以进一步加大精饲料的补饲量，精饲料占日粮的比例可达到70% ～ 80%，在确保蛋白质基本需求的基础上增加能量饲料（主要是玉米，还可适量添加食用油），确保羊日增重达250 ～ 350克。

舍饲育肥在管理上要实行"三定三勤两慢一照顾"，即定时、定量、定圈，勤添、勤拌、勤检查，饮水要慢、出入圈门慢，对个别病羊及膘情特别差者予以照顾。

本章由梁茂文编写

第六章 羊的繁殖技术

繁殖是发展羊群数量，提高羊群质量的重要手段。羊的繁殖受遗传、营养、年龄、疾病以及光照、温度、管理水平等外界环境条件的影响。提高羊繁殖力的手段主要有品种选育、选种选配、繁殖新技术运用、环境条件改善、加强饲养管理和疾病预防等，通过一系列综合措施来提高羊群繁殖力和增加养羊经济效益。

第一节 羊的繁殖特点

一、羊的繁殖生理特点

1.性成熟与初配年龄

幼龄羊发育到一定阶段，能够产生精子或卵子，第1次出现发情症状，并能交配和受精，称为性成熟，即初情期的到来。简单地说，就是羊开始具备交配和繁殖功能时，即为性成熟。

影响性成熟的主要因素有品种特性、个体差异和气候环境。如湖羊、小尾寒羊性成熟较早，蒙古羊和藏羊性成熟较晚；个体发育好的性成熟早，个体发育差的性成熟晚；气候温暖，饲养管理条件好的羊性成熟早。山羊性成熟比绵羊略早。

母羊达到性成熟时，并不意味着在生产上可以配种，因为此时母羊身体并未达到充分发育的程度，如果配种就可能影响它本身和胚胎的生长发育；如果配种过晚，则缩短了母羊的使用时间，养殖成本增加。公羔6～7月龄就能排出成熟精子，但精液量少，畸形精子和未成熟精子多，所以一般不用幼龄公羔配种。一般当羊体重和体格达到成年羊的70%以上时，为最佳的初配年龄。一般早熟品种在1岁、中熟品种在1.5岁、晚熟品种在2岁时初配最好。

2. 发情

母羊生长发育到一定年龄后，在垂体促性腺激素的作用下，卵巢上的卵泡发育并分泌雌激素，引起生殖器官和性行为的一系列变化并产生性欲，母羊这种生理状态称为发情。母羊发情行为主要表现在以下几方面。

（1）卵巢变化　母羊发情开始之前，卵泡已开始生长，至发情前2～3天卵泡发育迅速，卵泡内膜增生，至发情时，卵泡已发育成熟，卵泡液分泌增多，此时卵巢壁变薄而突出表面，在激素的作用下促使卵泡壁破裂，致使卵子被挤压而排出。

（2）生殖道变化　母羊发情时，外阴部表现充血、水肿、松软，阴蒂充血且有勃起，阴道黏膜充血潮红、有黏液分泌，发情前期黏液量少，发情盛期黏液量多且稀薄透明，而发情末期黏液量少且浓稠，子宫颈口充血、开张。

（3）行为变化　发情时，由于雌激素和孕酮作用，引起性兴奋，母羊常表现为精神兴奋，情绪不安，不时地高声咩叫，摇尾，食欲减退，反刍停止，放牧时常有离群现象，喜欢接近公羊。但有些羊发情症状不太明显，主要靠公羊寻找发现，也有一些羊表现“静默发情”，特别是处女羊的发情表现不太明显，所以管理上应特别注意观察（图6-1）。

图6-1　发情母羊接受公羊爬跨
（毛杨毅摄）

（4）周期性变化　羊在发情期内未配种或虽配种但未受孕时，经过一定时期会再次出现发情现象。因此，把这次发情到下一次发情的这段时间称为发情周期。山羊的发情周期平均为21天（18～24天），绵羊平均为17天（14～20天）。

（5）乏情与异常发情　乏情是指母羊在较长的时间段内不出现发情或发情周期的现象。引起乏情的因素有很多，有季节性乏情、生理性乏情、病理性乏情等。季节性乏情是指母羊某一季节不发情或很少发情。绵羊为短日照动物，乏情往往发生于长日照的夏季，夏至以后，白天日照时间逐渐缩短，夜间时间逐渐延长，从这阶段以后往往是羊发情比较集中的时间。生理性乏情是指动物妊娠、泌乳以及自然衰老所引起的乏情；病理性乏情是由于营养不良或各种疾病、应激造成的乏情，营养不良或缺磷、缺乏维生素A、维生素E都可能引起发情不规律或不发情。在繁殖生产中，季节性乏情和生理性乏情属于正常的生理状况，病理性乏情和营养性乏情必须引起重视和及时对症治疗，否则会影响群体的繁殖效果和经济效益。

（6）影响发情周期的因素　影响发情周期的因素有很多，主要有遗传、环境和饲养管理等。不同品种，不同个体，不同地区的同一品种发情周期的长短不同；光照对于季节性发情动物的影响明显，羊的发情季节发生于光照时间变短的季节，但我国有一些优良品种（如小尾寒羊、湖羊等）一年四季均发情；气温对所有动物的发情均有影响，适宜的温度促进母羊发情；良好的饲养管理水平，有利于母羊发情，母羊过肥或过瘦，均不利于母羊发情。对于季节性发情的品种，在发情季节到来之前进行补饲可以促使其提前发情，还能增加排卵率和产羔率。

3.排卵与妊娠

排卵是周期性的，在正常情况下，羊在发情期成熟卵泡自行破裂排卵并自动生成黄体。绵羊的排卵一般发生在发情开始后24～27小时，山羊的排卵发生在发情开始后30～36小时。排卵

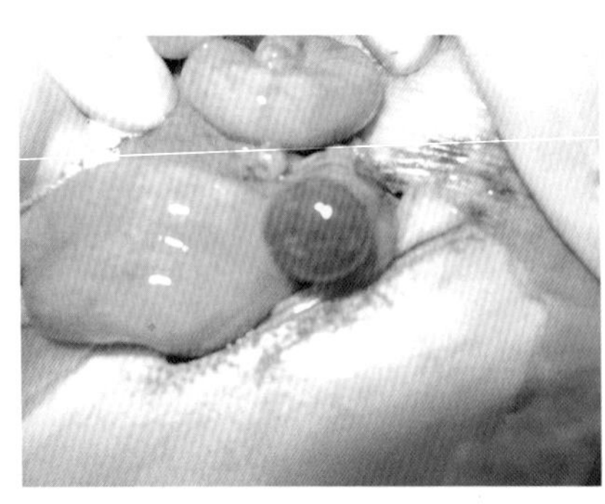

图6-2　羊排卵后形成的红体（毛杨毅摄）

的数目有品种差异，如蒙古羊、藏羊大多数是一次排一个卵子，小尾寒羊、湖羊可以排2～4个卵子，甚至更多（图6-2）。

在发情母羊配种受胎后进入妊娠期，羊的妊娠期为150天左右。羊若受胎后则不会在妊娠期内再次发情，若未受胎则在下一个情期又会出现发情。因此，在生产中观察羊是否再次发情来确定羊是否怀孕。

近年来由于胚胎移植、同期发情和幼畜超排等技术的研究和应用，利用激素刺激卵泡的发育，可增加排卵数和使羊在乏情期发情配种，这些新技术的应用把羊的繁殖效率提升到一个新的高度。

二、羊的繁殖季节

绵羊、山羊的繁殖季节是通过长期的自然选择逐渐演化形成的，主要决定因素是分娩时的环境条件要有利于初生羔羊的存活。绵羊、山羊的繁殖季节因品种、地区不同而有差异，一般是在春、秋两个季节母羊发情比较普遍，尤其是秋季母羊发情比例比较高，但有些品种可表现出全年发情，如小尾寒羊、湖羊等。在人工培育和外源激素干预的情况下，也可以实现母羊全年发情配种。

三、羊的品种与产羔率

产羔率是指产羔母羊的产羔能力，通常用产羔数和产羔母羊数的百分比来表示，是衡量一个品种繁殖能力的重要技术指标。不同绵羊、山羊品种之间产羔率差异很大，例如，湖羊的产羔率约为240%，小尾寒羊的产羔率约为270%，济宁青山羊的产羔率约为290%，蒙古羊、藏羊、哈萨克羊、吕梁黑山羊、太行山羊等多数地方品种羊的产羔率为100%～105%。造成不同品种间产羔率的差异，是自然选择和人工选择的结果，一些产羔率低的品种中也有产双羔的母羊，逐代选留产多羔的母羊及后代，对提高产羔率有一定效果。

四、羊的营养与繁殖

营养水平对母羊的繁殖性能影响比较明显，饲料营养水平低，缺乏必需的营养物质，会造成母羊静默发情或不发情或排卵数少，或在妊娠过程中造成流产，或者胎儿发育不良，生产的羔羊为弱羔，成活率下降。营养严重不良或营养不全（如饲料中缺锌、缺硒、缺维生素E）会造成公羊精液量少、精液质量下降，甚至死精、无精增多，都会影响配种效果和受胎率。实践证明，配种前2～3周进行短期补饲，提高精料水平，对增加母羊的排卵数、产羔率及羔羊断奶成活率有效。

第二节 羊的配种技术

一、羊的配种方法

羊的配种方法有两种，即自然交配和人工授精。

1. 自然交配

（1）自由交配　自由交配是养羊业中最原始和最简单的配种方法，在羊的繁殖季节，将公母羊混群饲养，任其自由交配。这种配种方法不需要任何设备，节省人工，公羊可以随时发现发情母羊及时配种，当公母羊比例一般在1∶（25～30）时，两个发情周期的受胎率可以达到90%以上。但这种方法的缺点也很明显，当母羊发情时，公羊追逐母羊交配，干扰羊群采食，影响抓膘，母羊在一个发情期内多次交配，公羊消耗也较大；无法了解配种的时间，不

图6-3　绒山羊自然交配
（毛杨毅摄）

能准确地估算母羊预产期，同时也无法做到选种选配，不知道后代的亲缘关系，也无法控制生殖疾病的传播。另外自由交配与人工授精相比需要的公羊数要多，增加了养殖成本（图6-3）。

（2）人工辅助交配　人工辅助交配是自然交配的另一种形式，是将发情母羊挑出后与指定的公羊进行交配的过程，或由于某些原因公羊无法直接配种时，需要人帮助才可以完成配种。如有的母羊尾巴特别大，公羊无法完成配种，就需要人将大尾巴揭起使公羊完成配种。或者有的因为公、母羊体格或体重差异较大，公羊无法自主完成交配，需要人予以帮助等。这种方法与完全的自然交配相比，减少了公羊在羊群中追逐母羊和随意交配，公羊耗费的精力较少，可增加受配母羊数，同时能够做到选种选配，准确地记录配种时间和亲缘关系。缺点就是费时、费力。

2.人工授精

羊的人工授精是指通过人为的方法采集公羊精液，并将公羊的精液输入到母羊阴道内或子宫颈口而完成的授精配种过程。人工授精是当前我国养羊业中最常用的繁殖技术，与自然交配相比有以下优点。

（1）提高优种公羊的利用率和节约成本　在自然交配时，公羊射一次精只能配一只母羊，如果采用人工授精的方法，正常情况公羊一次的射精量大概在1毫升左右，在精子密度和活力好的情况下，还可以对精液进行稀释，稀释之后的精液可以供几十只母羊使用。即使在不稀释的情况下，每只母羊只需要输0.1毫升的原精液，一次采精可配10多只母羊，从而提高了公羊的配种数量和利用效果。与自由交配相比，减少了公羊的养殖数量，也节省了养殖成本，同时还可以选择最优秀的公羊，充分发挥优良公羊的作用，迅速提高羊群的质量。

（2）可以提高母羊的受胎率　人工授精的方法，可以将精液完全输送到母羊的子宫颈口，增加了精子与卵子结合的机会，同时可以在授精过程中及时发现和解决母羊因阴道疾病引起的不孕，还可以通过精液品质的检查，避免因精液质量不良造成的空怀。

随着现代科学技术的发展，可以对公羊的精液进行冷冻，从而实现精液长期保存和远距离运输，这样可以进一步发挥优秀公羊的作用，同时对种质资源的保存、利用和交流有着重要的意义。

二、羊的人工授精技术

（一）人工授精准备工作

1. 人工授精场所准备

为了保证人工授精工作的顺利进行，人工授精场所应有专用房舍，主要包括：采精室（12 ～ 20平方米）、输精室（20 ～ 30平方米）、精液处理室（8 ～ 12平方米）。此外，还需有种公羊圈、试情公羊圈、待配母羊圈和已配母羊圈1 ～ 2个。采精室装有固定采精架，用以保定台羊（发情母羊），地面要防滑。输精室要求光线充足、干燥清洁，配置有输精架。精液处理室紧挨配种室，要求光线充足，室内干净整洁，无异味，室温保持在18 ～ 25℃，有上下水，配置有工作台和相关仪器设备。

2. 器械和药品的准备

人工授精所需要的各种器械以及消毒药品和兽医药品，要事先做好充足的准备。详细清单见表6-1。

表6-1　人工授精主要仪器、器具及药品清单

名称	数量	名称	数量
集精杯	10个	广口瓶（500毫升）	5个
假阴道外壳	10个	移液器	1套
假阴道内胎	20个	剪毛剪	2把
充气调节钮	10个	医用方盘	2个
400～600倍显微镜	1台	脱脂纱布	2包

续表

名称	数量	名称	数量
载玻片、盖玻片	各2盒	脱脂药棉	2包
擦镜纸	1本	镊子（20厘米、30厘米）	各4把
羊输精器	20套	医用剪刀	2把
开阴器	20个	玻璃棒	5根
电冰箱	1台	100℃温度计	5支
天平（千分之一）	1台	酒精灯	2个
蒸馏水仪	1台	医用凡士林（500克）	1瓶
高压灭菌锅	1个	滤纸	2盒
干燥箱	1台	毛刷	5把
恒温箱	1台	记号笔、标签笔	各3支
水浴锅	1台	标签	100个
器械箱	2个	试情布	10条
液氮罐（10升）	1个	手电筒	2把
药品柜	1个	脸盆	4个
紫外线灯	6个	毛巾	10条
热水壶	1个	食用碱面	500克
电暖器	3个	肥皂	3块
桌、椅	3套	纸巾	5包
无菌操作台	1台	记录本	1本
广口保温瓶	2个	工作服	10套
暖水瓶	2个	柠檬酸钠	200克
烧杯（500毫升、250毫升、100毫升）	各2个	EDTA	10克
量筒（25毫升、50毫升、100毫升）	各2个	链霉素（1克）	1盒
定量瓶（50毫升、100毫升）	各2个	盐酸（500毫升）	1瓶
试剂瓶（50毫升、100毫升、500毫升）	各10个	碘酒（500毫升）	1瓶
EP管（2毫升、5毫升）	各1包	葡萄糖	500克
刻度试管（1毫升、2毫升、5毫升、10毫升）	各10个	青霉素（80万单位）	1盒
注射器（1毫升、2毫升、5毫升、10毫升）	各10个	生理盐水（500毫升）	20瓶
一次性口罩，PE手套，工作帽	各3包	75%酒精	1升
精子密度测定仪	1台	新洁尔灭（0.1%，500毫升）	5瓶

3.做好选种选配计划

配种前应制定好公羊、母羊的选配计划，正确的选种选配可迅速提高羊群的质量。选配要掌握“两配四不配”的原则，两配是指根据公羊、母羊生产性能的表现情况，选择同一生产性能都优良的公羊和优良母羊相配，称为同质选配，巩固优良性状；将优良公羊与生产性能稍低的母羊相配，或将某一性状优秀的公羊和另外一个性状优良的母羊相配，称为异质选配，用于提高母羊后代的生产性能和培育具有公母羊共同优点的后代。四不配是指凡有共同缺点的不配、有近亲血缘关系的不配、公羊等级低于母羊的不配、极端矫正的不配（如弓背公羊和凹背母羊两者都有缺陷，不可能培育出背腰平直的后代）。

4.种公羊调教

初次参加配种的公羊，有的对母羊不感兴趣，既不爬跨，亦不接近，对于这样的公羊，可允许其和发情母羊本交，或采用以下方法进行调教。

（1）把公羊和发情母羊合群同圈饲养，几天以后，种公羊就开始接近并爬跨母羊。

（2）可在别的种公羊配种或采精时，让缺乏性欲的公羊在旁边“观摩”。

（3）每天按摩公羊睾丸，早晚各一次，每次10～15分钟，有助于提高其性欲。

（4）注射丙酸睾酮，隔日一次，每次1～2毫升，可注射3次，有提高性欲的作用。

（5）用发情母羊阴道分泌物或尿液涂在种公羊鼻尖上，诱导其性欲。

以上几种调教方法，必须和加强饲养管理同时进行，否则调教亦难见效。

调教好的公羊，应对其精液品质进行检查，在配种前半个月每只公羊至少采排精液5～10次，并对精液进行检查，如发现问题可及早采取措施。采精检查可使公羊排出长期储存的衰老、死亡、畸形的精子，促进产生新鲜的精子，有助于配种工作顺利进行。

5.配种母羊准备

羊群整群和抓膘的好坏对配种的成绩影响较大，只有在母羊抓好膘的基础上，配种期内的组织工作、发情鉴定、配种等才能顺利进行。对参加配种的母羊进行整群，淘汰老龄母羊、连年不孕母羊、有缺陷的母羊、有疾病影响繁殖的母羊；对体况差的母羊进行优饲，要求母羊在配种期前达到中上等膘情，以确保发情整齐。

羊的配种期不宜拖得更长，争取在2个情期左右结束。第一个发情周期内最好有75% ～ 85%的母羊受胎。配种期越短，产羔期越集中，所产羔的年龄差别不大，既便于管理，又利于提高羔羊成活率。

（二）羊的人工授精操作

1.试情

为了寻找和发现发情母羊，要在授精前将试情公羊放进母羊群进行试情。试情方法如下。

试情羊选用体格健壮、性欲旺盛、年龄2 ～ 5周岁的公羊，采取系试情布或输卵管结扎或阴茎移位等措施防止试情中偷配，一般采用第一种方法，简便易行。

试情时间一般在每天早晨7 ～ 8点、下午4 ～ 5点进行，每次试情不少于1小时。试情时场地要相对宽敞，使公羊能够自由活动并能充分寻找和接触母羊。试情母羊的群体不宜过大，一般为每群100 ～ 150只，公母比例为1 ∶ 30为宜。在试情过程中若公羊兴趣下降，可通过驱赶母羊的方法诱导公羊寻找发情母羊。试情时，若发现母羊有站立不动接受公羊爬跨，或摇动尾巴紧紧伴随公羊、或爬跨其他母羊等行为时，视为发情母羊，应及时从羊群中挑出，放入配种圈待配。

试情过程中要保持安静，禁止惊扰羊群，试情结束后赶出公羊，另群饲养。

2.采集配种器具消毒与安装

（1）器械消毒　凡采精、输精与精液及公母羊生殖器官接触的一切器械，每次使用前都应消毒，一般是先用2% ～ 3%的碳酸钠溶液清洗，清水冲洗干净，用消毒纱布擦干后再用75%酒精擦拭或蒸汽消毒30分钟（胶质器具不宜高压蒸煮）。凡士林、生理盐水用蒸煮法消毒，每日一次，每次30分钟。

（2）假阴道安装　先把假阴道内胎清洗干净，擦干，把内胎装入外壳中，要求内胎光面朝里，两端等长，然后把内胎翻套在外壳上，注意不要使内胎扭转。装好的假阴道用酒精棉球由里向外旋转擦拭消毒，然后再擦拭外部。将消毒后的集精杯装入假阴道的一端。用生理盐水冲洗假阴道和集精杯数次，假阴道竖立倒置使生理盐水倒流干净。然后平握假阴道，在注水孔灌注50～55℃的温水，水量为假阴道容量的1/3～1/2，装上气嘴，拧紧活塞。用玻璃棒粘上消毒后的医用凡士林，沿假阴道内壁涂抹凡士林，涂抹深度约到假阴道的1/2处，在假阴道口也涂抹凡士林。然后用气嘴在注水口上的活塞吹气，使内胎壁闭合呈Ⓨ形或⊕形，气压过小对公羊阴茎没有压力，或气压过大影响公羊阴茎插入假阴道，都会影响正常采精。用温度计插入假阴道内检查水温，使水温达到40～42℃，至此假阴道安装完成，准备采精（图6-4）。

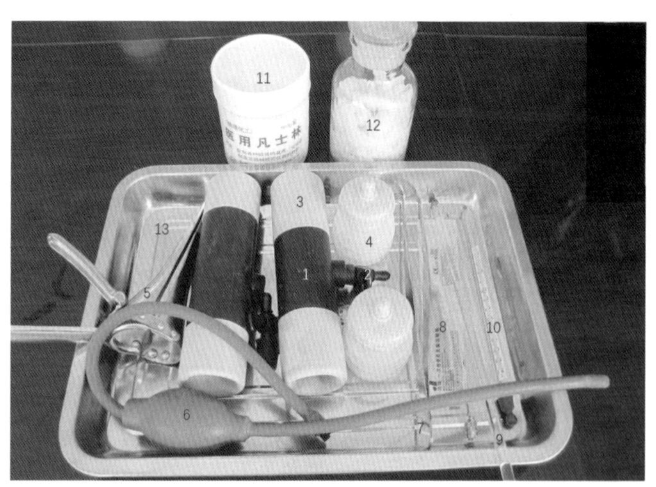

图6-4　人工授精器具（李俊摄）

1—假阴道外壳；2—充气调节钮；3—假阴道内胎；4—集精杯；5—开膣器；6—充气球；7—镊子；8—注射器；9—玻璃棒；10—温度计；11—医用凡士林；12—酒精棉；13—消毒盘

3. 采精

公羊每日可采精2～3次，分上午、下午进行，需要多次采精时，每次采精要间隔1小时以上。用人工或采精架固定好发情母羊，将采精公羊放过来，用清洁温水擦洗公羊包皮，以防采精时异物掉入集精杯，影响精液品质。

采精时采集人员蹲在母羊右后侧，头面向公羊，右手横握假阴道，与地面呈35°～40°角，气嘴朝向手心，食指顶住集精杯，拇指和其他手指握住假阴道，使假阴道前低后高，紧靠母羊臀部。当公羊爬跨伸出阴茎向母羊爬跨时，左手迅速轻托公羊包皮，将阴茎导入假阴道内，手指或外壳切勿碰触阴茎，也不能把假阴道硬往阴茎上套，当公羊猛力前冲弓腰后，则完成射精。在公羊从母羊身上滑下时，顺势将假阴道取下，并立即倒转直立，使集精杯一端在下。打开活塞放气，取下集精杯，盖上盖，送精液处理室待检（图6-5）。

扫一扫
观看视频6-1羊人工采精（赵鹏摄）

图6-5 羊人工采精（毛杨毅摄）

采精结束后，倒出假阴道内的温水，把假阴道用热水或2%～3%的碳酸钠溶液清洗干净，擦干，消毒后备用。

4. 精液处理与运输

（1）精液检查 精液品质检测包括采精量、颜色、气味、活力和密度等。

① 颜色 正常的精液为乳白色不透明，如精液呈红色或淡红色，表示有损伤而混入血液，红褐色表示在生殖道中有深的旧损伤，有脓液混入时，精液呈淡绿色，精液囊发炎时精液中可发现絮状物。若精子少的话，精液比较稀薄，颜色较浅。

② 气味　正常的精液略有腥味，当睾丸、附睾或附属生殖腺有慢性化脓性病变时，精液有腐臭味。

③ 活力　用肉眼观察精液，可以看到由于精子活动所引起的翻腾滚动、极似云雾的状态，精子的密度越大、活力越强的，则云雾状越明显。因此可以根据云雾状是否明显，初步判断精子的活力强弱和密度的大小。评定精子的活力是根据直线前进运动的精子所占的比例来确定的。取一滴原精液，滴在载玻片上，盖上盖玻片，然后放在400～600倍的生物显微镜下进行观察。观察时，载玻片、盖玻片、显微镜载物台的温度不低于30℃，室温不低于18℃。精液检查时应避免阳光直射、振荡、污染，操作速度要快。显微镜下观察到的精子运动方式有三种：精子呈直线前进运动；回旋运动，精子虽在运动，但绕小圈回旋运动，圈子直径不到一个精子的长度；摆动式运动，精子位置不变，在原地不断摆动。除以上三种运动方式外，有时还可以看到静止不动的精子，没有任何运动。只有第一种运动方式的精子有受精能力，故在评定精子活力时，有70%精子直线运动时，活力评定为0.7，以此类推。一般活力在0.6以上的精液才能供输精用。

④ 密度　精液中精子密度的大小是精液品质优劣的重要指标之一，在检测精子活力的时候，用显微镜同时检测精子密度。精子的密度分为“密”“中”“稀”三级。

密：精液中精子数量很多，充满整个视野，精子与精子之间的空隙很小，不足一个精子的长度。由于精子非常稠密，因此很难看出单个精子的活动情形。

中：在视野中看到的精子也很多，但精子与精子之间有着明显的空隙，彼此之间的距离相当于1～2个精子的长度。

稀：在视野中只有少数精子，精子与精子之间的空隙很大，超过两个精子的长度。

另外，在视野中如看不到精子，则以“0”表示。

一般用于输精的精液，其精子密度至少是“中”级。

扫一扫
观看视频6-2 羊精液品质检测（毛杨毅摄）

（2）精液稀释

① 精液稀释的目的　一是扩大精液容量和增加配种母羊的数量；二是延长精子的存活时间，提高受胎率。

② 精液稀释液　第一种，生理盐水稀释液。先把生理盐水和精液分别装到试管中，放入35℃恒温水浴锅中，待温度恒定后，吸取生理盐水，贴试管壁缓缓加入到原精液中。第二种，鲜奶稀释液。先将鲜奶（牛奶或羊奶）用多层纱布过滤，煮沸消毒10～15分钟，冷却至室温，除去奶皮，即可制成鲜奶稀释液，稀释方法同上。上述两种稀释液可用作即时输精用，稀释倍数一般为1～3倍。第三种，葡萄糖卵黄稀释液。将葡萄糖、柠檬酸钠溶于蒸馏水，过滤3～4次，蒸煮30分钟，冷却至室温，再将卵黄和青霉素加入，摇匀即可使用。稀释液配方如下：无水葡萄糖3.0克，柠檬酸钠1.4克，新鲜卵黄20毫升，青霉素10万国际单位，蒸馏水100毫升。第四种，蜂蜜稀释液。配方为：柠檬酸钠2.3克，胺苯磺胺0.3克，蜂蜜10克，蒸馏水100毫升，制备方法同上。这两种稀释液的稀释倍数，可根据原精液的品质决定，若原精液中精子数量高于20亿个，活力大于0.9，可做20倍稀释；若数量大于10亿个，活力大于0.8，可做10倍稀释。上述两种稀释液，可用作精液的保存和运输。

（3）精液保存　精液保存时间的长短，取决于保存温度和其他一些可以影响精子存活和活力的外界条件。20℃可保存6小时左右，10℃可保存12小时以上，4℃可保存24小时以上，0～4℃保存效果最好。

短时间保存和近距离运输时，将稀释好的精液，装入灭菌好的干燥试管中，盖好瓶塞，逐渐降温到10～0℃，裹上保温棉，贴上标签，注明品种、羊号、采精时间、精子密度、精子活力、稀释倍数，放入烧杯中，保持试管直立，再把烧杯放入装有冰水的保温桶中运输，冰水液面不要超过烧杯的1/2处；在规模羊场，可使用精液专用小型保温箱保存。在小规模羊场或农户，可将稀释好的精液装入试管，盖好瓶塞，裹上保温棉后，装入贴身的上衣口袋中，利用人体温保温运输。运输过程中要注意，避免剧烈震荡、阳光直射、刺激性气味、温度剧烈变化等对精液造成的不良影响。低温保存和运输的精液在使用前要缓慢升温到38℃左右，检查精液活力和密度，达到要求的才可以使用。

（4）精液冷冻　为了长时间保存和远距离运输精液，可以把精液制成冷冻精液。冷冻精液的类型可以分为颗粒和细管2种类型。颗粒冷冻精液制备最为简便，所需器材少，但缺点是不能单独标记、容易混杂、并且解冻时需一粒粒进行，速度很慢；细管冷冻精液在冷冻和解冻过程中，细管受温均匀，冷冻效果好，已得到普及应用。

冷冻精液的优点：第一，高度发挥优良种公羊的利用率，一只优秀的种公羊，可年产8000～10000份冷冻精液。第二，不受地域限制，冷冻精液在超低温下保存，可以将其运送到世界任何一个地方。第三，不受种公羊生命限制，超低温下保存的冷冻精液可以保存几年甚至几十年，在公羊死后，仍可对母羊进行输精。第四，冷冻精液可以同时配许多母羊，便于早期对其后备公羊进行后裔测定。虽说冷冻精液技术有了长足的发展，但冷冻精液的受胎率一直不太理想，在一些关键的技术环节上还有待进一步研究。

5. 输精

输精前，保定人员先将母羊后躯抬高，外阴部用来苏儿溶液消毒，水洗，擦干；输精员左手横握预先用清水或生理盐水湿润的开阴器（又称开膣器），缓慢插入阴道中，旋转打开开阴器，寻找子宫颈口。右手持输精器将精液缓缓注入子宫颈口内0.5～1厘米，输精量原精液为0.05～0.1毫升，稀释精液为0.1～0.2毫升。如遇处女羊无法打开开阴器，找不到子宫颈口时，可采用阴道输精，用输精器将精液输入阴道底部，输精量加倍。绵羊输精时间应在发情中期或者后半期，但生产中无法确定母羊开始发情的时间，所以挑出发情母羊即开始输精，早晚各输一次，直到不发情为止；输精后的母羊要登记，做好标记，按输精先后组群，加强饲养管理（图6-6）。

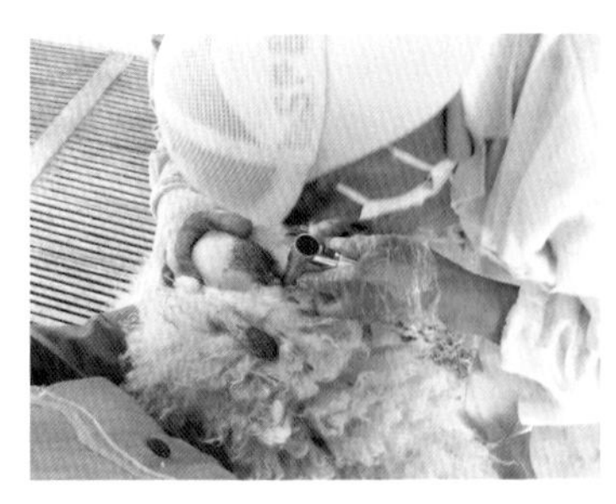

图6–6　羊人工授精（毛杨毅摄）

扫一扫
观看视频 6-3
羊人工授精

羊的人工授精还可以采用腹腔镜输精技术，借助腹腔镜，直接把精液输入排卵一侧子宫角内，此方法所需精液量更少，受胎率更高，但耗费的人力、物力更多，对操作技术要求更高。

输精结束后，输精器和开阴器清洗干净，然后用酒精棉擦拭，晾干备用。

第三节 羊的高效繁殖技术

养羊生产的主要目的是扩大数量，增加畜产品的产量，提高养羊经济效益，但都必须以高效繁殖为基础。随着现代科学技术的不断发展，在传统繁殖技术的基础上，同期发情技术、胚胎移植技术、妊娠诊断技术等新的繁殖技术广泛应用到生产中。

一、羊的同期发情技术

同期发情技术就是利用某些激素和类激素物质，人为地控制和调整母羊的发情周期，使羊在特定的时间内同时发情。

（一）同期发情的优点

同期发情有利于推广人工授精，实现羊群集中配种，可以缩短配种时间，节约大量人力、物力。由于配种集中，所以产羔也集中，对以后羊群的营养调控、周转、商品羊的成批生产等一系列的饲养管理带来方便。同期发情还是胚胎移植、体外授精、克隆等繁殖技术中的关键环节，在养羊生产中应用广泛。

（二）同期发情处理方法

1. 孕激素处理法

给药方法常见有四种：口服孕激素法、肌内注射药物法、皮下埋植法和阴道栓法。

①口服孕激素　每日将定量的孕激素药物拌在饲料内，通过母羊采食服用，持续12～14天，最后一次服药后，注射PMSG孕马血清促性腺激素400～750国际单位，这种方法由于羊的采食情况不一，剂量不好控制，与其他方法相比效果略差。

②肌内注射药物法　每日按一定药物用量，注射到羊的皮下或肌内，持续10～12天后停药，紧接着注射PMSG 400～750国际单位。这种方法剂量易控制，比较准确，但需要每天操作，比较费时费力。

③皮下埋植法　将孕激素做成的缓释丸剂，埋植到羊耳背皮下，经过15天左右取出药物，同时注射PMSG 400～750国际单位。此方法剂量易控制，但操作较复杂，且埋植和取出时都对羊有损害。

④阴道栓塞法　将含有激素的泡沫海绵或硅胶环放入阴道深部，待12～16天后取出阴道栓，并注射PMSG 400～750国际单位。此方法操作简便，对羊的伤害也比较小，同期发情率好，是目前比较常用的方法（图6-7）。

图6-7　放置孕酮阴道栓（毛杨毅摄）

2.前列腺素处理法

前列腺素（PG）具有促进母羊卵巢黄体溶解和促进排卵作用，药品价格比较低，具有广泛的适用性。单独使用PG同期性差，本批次发情的排卵效果不理想，影响受胎率，可在第二次发情时再次进行配种。配合FSH使用效果较好，在FSH处理的当天下午和第二天上午各注射PG 0.6毫克，羊同期发情率可达94.1%。

二、羊的胚胎移植技术

胚胎移植也称“借腹怀胎”，是指将一头优良的母畜配种后的早期胚胎取出，移植到同种的、相同生理状态的母畜体内，使之继续发育成新的个体。怀胎母体（受体）仅提供胚胎发育所需要的营养物质和场所，其遗传特性是由提供胚胎的母体（供体）决定的。胚胎移植技术包括同期发情、超数排卵、胚胎采集、胚胎保存、胚胎分割、胚胎性别鉴定和胚胎移植等过程。胚胎移植是加快优种羊快速繁殖的有效技术措施，但鉴于胚胎移植需要相应的设备和成熟技术，因此仅限于优种羊的繁殖，在一般养羊生产中不建议使用。胚胎移植的优点有：一是通过超数排卵技术，一只优良母羊在一个发情周期中生产的胚胎数比自然状态要多几倍到几十倍，再通过胚胎移植技术，将胚胎移植到受体母羊中完成胚胎的发育，可以生产出更多优良母羊的后代。二是通过引进胚胎和实施胚胎移植，可以实现远距离引种，减少了引进活体的引种费用。三是加速育种进程，缩短时代间隔。特别是通过幼畜超数排卵和胚胎移植，可以在短时间内得到大量后代，缩短育种进程。四是促进胚胎生物技术的发展。胚胎移植是体外受精、胚胎冷冻、胚胎分割、胚胎嵌合、克隆、转基因、性别控制、胚胎干细胞研究的重要技术环节（图6-8～图6-11）。

图6-8　超数排卵后排卵点（毛杨毅摄）

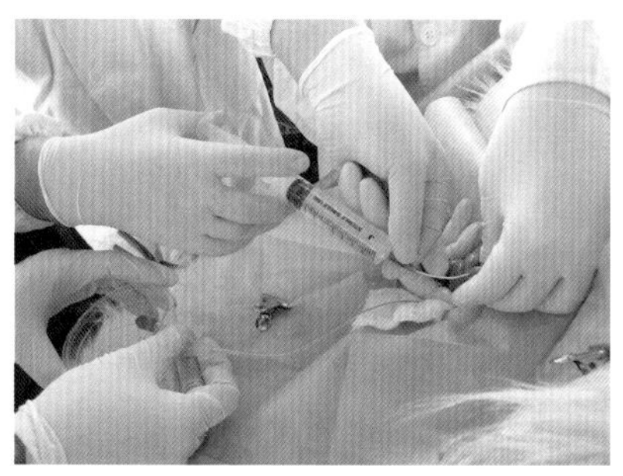

图6-9　手术法冲取胚胎（毛杨毅摄）

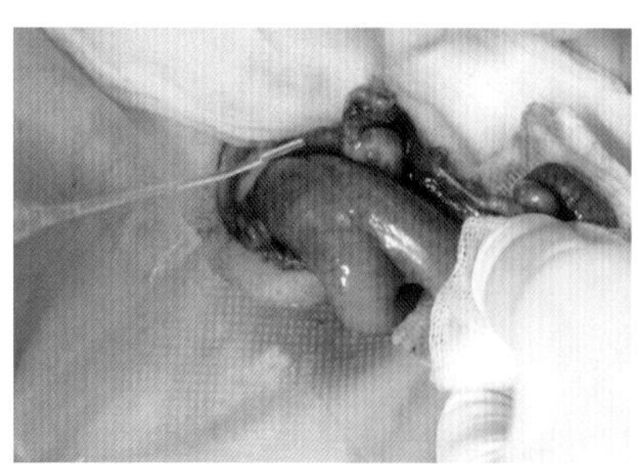

图6-10　胚胎移植（毛杨毅摄）

图6-11　胚胎移植生产群（毛杨毅摄）

三、羊的妊娠诊断技术

羊的妊娠期一般为144 ～ 152天，妊娠早期诊断的目的是及早发现空怀母羊和及时补配，提高母羊繁殖率；及早掌握母羊怀孕情况，对怀孕母羊采取相应的饲养管理措施。

1.试情法

配种后若母羊没有怀孕，则在下一个发情期又重新发情，公羊发现发情母羊后可再次配种。若母羊怀孕则不会出现再次发情。

2.超声波（B超）诊断

配种45天后，将诊断扫描探头放置在腹部或插入直肠，观察是否有孕囊出现，有孕囊即判断为妊娠。超声波诊断技术已在多数规模化养殖场得到推广应用（图6-12）。

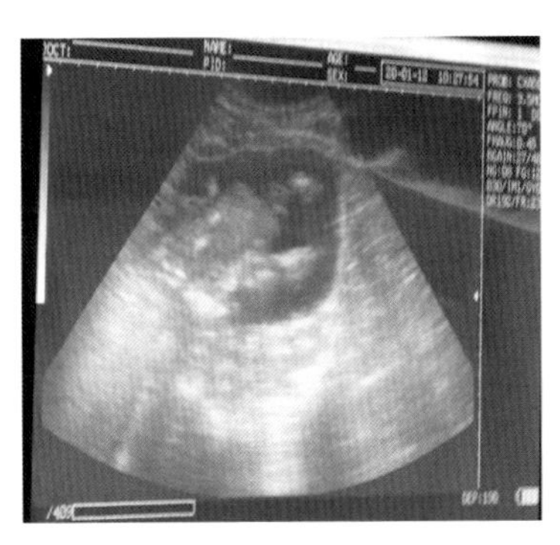

图6-12　B超妊娠诊断（毛杨毅摄）

第四节 产　羔

产羔、育羔是养羊生产中最为重要的一环，羔羊在羊各年龄段中死亡率是最高的，羔羊成活率高低与生长的好坏直接决定养羊经济效益的好坏，做好产羔和羔羊护理工作尤为重要。

一、羊产羔前的准备

1.饲草料的准备

根据怀孕母羊的品种、数量，可以预估羔羊的数量，依据羔羊的数量，准备好充足的营养价值高、易消化吸收、品种多样的青干草、青贮饲料、多汁饲料和精饲料。放牧羊群要就近留出优良草场，供产羔期母羊放牧。

2. 母羊的饲养管理

母羊怀孕后期的营养状况影响羔羊的初生重和母羊的奶水，羔羊初生重越大、母羊奶水越好，羔羊越容易成活，生长发育也越好，所以在产羔前2个月，就应该加强母羊的补饲，每日补饲0.5～0.7千克精饲料。同时，饲养管理要精细，切忌拥挤、惊吓、猛跑，不吃发霉变质饲草料，不饮冰水，圈舍要通风保暖，防止母羊流产，做好“保膘保胎”。

3. 产羔圈和产房准备

产羔前10～15天，应对产羔圈和产房彻底消毒。产羔圈应该保暖、干燥、通风良好，冬季产房温度要求不低于5℃，产房内应有母仔栏和产羔栏，产羔栏是供临产和产后1～3天的母羊使用，面积是1.2～1.5平方米。产羔栏内应安装加热灯具及其他采暖设施。母仔栏是供产羔3～7天的母羊和羔羊使用，母仔栏面积在20～40平方米，如母羊过多，可设立多个产房和母仔栏。羔羊出生7天以后，就可以并入大群饲养。

4. 用具药品准备

产羔前应准备足够的消毒和急救药品，以及其他护理物品，主要有酒精、碘酒、来苏儿、高锰酸钾、脱脂棉、强心剂、镇静剂、抗生素、催产素、剪刀、温度计、注射器、手电筒、脸盆、水桶、毛巾、乳胶手套、秤、记录本等。

5. 人员准备

羔羊的接产和护理是一项细致而又繁重的工作，要提前制定好详细的技术措施和操作规程，增加工作人员，做好昼夜值班的准备，并对工人进行培训，掌握基本的接羔和护羔技术。专业技术人员要随时待命，以便处理一些突发状况。

二、羊的接产

1. 母羊产前征兆

母羊分娩前会有一些身体和行为方面的变化，这一系列变化是为了适应胎儿的产出和新生羔羊哺乳的需要，可以根据这些征兆，来预测母羊的分娩时间，做好接羔工作。产前1～2周骨盆韧带开始松弛，临产母羊乳房迅速增大、发硬、发亮、稍显红色，此时可以挤出初乳；母羊阴唇逐渐柔软、肿胀、松弛，阴门容易张开，卧下时更加明显；临产前几小时，母羊精神不安、回顾腹部、时起时卧、前蹄不停刨地、排尿排粪次数频繁、放牧羊则离群寻找安静处，此时应当把母羊赶入产羔房，等待产羔。

2.助产

大部分母羊在产羔过程中会自行产出，非必要的情况下，尽量不要打扰母羊。但有些时候因为胎儿过大、胎位不正、母羊骨盆或阴道狭小、母羊在产多羔时体力不足等造成难产，羊水破裂30分钟后还不见羔羊产出，要及时助产。

助产时，要戴好乳胶手套，让羊站立或向右侧躺卧，助产人员蹲在母羊后侧，将消毒后的手伸入母羊产道内，判断羔羊是否存活、胎位是否正常。胎儿存活且正常体位时，一只手拽住其前蹄向斜下后方拉，待嘴也露出时，另一只手用四指扣住胎儿后脑，两手同时用力，将胎儿拉出。

头位和尾位均为正常体位，头位是指两前蹄夹头一起先从产道娩出，尾位是指两后蹄先娩出。可以观察胎儿蹄尖方向和羔羊膝关节弯曲的方向来辨别前后腿，如果蹄尖朝前而膝关节朝后弯曲，说明是前腿，反之是后腿（图6-13、图6-14）。

图6-13　母羊分娩——露出羔羊及羊水（毛杨毅摄）

图6-14　母羊分娩——羔羊产出（毛杨毅摄）

如遇到胎位不正时，先把胎儿送回子宫并摆正胎位，再行拉出。注意在母羊不努责时送回，等母羊努责时拉出，以免撑破子宫或把子宫也拉出。

如果胎儿活着但无法拉出来时，需找专业兽医人员行剖宫产。如果胎儿死亡无法拉出时，可以把胎儿切成数块，分别取出。

三、羔羊护理

1.接羔

羔羊出生后在距离羔羊脐带基部5～10厘米处，用手指向两边撸去脐带内的血液后拧断或剪断脐带，断处擦碘酊消毒。清除羔羊口鼻内的黏液，提起羔羊后蹄，使羔羊倒立，轻轻拍打羔羊胸部，直到羔羊叫出声，防止窒息和异物性肺炎。

如遇到假死羊（羔羊在产出时由于挤压、胎膜包裹、吸入黏液等原因造成羔羊短暂呼吸停止的状态，此时的羔羊称为假死羊），先清除羔羊口鼻内的黏液，使羔羊侧卧，按压羔羊胸部，每分钟按压30次，按压至羔羊开始活动为止，提起羔羊后蹄，使羔羊倒立，拍打羔羊胸部至羔羊叫出声。

羔羊出生后擦干羔羊身上的羊水，并让母羊舔舐羔羊身上的羊水，辅助羔羊站立并让羔羊吃上母乳。如遇母羊不舔舐羔羊，应在母羊口鼻附近涂抹羔羊身体表面的黏液，或者在羔羊背部撒少许精饲料，诱导母羊舔舐羔羊（图6-15、图6-16）。

图6–15　母羊舔舐羔羊（毛杨毅摄）

图6–16　羔羊寻母哺乳（毛杨毅摄）

2.辅助羔羊吸食初乳

初乳是母羊产羔后7天内所产的母乳，含有丰富的蛋白质（17%～23%）、脂肪（9%～16%）、矿物质等营养物质和抗体，及时吃上初乳对增强体质、抵抗疾病和排出胎粪有很重要的作用。吃得越早，吃得越多，增重越快，体质越强，发病越少，成活率越高（图6-17）。

图6-17　人工辅助羔羊食初乳
（毛杨毅摄）

正常情况下，羔羊出生30分钟内会自行站立，并吃上初乳，无需人工辅助。羔羊出生30分钟后还没有吃上初乳，应人工辅助羔羊吃初乳。首先保定母羊，辅助人员用手托住羔羊胸部，将羔羊托至母羊乳头附近，让羔羊自主寻找乳头吮乳，如遇羔羊较弱无法自主吮乳时，应将初乳直接挤入羔羊口腔内或挤入奶瓶或者注射器中，用奶瓶喂奶或者用注射器把初乳推入羔羊口内舌头上方，每日饲喂4～6次，待羔羊强壮之后再训练哺乳。

对缺奶或无奶羔羊要首先寻找保姆羊，把保姆羊和羔羊一起关在产羔圈内，引导母羊舔舐羔羊，如母羊无法接受羔羊，则需人工辅助哺乳，待羔羊可自行站立吮乳时，人工保定母羊，让羔羊自行吮乳4～6次/天，直至保姆羊完全接受羔羊为止。没有找到保姆羊时应给羔羊补饲牛奶、羊奶，补饲前，奶和奶瓶应进行蒸煮消毒，补饲时，奶的温度控制在35～37℃，喂量要根据羔羊体重大小来定，刚出生的羔羊饲喂20毫升牛奶、羊奶，饲喂4～6次/天，以后逐渐增加喂奶量，减少喂奶次数，但不得少于3次/天。奶嘴剪成"十"字孔，孔大小为2毫米左右，不要太大，喂时不要过急，防止奶被羔羊吸入肺部引起异物性肺炎。生产中往往由于喂奶不当导致羔羊生病，过量容易造成消化不良，过冷、消毒不彻底等会引起羔羊腹泻，在牛奶中加入多种维生素或葡萄糖时补饲效果较好。

3.做好产羔记录

待羔羊毛皮完全干透之后，给羔羊称重。为了管理方便和系谱档案的需要，对母子群进行临时编号，用喷漆或蜡笔，在母子身上编上相同的临时号。7天以后，给羔羊打上永久编号，并做好产羔记录，详见表6-2。

表6-2　产羔记录表

序号	产羔日期	母羊号	产羔数	羔羊编号	性别	初生重	备注
称重人：			记录人：				

4.分群饲养

羔羊随母羊在产羔栏内生活3天后并入母子栏饲养，体弱的羔羊和母性较差的母羊可适当延长在产羔栏的时间，待羔羊足够强壮和母羊完全接受羔羊后并入产羔母羊群饲养。

第五节 提高羊繁殖效果的措施

羊繁殖力是指羊群繁殖后代的能力，是对羊群发展的综合评判指标。繁殖力的高低直接决定选育效果和生产效益的大小。

一、羊繁殖力的主要指标

衡量繁殖力的主要指标有受胎率、产羔率、羔羊成活率、繁殖

率、繁殖成活率、产羔频率（胎次）等。

1.受胎率

受胎率是指配种受胎母羊数与发情配种母羊数的百分比。受胎率可分为情期受胎率和全年群体受胎率，反映母羊群配种受胎水平。受胎率低不仅反映配种水平，也导致母羊的繁殖间隔时间长，影响全年的产羔率。情期受胎率高的群体全年羊群的受胎率也高。

情期受胎率＝同一情期配种受胎母羊数/同一情期内发情配种母羊数×100%

群体受胎率＝全年配种受胎母羊数/全年实际配种母羊数×100%

2.产羔率

产羔率是指产活羔数与分娩母羊的百分比。产羔率反映母羊产羔能力，与品种、饲养管理关系较大。

产羔率＝产活羔羊数/分娩母羊数×100%

3.羔羊成活率

羔羊成活率是指在羔羊哺乳期成活的羔羊数与出生时生产的活羔羊数的百分比。羔羊成活率的高低不仅可以反映母羊的育羔能力，也反映出羊场的饲养管理水平。

羔羊成活率＝断奶羔羊数/出生时活羔羊数×100%

4.繁殖率

繁殖率是指上年度末的成年母羊在本年度生产活羔羊数与上年度末成年母羊数的百分比，反映出羊群母羊年度生产水平，与品种、受胎率、产羔率和繁殖间隔（产羔频率）有关。

繁殖率＝上年度母羊在本年度所生成活羔羊数/上年度末成年母羊数×100%

5.繁殖成活率

繁殖成活率是指上年度末的成年母羊在本年度生产羔羊的断奶

成活数与上年度末成年母羊数的百分比，反映羊群总的繁殖水平（假定年度内没有淘汰母羊）。

繁殖成活率＝本年度内断奶羔羊数/上年度末成年母羊数×100%

6. 产羔频率（胎次）

产羔频率是指繁殖母羊在一年内的产羔次数，常见的有1年1胎、1年2胎、2年3胎、3年5胎等，也可用产羔间隔（月）来表示，如间隔12个月、6个月、8个月、7个月等，产羔频率高低反映出羊群的繁殖产羔水平，与品种和饲养管理水平有关。

二、提高羊繁殖力的措施

1. 选择具有多胎基因的品种

研究表明，绵羊、山羊的繁殖力是可以稳定遗传的，所以在选择品种时，尽量选择产羔率高和母性好的品种。我国许多优良的绵羊、山羊品种具有多胎性，如小尾寒羊、湖羊、济宁青山羊和大部分奶山羊。

2. 增加羊群中繁殖母羊的比例

增加羊群中繁殖母羊比例和增加适龄繁殖母羊（2～5岁）在羊群中的比例，可以有效地提高羊群的繁殖力。例如，在种羊场，适龄繁殖母羊的比例可以提高到75%左右；在商品羊场，可以在50%左右。2～5岁的母羊，乳房发育较好，泌乳量也大，产羔率也比较高，随着年龄的增长母羊的身体机能逐渐减退，繁殖力逐渐下降。

3. 营养调控

营养条件对绵羊、山羊繁殖力的影响极大，丰富和平衡的营养，可以提高公羊的性欲、提高精液品质、促进母羊发情，增加母羊的排卵数、提高母羊的受胎率、提高羔羊的成活率，所以加强对公羊、母羊的饲养，是提高绵羊、山羊繁殖力的重要措施。

4. 羔羊早期断奶

羔羊在出生后通过补饲营养全面的优质代乳料，可以实现羔羊早期断奶，羔羊的断奶时间可由传统的4月龄缩短到2月龄或更早，可使断奶后的母羊很快进入下一次繁殖周期，加快了羊群的周转速度，从而提高羊群的繁殖力。

5.规模羊场繁殖计划

做好羊场的繁殖计划，缩短产羔间歇期，实行密集产羔，例如，实现“两年三胎”“三年五胎”“一年两胎”。为保证密集产羔顺利进行，必须注意以下几点：选择2～5岁，健康结实、营养良好的母羊作为繁殖母羊；要加强对羔羊和母羊的饲养管理，母羊在产前和产后必须有较高的饲养标准；要根据当地的具体条件，本着对羔羊和母羊健康、有利的原则，恰当有效的安排羔羊断奶和母羊配种的时间。

6.繁殖新技术应用

随着现代繁殖技术的研究和应用，如同期发情技术、超数排卵、胚胎移植技术、幼畜超排技术（JIVET）等，将对加快羊的繁殖速度和繁殖效率产生明显的效果。

本章由李俊编写

第七章 羊病防治

第一节 羊病发生特点与防治原则

一、羊病发生特点

羊病是由体内、体外多种不利因素导致羊的生理状况、机体功能、行为体态和生产性能等发生异常变化的综合性表现，直接影响羊的健康、食品安全和养殖经济效益，羊病防治是养羊生产中非常重要的一环。羊病的发生有明显的特点。

羊具有较强的抗病能力，在正常的饲养管理情况下很少生病。

羊对病的反应不太敏感，在发病初期不容易发现，若出现明显症状多数已是病情较重。因此，对羊病要早发现早治疗，在饲养管理中勤观察羊的表现，发现异常，随时诊治。

羊病发生有一定的季节性，多数病发生在季节交替时期，特别是冬春交替季节。

羊病发生与饲养管理有直接的关系。在羊膘情差、管理粗放、环境变化较大和受到应激时往往降低羊的抗病力，诱发羊病发生。

羊病是可以预防的。每年定期进行传染病的免疫接种和对寄生虫的驱虫工作，可以预防羊传染病和寄生虫病的发生。

二、羊病防治原则

羊病是可防可治的。羊病防治坚持三原则：以加强饲养管理为主，以预防为主，以早治和对症治疗为主。

1.以加强饲养管理为主

饲养管理包含饲养和管理两个环节，是多数羊病发生的外部因素。加强饲养管理是提高羊健康体质、增强机体对病的抵抗力、减少不利因素对羊的侵害和确保羊生长发育及高效生产的基础。

（1）饲养环节　饲养环节主要是指如何给羊提供营养全面且丰富的饲料和安全卫生的饲料，确保羊生理活动和生产正常，这是提高羊健康体质的基础。在生产实践中往往由于投喂的饲料营养缺乏或营养过度或饲料卫生不达标而导致羊发病。

（2）管理环节　管理环节包括饲养场所的空气、卫生及避暑防寒的圈舍环境，还包括养殖密度、饲养方式、日常管理细节等，都对羊病的诱发有直接关系。如，圈舍环境潮湿会引起寄生虫病、皮肤病的发生；空气流通不畅引起的污浊气体增多会诱发羊的呼吸道疾病增多；圈舍废弃物（塑料布、塑料绳、脱落的羊毛等）、污物（粪便、霉变饲草等）会引起羊误食增多，消化道疾病增加；冬季圈舍保温性差，会引起羊的体能消耗增加、掉膘，甚至冻死，再加上圈舍防风效果不好或通风效果不好，会引起羊呼吸道疾病增加；圈舍养殖密度过度，食槽不够，会引起羊舍湿度增加和采食困难，都影响羊的健康；羊的运动减少会影响羊的体能，羊蹄过长会影响羊的运动甚至造成蹄部残废等。因此，饲养管理的各个环节都与羊病的发生和健康有着极为密切的关系，加强饲养管理、改善养殖环境是减少羊病发生的最基础、最重要的工作和最有效的措施。

2.以预防为主

羊在生活的过程中，不可避免受到环境中细菌、病毒等各种微生物和寄生虫等病原体的感染、侵袭，从而引起各种疾病的发生。例如，大肠杆菌是环境中的常见菌，在一定的环境条件下可引起动物致病；常见的羊肠毒血症、口蹄疫、小反刍兽疫、羊痘、羊传染性胸膜肺炎、布鲁氏菌病等各种传染病和羊疥癣、绦虫病、肺吸虫病、肝片吸虫病等各种寄生虫等都对养羊生产危害极大，绝大多数是群发性的疾病，轻者影响羊的正常生长发育和生产，重者引起羊的死亡或全群死亡，甚者会引起对人的感染致病。对于此类疾病的防治重点是坚持预防为主，而不是治疗为主，只有定期进行预防免疫、检疫和驱虫，同时加强对引种、购羊环节的检疫及患病羊的隔离或无害化处理，重视环境消毒，才会确保羊群的健康，减少羊病的发生。所以，预防为主很重要。

3. 以早治和对症治疗为主

鉴于羊对病的抵抗力不强、反应不敏感的特点，必须在饲养管理过程中加强对羊群的细致观察，包括羊的饮水、采食、反刍行为、呼吸、运动、毛色、精神状态、排粪、排尿、叫声等各个环节，及早发现病态羊，经综合辨证确认病因和病名情况，采取针对性的对症治疗，才会减缓羊的病症，缩短羊的病程，有利于尽快恢复健康。在生产实践中往往由于对病羊观察不及时，当羊表现出不吃、不喝、躺卧不起等症状时，多数是羊已到了病程后期，治疗效果不良或失去治疗价值。因此，羊病防治及早治疗和对症治疗非常重要，是提高治愈效果和减少病羊死亡最有效的措施。

第二节 羊病诊疗技术

一、临床诊断

羊病临床诊断主要是通过问诊、视诊、触诊、听诊、叩诊和嗅诊等方法，对病羊的病因、病症进行综合性分析判断和确诊，为有针对性的治疗提供依据。

1. 问诊

问诊是通过询问饲养员，了解羊发病的有关情况，询问内容一般包括：发病时间，发病头数，病前和病后的异常表现，以往的病史、治疗情况、免疫接种情况、饲养管理情况以及羊的年龄、性别等。通过问诊分析病因是因饲养管理造成的还是病原体造成的，分析病的进程和在群体中的影响程度，分析治疗效果和为进一步治疗提供依据。

2.视诊

视珍是观察病羊外部所表现的各种症状。视诊时，先在离病羊几步远的地方观察羊的肥瘦、姿势、步态、毛色、精神状态等情况，然后靠近病羊详细察看被毛、皮肤、黏膜、结膜、粪尿、呼吸等情况。

3.嗅诊

诊断羊病时，嗅闻分泌物、排泄物、呼出气体及口腔气味也很重要。

4.触诊

触诊是用手指或指尖感触被检查的部位，并稍加压力，以便确定被检查的各个器官组织是否正常或病变程度。触诊常用皮肤检查、体温检查、脉搏检查、体表淋巴结检查、人工诱咳等方法。

5.听诊

听诊是利用听诊器来判断羊体内脏器官生理活动的声音是否正常，如心脏音、肠音、呼吸音、胎音等。听诊时都应当把病羊牵到清静的地方，以免受外界杂音的干扰。

6.叩诊

叩诊是用手指或叩诊锤来叩打羊体表部或体表的垫着物，借助所发声音来判断内脏的活动状态。叩诊时左手食指或中指平放在检查部位，用叩诊锤或右手中指由第二指节呈直角弯曲，向左手食指或中指第二指节上敲打。叩诊的声音有清音、浊音、半浊音、鼓音。

7.大群检查

临床诊断时，若羊数不多，可直接进行个体检查。若羊数量较多不可能逐一进行检查时，可通过“眼看、耳听、手摸、检温（用体温计检查羊的体温）”四大环节的检查（初检），从大群羊中先剔出病羊和可疑病羊，然后再对其进行个体检查（复检）确诊。

二、实验室诊断

实验室诊断是通过实验室检查进一步确定病因和确诊的有效方法。实验室检查的病（材）料主要是血液、组织、乳汁、脓汁、胸（腹）水、排泄物、饲料等。实验室检验的内容如下。

1.细菌学检验

（1）涂片镜检　在无菌操作的情况下，将病料涂于清洁无油污的载玻片上，干燥后在酒精灯火焰上固定，染色镜检，根据所观察到的细菌形态特征，作出初步诊断或确定进一步检验的内容。

（2）分离鉴定　根据所怀疑传染病病原菌的特点，将病料接种于适宜的细菌培养基上，在37℃条件下进行培养，获得纯培养菌后，再用特殊的培养基培养，进行细菌的形态学、培养特征、生化特性、致病力和抗原特性鉴定。

（3）动物实验　用获得的细菌液感染实验动物，感染方法可用皮下、肌内、腹腔、静脉或脑内注射，感染后按常规隔离饲养管理，注意观察，测量体温等，如有死亡，应立即进行剖检及细菌学检查。

2.病毒学检验

（1）样品处理　检验病毒的样品，要先除去其中的组织和可能污染的杂菌。

（2）分离培养　病毒不能在无生命的细菌培养基上生长。因此，要把样品接种到鸡胚或细胞培养物上进行培养。对分离到的病毒，用电子显微镜检查、血清学试验及动物实验等方法进行物理、化学和生物学特性的鉴定。

（3）动物实验　用上述方法处理过的待检样品或经分离培养得到的病毒液，接种易感动物，其方法与细菌学检验中的动物实验相同。

3.免疫学检验

在羊传染病检验中，经常使用免疫学检验法。常用的方法有凝集反应、沉淀反应、补体结合反应、中和试验、免疫扩散、荧光抗体技术、酶标记技术、单克隆抗体技术等血清学检验方法，以及用于某些传染病生前诊断的变态反应方法等。

4.病理检验

病理检验是通过对组织病料在显微镜下对组织结构进行的检查，有助于分析疾病对组织结构变化的影响，进一步分析病因和确诊。

5.寄生虫病检验

（1）粪便检查　羊患了蠕虫病以后，其粪便中可排出蠕虫的卵、幼虫、虫体及其片段，有些原虫的卵囊、包囊也可通过粪便排出。因此，粪便检查是检查体内寄生虫病的类型和确定有无寄生虫的一个重要手段。粪便样品应从羊的直肠采取或用刚刚排出的粪便。检查粪便中虫卵常用的方法有直接涂片法、漂浮法、沉淀法。

（2）其他检查　对寄生虫病的检查除了粪便检查外，针对不同的寄生虫还有血液检查、肌肉压片检查、皮屑检查等。

6.饲料原料检查

对疑似因饲料原因致病时可对饲料进行分析，主要包括毒物检疫、霉菌检查、重金属检查、药物残留检测等。

三、常规治疗基本操作

常规基本操作是养殖场技术人员或养殖者应掌握的技术，最常用的操作有免疫注射、肌内注射、静脉注射或采血、口服药物、体温测定等。

1.注射技术

注射是养羊生产中最基础的治疗或预防免疫技术。常见的注射有皮下注射、皮内注射、肌内注射和静脉注射（静脉采血）。羊的皮肤由三层组成，位于皮肤表面最上层为表皮层，较薄；第二层是在表皮层下面的真皮层，较厚也较硬；第三层是皮肤最下层的结缔

组织层，与体内脂肪组织、肌肉组织相连，组织比较松软，屠宰剥皮就在这层。

皮下注射是将药物注射在羊皮肤层与肌肉之间，也就是将注射针呈45°角扎入穿过皮肤，注射到皮下脂肪所在的地方，而不是在皮下的肌肉组织中。或者注射时左手捏起羊皮肤轻轻提起，右手持注射器平行插入提起的皮肤即可。

皮内注射是将药物注射在羊表皮和真皮之间，即皮肤组织内。注射时针尖几乎平行于皮肤轻插入表皮后就可以。

肌内注射是将药物注射到皮下的肌肉组织中，肌肉组织是位于皮肤下面的深层组织，注射时将针头垂直插入皮肤下的肌肉组织。

静脉注射是将药物注射到静脉血管中的一种给药方法。静脉位于表皮与真皮中间层，用手可感到血管微突有脉动感。羊的静脉注射（或输液、采血）常选择在羊的颈部静脉处，颈静脉位于颈部颈椎与食管之间的颈静脉沟内，在颈部中段用左手拇指压紧，就可以在指压处距头部方向看到或感触到突起的血管，右手持针呈25°角插入血管并沿血管方向送进针头后进行注射或输液。针头插入血管后可看针管有无回血，若有回血说明针头已进入血管（图7-1）。

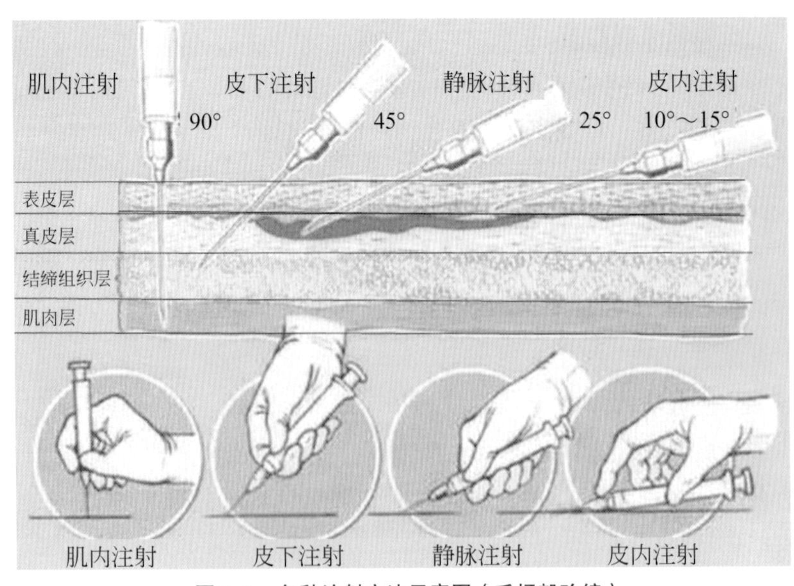

图7-1 各种注射方法示意图（毛杨毅改编）

2. 口服药物

对于液体药物单独给药时可采用灌服法，将羊保定后，将羊头抬高，左手掰开其口腔，拇指压住羊舌头，右手持用长颈瓶（软塑料瓶更好）将药物送入口腔后缓慢灌服，让羊自动吞咽，切勿快速灌服，以免将药物灌入肺部引起异物性肺炎。若大群羊给药可将药物放入水中饮水，如抗应急的药物（电解多维）、布鲁氏菌疫苗等。对于固体类药物（片剂、粉剂），若单独投药时可采用和灌服药物一样的方法，将药物放入口腔后部让羊吞咽。若大群给药可拌在饲料内（如一些驱虫药、健胃药、中草药等）。

3. 体温测量

羊的体温测量用体温表进行测量，将体温表用酒精棉消毒后插入羊的肛门5 ～ 10厘米，保持5分钟后取出，用棉球擦干净体温表外面的粪便后读取体温表的数字。

第三节 羊传染病防治

一、传染病发生特点及防治原则

传染病是由病原微生物，通过某些途径侵入易感动物体内，与机体发生拮抗作用，引起一系列的临床表现及免疫生物学和病理生理学变化。同时，能把病原体排到外界环境中，使其他易感动物被感染或发病。或者说传染病是由病原微生物引起的，具有一定潜伏期和临床表现，并具有传染性的疾病。这种具有传染性的疾病叫传染病。

1. 羊传染病发生特点

（1）传染病发生和发展的条件　传染病的发生和发展必须具备三个条件：具有一定数量和足够毒力的病原微生物；具有对该传染病有感受性的家畜；具有可促使该病原微生物入侵易感家畜体内的外界条件。这三个条件构成传染病的流行，缺少任何一个条件就不可能出现传染病的发生和流行。

（2）传播性强和群发性　传染病病原体可通过空气、土壤、唾液、病畜接触、饲料、草场、水源、用具、昆虫、羊粪便等多种途径进行传播，可在羊群快速传播，在极短的时间内可使全群羊或周边羊群或一定区域范围的羊群受到感染和出现相同或相似的临床症状，具有群发性。

（3）传染病流行的多样性　由于不同的传染病传播途径和传播力的不同，可表现出大流行性（如小反刍兽疫）、流行性（如口蹄疫、羊痘）、地方流行性（如羊布鲁氏菌病）和散发性（如破伤风、炭疽、结核病）多种形式。因此，采取的预防对策也有所不同。

（4）具有一定的潜伏期　由于病原体的类型、数量和毒力大小的不同，从病原微生物侵入羊体或传染到羊后一直到羊出现临床症状有一个病程的发展过程，这个时期称为潜伏期，不同的传染病潜伏期不同。患病羊在潜伏期也有传染性。

（5）危害性大　传染病对羊的危害主要体现在三个方面，一是传染病的群发性，可使羊群体患病，如口蹄疫、羊痘、小反刍兽疫等，直接影响羊的健康和生长、生产，甚至有些传染病使得畜主必须对羊群进行捕杀；二是某些传染病可致羊死亡，如羊肠毒血症、羊传染性胸膜肺炎、羊痘、破伤风、炭疽等；三是有些传染病属于人畜共患病，影响人们身体健康和生命安全、食品安全等，如羊布鲁氏杆菌病、炭疽等。

（6）可预防性　传染病具有可预防性。预防传染病主要通过加强检疫、捕杀、隔离、消毒等措施消灭和阻断病原体的传播，同时，通过对羊进行预防接种，使羊获得特异性抵抗力，减少或消除传染病的发生。

2.羊传染病的防治原则及主要措施

传染病的防控必须要坚持以预防为主，采取消灭病原、阻断传播链和预防免疫等综合措施进行防控。

（1）加强饲养管理，提高羊健康体质和增强免疫力　加强饲养管理是提高羊健康体质、增强羊对疾病的抵抗力、减弱病原体对羊的侵害的有效措施。

（2）保持环境卫生和定期消毒，切断传播途径　防止羊病发生，必须制定严格可行的环境卫生制度。保持羊场及用具清洁、干燥，加强羊舍通风换气。定期对羊舍、场地进行消毒、灭蝇、灭鼠，定期驱虫，以减少传染病传播。

（3）坚持预防为主，有计划免疫接种　根据羊场的实际情况和周围疫病流行情况有计划地进行预防免疫接种，能提高羊群抵抗力、预防疫病发生。根据各种疫苗免疫特性和本地发病情况，合理选择疫苗种类、免疫次数和间隔时间。预防接种前，应对被接种羊群进行健康状况、年龄、妊娠及泌乳情况进行摸底检查记录，每次接种后应进行登记，有条件的要进行定期抗体监测，并注意免疫保护期满后及时补免。

（4）加强羊场防疫管理　羊场防疫管理主要从3个方面抓起，一是抓阻断外部病羊或病原体进入场区。对引种和交易必须经产地动物检疫部门进行检疫，取得检疫合格证后方可运输和交易。羊只购回后，在隔离区经过45天隔离观察，确认健康无病羊才能进入场区内部羊舍饲养。同时，做好进出场区的车辆和人员的消毒，在羊场门口设立消毒池、隔离消毒室，并安装紫外线灯，进入羊场的车辆要进行喷洒消毒，对人员要更衣换鞋、消毒。二是对场区内部羊群定期进行检疫，做到早发现、早隔离、早治疗、早处理。三是严禁在羊场养殖其他动物，特别是偶蹄兽的家畜，如牛、猪等，防止互相传染。

（5）疫病发生后的处理措施　疫病发生后应对病羊及时诊断和隔离，以防止疫情扩散和蔓延，对疫区未发病的羊和可疑病羊，实行紧急免疫接种。对整个羊场进行彻底清扫和严格消毒，尤其对病羊分泌物、呕吐物、排泄物进行无害化处理；对于污染的饲料、饮水、空气、土壤、用具、畜舍等也要严格消毒。

（6）严格处理病羊尸体　传染病病羊尸体存在大量病原体，其具有高度的传染性，所以应对尸体进行严格无害化处理，避免造成进一步传染。处理方法有焚烧法和深埋法等，将尸体放在专用的焚烧炉中进行焚烧碳化，或将尸体在距离水井、住宅区、河流较远的平坦、干燥地方掩埋，掩埋深度应超过2米。

（7）疫情报告　对初步认为属于重大动物疫情的，必须按照《重大动物疫情应急条例》的有关规定，应当在2小时内将情况逐级报省、自治区、直辖市动物防疫监督机构，并同时报所在地人民政府兽医主管部门；兽医主管部门应当及时通报同级卫生主管部门。在上级部门指导下，按照依靠科学、依法防治、群防群控、果断处置的方针，快速反应，严格处理，减少损失。

二、主要传染病防治

1.炭疽

炭疽是由炭疽杆菌引起的人畜共患的急性、热性、败血性传染病，死亡率高。病羊多呈最急性，突然发病，可视黏膜发绀，眩晕、倒地，几分钟或数小时内死亡。死后天然孔流出黑色血液，血液凝固不良，尸僵不全是该病的主要特征。对疑似炭疽病的羊尸体严禁解剖。对病死羊污染的场所要进行严格消毒。一旦发生疫情应立即封锁隔离，上报兽医主管部门。

防治措施：经常发生炭疽及受威胁地区的易感羊，每年均应作预防接种。对体温稍高的疑似病羊和发病初期的病羊可紧急注射特异血清疗法，并使用青霉素或磺胺嘧啶药物治疗。

2.羊布鲁菌病

布鲁菌病是由布鲁菌引起的人、畜共患的慢性传染病。主要侵害生殖系统。羊感染后，以母羊发生流产和公羊发生睾丸炎为特征。本病分布很广，不仅感染各种家畜，而且易传染给人。主要传播途径有胎儿、胎衣、羊水、阴道分泌物、配种及被污染的饲料、饮水、用具等，可经消化道、皮肤、结膜、呼吸道感染，牧工及防疫人员由于个人防护不到位也容易感染发病。

防治措施：本病不许治疗，应扑杀进行无害化处理。定期检疫，发现阳性羊应及时隔离和进行无害化处理。生产群每年都要对羊注射或口服布病疫苗，种羊场种羊不许进行免疫注射，应长期坚持检疫淘汰。加强对圈舍和饲养用具的消毒，加强人员防护和禁食未完全熟透（煮、煎、烤、涮）的羊肉，防止人员感染。

3.口蹄疫

口蹄疫是由口蹄疫病毒引起的偶蹄兽的一种急性、热性、高度接触性传染病。本病以口腔黏膜、蹄部和乳房部皮肤发生水疱、溃烂为特征。本病传染性极强。主要是通过与病畜的接触，病畜的水疱皮、水疱液、唾液、粪、尿、奶和呼出的空气都含有大量病毒，被病畜污染的水、草、饲料、用具、圈舍、运输工具及饲养人员等都有可能成为传播源。本病一般为良性过程，加强护理和治疗可痊愈，但严重者可致死。

防治措施：坚持检疫、免疫和对疫情及病畜的封锁、隔离、消毒、治疗的原则。购买羊时检疫，运载工具、动物废料等污染器物应进行消毒。对羊群每年进行二次羊痘疫苗注射免疫，对发病羊群及时进行隔离，对圈舍和工具等进行消毒，对病羊进行针对性治疗，口腔患病用0.1% ～ 0.2%高锰酸钾、0.2%福尔马林、2% ～ 3%明矾或2% ～ 3%的醋酸洗涤口腔，然后涂抹碘甘油，也可撒冰硼酸。对蹄部病灶用3%臭药水、3%煤酚皂溶液、1%福尔马林或3% ～ 5%的硫酸铜浸泡羊蹄。为防止感染，可肌内注射青霉素。

4.羊痘

羊痘可分为绵羊痘和山羊痘。绵羊痘又名绵羊“天花”，是由绵羊痘病毒引起的一种急性、热性、接触性传染病。山羊痘是由山羊痘病毒引起的一种传染病。山羊痘只感染山羊，绵羊不受传染。患病羊主要在无毛或少毛部位皮肤（腹部、乳房、四肢内侧、口唇、眼周围）、黏膜发生痘疹，本病潜伏期一般为一周左右。发病初期羊表现体温升高、精神不振，随后在无毛或少毛及皮肤薄的部位出现红色斑点，在斑点上逐渐形成结节、水疱、结痂。本病的主要传播途径是病羊的接触，病羊的呼吸道分泌物、痘疹渗出液、痘痂等污染饲料、饮水、用具、圈舍、草场等，经消化道、呼吸道和受伤的皮肤等途径传播。严重时不仅影响羊的生长发育，而且可致羊流产或死亡，在尸体内的消化道、呼吸道、肺脏、肝脏、肾脏乃至胎衣等部位都有痘疹（图7-2 ～图7-7）。

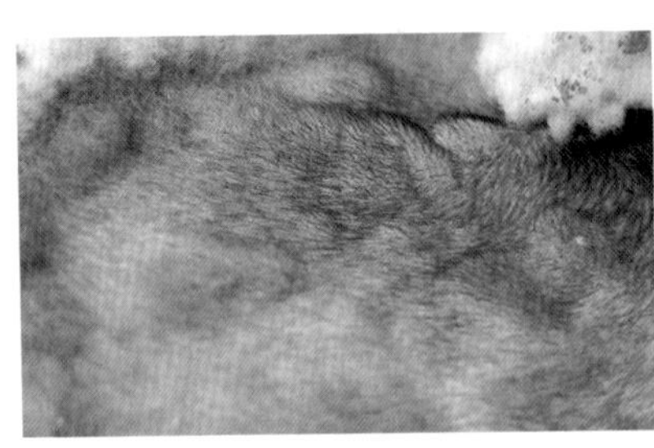

图7-2　羊痘——皮肤病变
（毛杨毅摄）

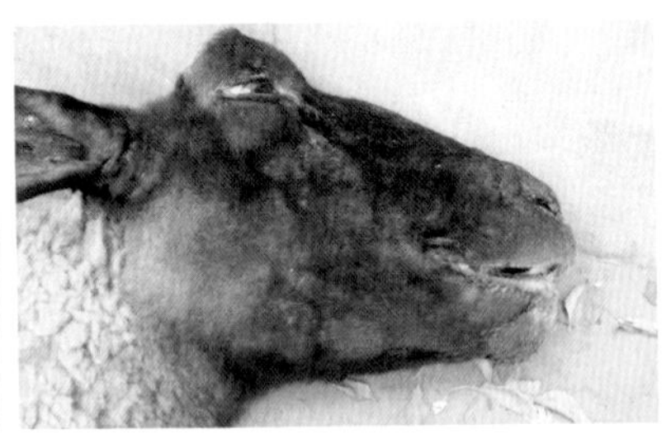

图7-3　羊痘——头部皮肤病变
（毛杨毅摄）

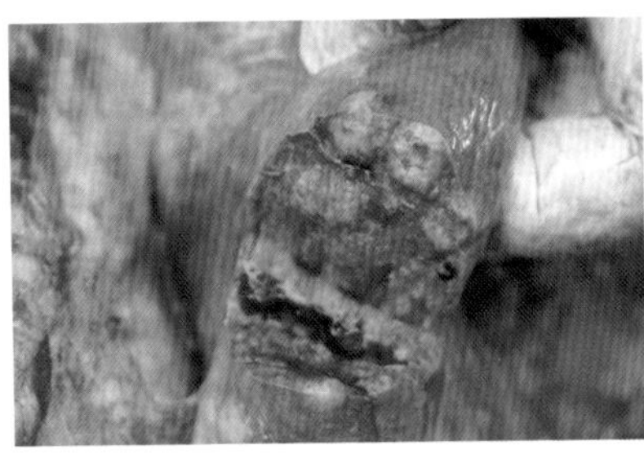

图7-4　羊痘——肺脏病变
（毛杨毅摄）

图7-5　羊痘——肾脏病变
（毛杨毅摄）

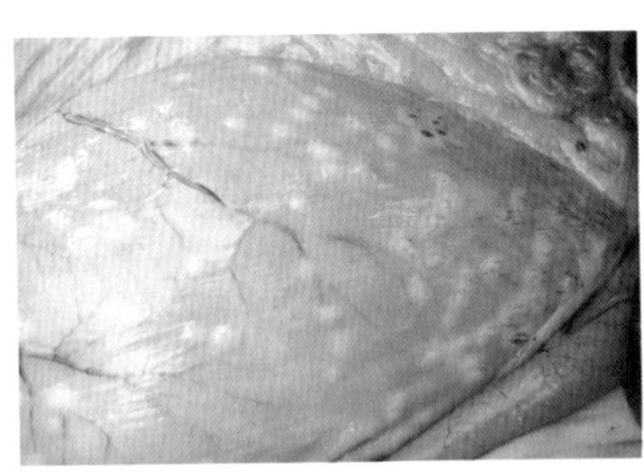

图7-6　羊痘——瘤胃病变
（毛杨毅摄）

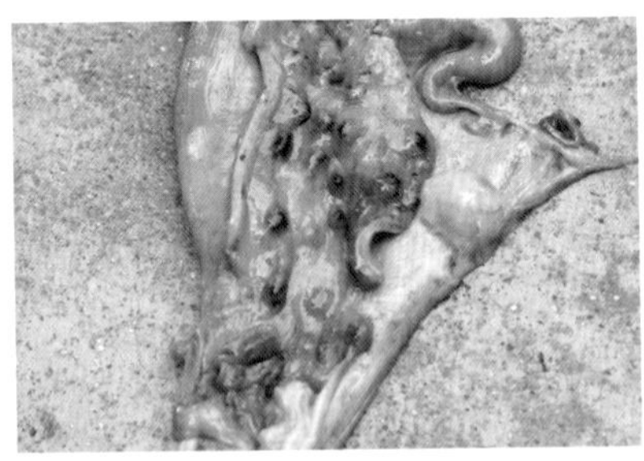

图7-7　羊痘——子宫病变
（毛杨毅摄）

防治措施：切勿从疫区引进羊和购入羊肉、皮毛产品。疫区坚持免疫接种，使用羊痘鸡胚化弱毒疫苗。发生疫情时，划区封锁，立即隔离病羊，彻底消毒环境，病死羊尸体深埋。疫区和受威胁区未发病羊用鸡胚化弱毒疫苗实施紧急免疫接种。对病变部位可用碘酊或紫药水等进行涂擦处理。

为防止继发感染，可使用磺胺类药物或青霉素、四环素等进行治疗。治疗应在严格隔离的条件下进行，防止病原扩散。

5.羊快疫

羊快疫是由腐败梭菌经消化道感染引起的主要发生于绵羊的一种急性传染病。本病多发生在6～12月龄的羊，而且多数是膘情比较好的羊，往往突然发病，病羊粪便色黑而软，呼吸困难，病程短促，很快死亡，尸体迅速腐败、臌胀，真胃出血性炎性损害为本病的主要特征。本病经消化道传播，与气候和饲草的急剧变化有关，特别在春夏和秋冬之交的时间段容易发生。

防治措施：对本病的预防一是要在常发病地区每年定期接种疫苗。二是要加强饲养管理，防止严寒袭击和突然变换饲料，有霜期早晨放牧不要过早，避免采食霜冻饲草。三是发病时及时隔离病羊，并将羊群转移至干燥牧地或草场，可收到减少或停止发病的效果。

6.羊肠毒血症

羊肠毒血症又称“软肾病”或“类快疫”，是由D型魏氏梭菌在羊肠道内大量繁殖产生毒素引起的主要发生于绵羊的一种急性毒血症。本病以急性死亡、死后肾组织易于软化为特征。多数羊在发病后数小时死亡，有的可延缓2～3天。病羊死后剖检可见胸腔、腹腔积水，肝脏充血肿大，胆囊肿大，肺脏瘀血气肿，气管充血，管腔内积有泡沫样的白色黏液。心包积液多，心脏扩张，心外膜有出血点。肾脏微肿，呈褐黄色，软如面团。胃内充满气体，第四胃黏膜发炎，小肠充气，肠道黏膜充血及有出血点（图7-8、图7-9）。

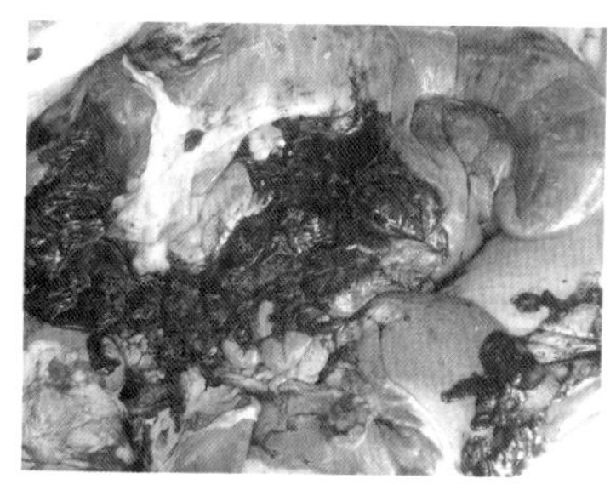

图7-8　羊肠毒血症——肠道出血（毛杨毅摄）

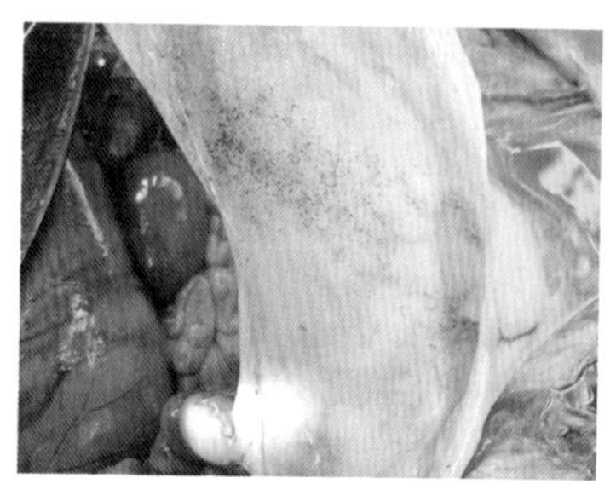

图7-9　羊肠毒血症——胃黏膜出血（毛杨毅摄）

防治措施：因本病病程短促，往往来不及治疗。应以预防为主，每年定期接种疫苗。同时要加强饲养管理，农区、牧区春夏之际少抢青、抢茬，秋季避免采食过量结籽牧草。发病时对病羊要及时隔离。

7. 小反刍兽疫

小反刍兽疫（PPR）是由小反刍兽疫病毒（PPRV）引起小反刍类动物的一种急性、烈性传染病，发病率和致死率均非常高。OIE将该病列为必须报告的动物传染病，我国也将其列为Ⅰ类动物疫病。主要感染绵羊、山羊和野生小反刍兽。PPRV主要通过直接或间接接触传播，多雨和干燥季节易发生。

该病潜伏期4～5天，体温骤升至40～41℃，持续5～8天后体温下降。唾液分泌增多，鼻腔分泌物初为浆液性、后为脓性，常呈现卡他性结膜炎，后期口腔坏死，常伴有支气管肺炎、孕畜流产、出血性腹泻，随之动物脱水、衰弱、呼吸困难、体温下降，发病后5～10天死亡。发病率和死亡率分别为90%和50%～80%，严重时，均可达100%。尸体剖检常见消化道糜烂性损伤，支气管肺炎，淋巴结肿大，脾脏坏死，皱胃出血、坏死，偶尔可见瘤胃乳头坏死，回盲瓣区、盲结肠交界处和直肠严重出血，盲肠、结肠接合处有特征性的线状出血或斑马样条纹。鼻黏膜、鼻甲骨、喉、气管可见小瘀血点。

防治措施：要严禁从疫区购羊，严格执行动物检疫制度，实施强制免疫接种。一旦发现并确诊，应立即启动动物疫病防控应急响应机制，采取以扑杀为主的控制措施。

8. 羔羊梭菌性痢疾

羔羊梭菌性痢疾简称羔羊痢疾，是初生羔羊的一种毒血症，以剧烈腹泻和小肠发生溃疡为特征。病羊及带菌母羊为重要的传染来源，可通过消化道、脐带或伤口感染。病羊粪便呈粥状或水样，色黄白、黄绿或灰白，病程后期大便带血，肛门失禁，往往因腹泻、脱水而死。

防治措施：加强饲养管理，增强孕羊体质；产羔季节注意保暖，防止羔羊受冻；合理哺乳，避免饥饱不均；产前产后或接羔过程中都要注意清洁卫生。每年产前定期接种疫苗。对发病羊羔要做到及早发现、及早治疗，仔细护理。治疗羔羊痢疾的方法有很多，如在羔羊出生后的12小时内，口服土霉素，病羊可灌服6%的硫酸镁、磺胺脒、鞣酸蛋白、胃蛋白酶等，也可注射青霉素、链霉素等。

9.羊支原体性肺炎

羊支原体性肺炎又称羊传染性胸膜肺炎，是由支原体引起的羊的一种高度接触性传染病。本病以发热、咳嗽、浆液性和纤维蛋白性肺炎以及胸膜炎为特征。病原体主要存在于病羊的肺脏和胸膜渗出液及鼻液中，可通过空气飞沫经呼吸道传染，接触传染性强。

防治措施：勿从疫区引进羊只，对从外地引进的羊，严格隔离，检疫无病后方可混群饲养。本病流行区坚持免疫接种。羊群发病，及时进行封锁、隔离和治疗，可采用磺胺噻唑及抗生素治疗。污染的场地、圈舍、用具以及粪便、病死羊的尸体等进行彻底消毒或无害化处理。

10.破伤风

破伤风是人、畜共患的一种创伤性、中毒性传染病，其特征是患病动物全身肌肉发生强直性痉挛，四肢僵硬，步态不稳，对外界刺激的反射兴奋性增强。本病经皮肤伤口感染，如剪毛、断尾、去势、脐带处理等造成的皮肤损伤，感染1～2周后发病。

防治措施：在养羊生产过程中若造成羊的皮肤损伤应及时消毒并注射破伤风抗毒素进行预防。发病初期应用破伤风抗毒素以中和毒素，可将病羊置于光线较暗的安静处，给予易消化的饲料和充足的饮水。

11.羊放线菌病

放线菌病是牛羊和其他家畜及人的一种非接触传染的慢性病。其特征为局部组织增生与化脓。本病主要通过食物或饮水传染，发病部位主要在头、颈部。

防治措施：硬结变软后可用外科手术排脓并进行彻底清洗、消炎处理，若有瘘管形成，要连同瘘管彻底切除。抗生素治疗本病有效。预防本病主要是防止皮肤和黏膜发生损伤，避免饲喂粗糙草料。发现伤口要及时处理和治疗（图7-10、图7-11）。

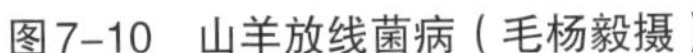
图7-10　山羊放线菌病（毛杨毅摄）

图7-11　绵羊放线菌病（毛杨毅摄）

12. 羊李氏杆菌病

李氏杆菌病又称转圈病，是畜禽、啮齿动物和人共患的传染病，临床特征是病羊神经系统紊乱，表现转圈运动，面部麻痹，孕羊可发生流产。本病主要通过消化道、鼻腔和眼结膜传染。

防治措施：早期大剂量应用磺胺类药物，或与抗生素并用，有良好的治疗效果。病羊有神经症状时，治疗效果不佳。预防本病平时应注意清洁卫生和饲养管理，消灭老鼠，防止疫病传播；发病地区应将病畜隔离治疗，病羊尸体要深埋，并对污染场地进行消毒。

13. 羊钩端螺旋体病

钩端螺旋体病是由钩端螺旋体引起的人、畜共患的一种自然疫源性传染病。临床特征为黄疸、血色素尿、黏膜和皮肤坏死、短期发热和迅速衰竭。羊感染后多呈隐性经过。

防治措施：链霉素和四环素族抗生素对本病有一定疗效。当羊群发生该病时，立即隔离，治疗病羊及带菌羊；对污染的水源、场地、栏舍、用具等进行消毒；及时用钩端螺旋体多价苗进行紧急预防接种。在常发地区，平时应进行预防接种，加强饲养管理，以提高羊群抵抗力。

14. 羊链球菌病

羊链球菌病俗称“嗓喉病”，是由致病性链球菌引起的一种急性、热性、败血性传染病。本病以颌下淋巴结和咽喉部肿胀、大叶性肺炎、呼吸异常困难、各脏器出血、胆囊肿大为特征。

防治措施：勿从疫区引入种羊、购进羊肉或皮毛产品，加强防疫检疫工作。常发病地区坚持免疫接种。加强饲养管理，抓膘、保膘，做好防寒保暖工作，消除各种引起疾病发生的因素。疫区要搞好隔离消毒工作，羊群在一定时间内勿进入发过病的“老圈”。早期可选用青霉素或磺胺类药物进行治疗。

第四节 羊寄生虫病防治

一、羊寄生虫病发生特点及防治原则

1. 寄生虫病发生特点

羊寄生虫病是由线虫、吸虫、原虫等寄生在羊体内外而引起的慢性、消耗性疾病，通常表现出羊生长发育不良、消瘦、抵抗力减弱等症状，甚至造成死亡，是养羊生产中的一种常见疾病，对羊危害极大。

寄生虫能够寄生在羊体各个器官，通过机械性损害（如羊的疥癣病、鼻蝇、脑包虫、绦虫等）、掠夺营养物资（如绦虫、虱、草蜱等）、毒素的毒害作用及引入病原性寄生物等多种方式使羊致病。

患寄生虫病的病羊，常常通过携带寄生虫（虫体、卵、幼虫）的排泄物（粪、尿）、分泌物、皮屑、绒毛或病羊的脏器组织等污染养殖圈舍、用具、饲草、水源、牧坡等，然后健康羊通过采食或饮水感染、皮肤感染和接触感染等途径使健康羊感染而引起致病。因此，寄生虫病往往是群体病，类似于传染病在羊群中流行扩散。

2. 寄生虫病防控原则

寄生虫的防治坚持预防与治疗相结合的原则。加强饲养管理，提高羊的健康体质；加强对养殖条件和环境的改善，对羊的粪便、

脱落的羊毛等及时清理，控制圈舍的温度、湿度、通风等改善环境，经常对圈舍进行消毒处理，严格控制饲草料、水源被污染；加强驱虫干预和预防，根据寄生虫的生活史、流行情况、流行因素等进行全面的、综合的预防，定期驱虫，并有效处理粪便、皮毛等污染物；加强对病羊进行及时治疗，减弱寄生虫危害和减少死亡率。通过阻断传播链、预防驱虫和针对性治疗等综合防控措施，能够有效降低寄生虫发病率和提高防治效果。

二、羊主要寄生虫病防治

1.疥癣病

羊螨病是由疥螨和痒螨寄生在体表而引起的慢性寄生性皮肤病。螨病又叫疥癣、疥虫病、疥疮等，具有高度传染性，往往在短期内可引起羊群严重感染，危害十分严重。该病的传播主要是健康羊接触到病羊、病羊脱落的绒毛、污染的圈舍和用具等，多发生在冬季和圈舍潮湿的环境。疥癣病对羊的危害主要表现在：虫体侵入到羊体表后，在皮肤上钻孔而使羊皮肤发炎、奇痒，羊寝食难安，表现在围墙、围栏上擦蹭皮肤或用蹄子、犄角在身上挠痒，长时间的患病使羊消瘦，甚至死亡。患病部位皮肤发炎、溃烂、结痂、变厚、毛绒脱落等，直接影响羊的板皮质量。

防治措施：以预防为主和治疗为主。每年在春季剪毛后的7～10天对羊进行药浴预防，常用的药物有螨净、除癞灵等。对病羊要及时隔离，对圈舍里脱落的绒毛要及时清理，防止污染环境和感染其他羊。同时对病羊进行病变部位的针对性治疗，可用药浴药物进行局部涂擦或口服药物治疗。经常保持圈舍卫生、干燥和通风良好，定期对圈舍和用具清扫与消毒（图7-12～图7-15）。

扫一扫

观看视频 7-1 羊的挠痒行为（毛杨毅摄）

2.片形吸虫病

片形吸虫病是羊的主要寄生虫病之一，是由肝片吸虫和大片吸虫寄生于羊的肝脏胆管所致。患病羊往往表现下颌水肿、消瘦、发

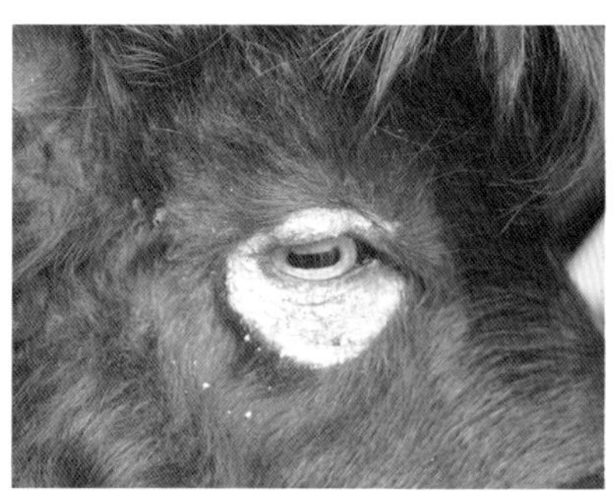

图7-12　眼部疥癣（毛杨毅摄）

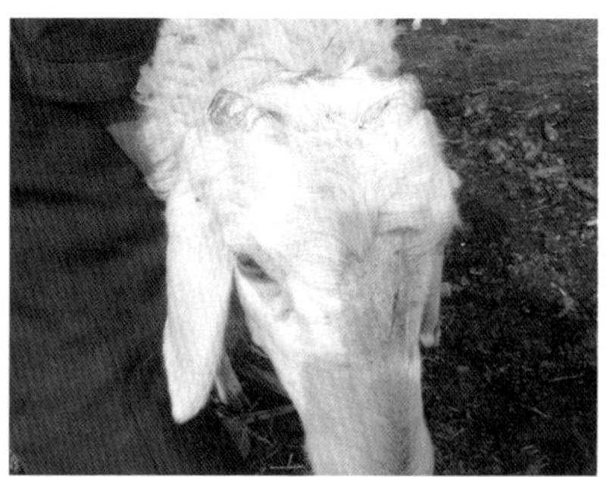

图7-13　头部疥癣（毛杨毅摄）

图7-14　皮肤疥癣（毛杨毅摄）

图7-15　患病羊挠痒行为（毛杨毅摄）

育不良及毛、乳产量显著降低，能引起急性或慢性肝炎和胆管炎，并伴发全身性中毒现象和营养障碍而造成严重损失。

防治措施：定期驱虫，常用的驱虫药有丙硫苯咪唑、伊维菌素、四氯化碳、硝氯酚等。要及时对粪便处理，放牧时切忌在被污染的草地、水源地进行放牧和饮水（图7-16、图7-17）。

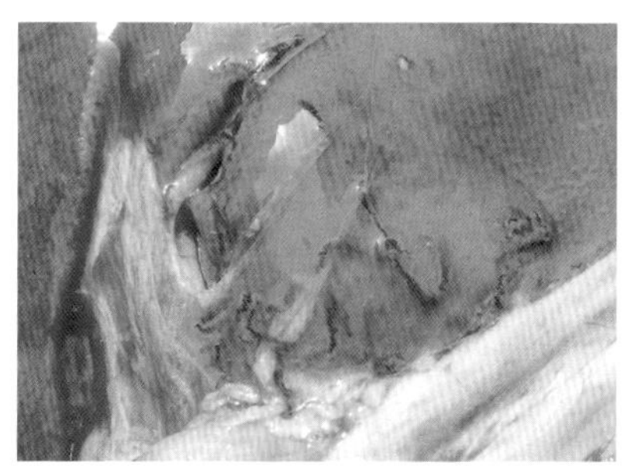

图7-16　肝片吸虫病（毛杨毅摄）

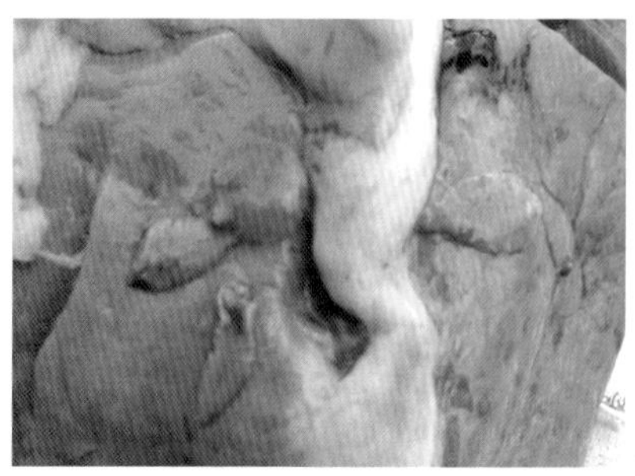

图7-17　片形吸虫病（毛杨毅摄）

3.多头蚴病（脑包虫病）

多头蚴病是由于多头绦虫的幼虫——多头蚴寄生在绵羊、山羊的脑、脊髓内，引起脑炎、脑膜炎及一系列神经症状甚至死亡的严重寄生虫病，俗称脑包虫病。主要症状都是因多头蚴在脑内形成一个充满液体的泡囊，囊内膜有100～250个头节，有的泡囊可达鸡蛋大小，由于泡囊压迫脑神经而致羊出现神经症状，行走不稳，或转圈或靠墙行走或失明，甚至躺地无法行走。本病主要由患多头绦虫的犬粪便（粪便中有多头绦虫的孕卵节片）污染了饲草，然后羊采食被污染的饲草而感染患病。

防治措施：在养殖场禁止犬自由活动，防止犬等肉食兽吃到带有多头蚴的脑和脊髓，定期对犬进行驱虫，驱虫期间对犬笼养，将排出的粪便及时清扫和焚烧。对患病羊的脑和脊髓应烧毁或深埋。对患病的种羊可实施手术摘除寄生在脑髓表层的虫体，受病灶部位不同摘除效果不同。对一般羊可用药物预防和治疗，常用的驱虫药有硫双二氯酚、氢溴酸槟榔碱、吡喹酮等（图7-18～图7-21）。

图7-18　脑包虫病羊姿态（毛杨毅摄）

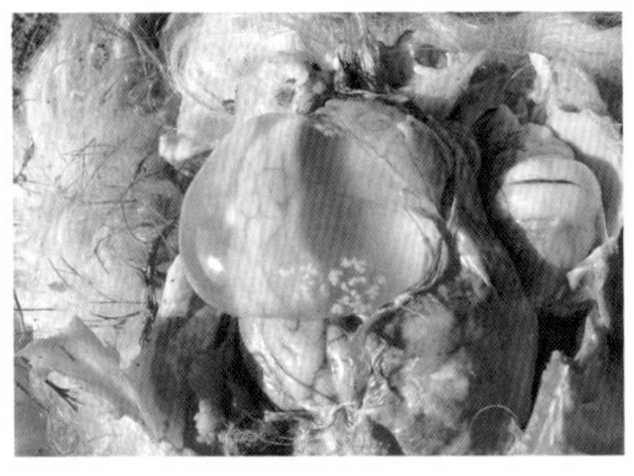

图7-19　虫体在大脑中位置（毛杨毅摄）

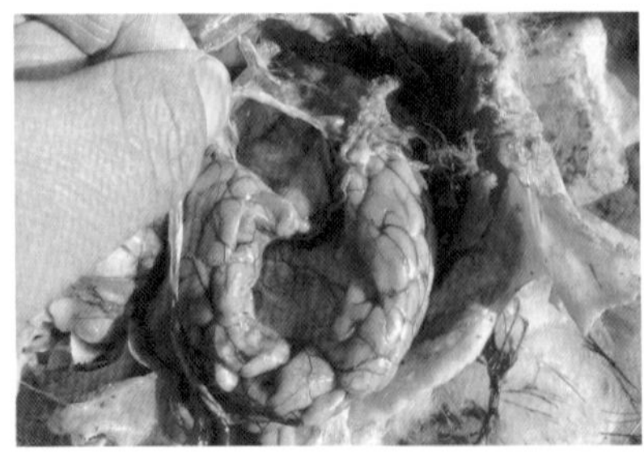

图7-20　虫体对脑组织损伤（毛杨毅摄）

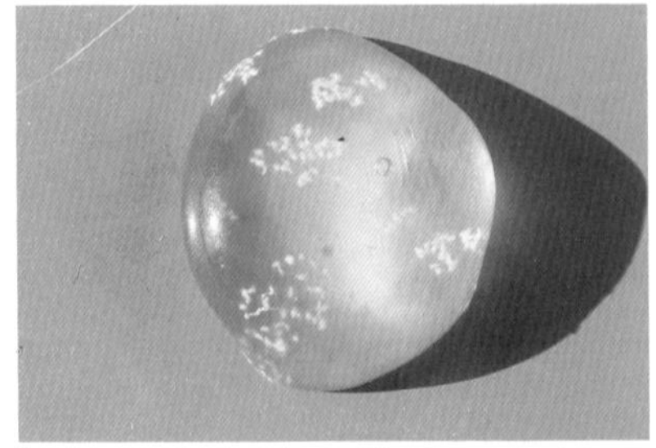

图7-21　多头蚴虫体（毛杨毅摄）

4.绦虫病

绦虫病是由慕尼茨绦虫、曲子宫绦虫及无卵黄腺绦虫寄生于绵羊、山羊和牛的小肠所引起的。其中莫尼茨绦虫病害最为严重，不仅影响羊生长发育，甚至可引起羊死亡。

患病羊表现为食欲减退，出现贫血与水肿，被毛粗乱无光，喜躺卧，起立困难，体重迅速减轻。粪便中混有白色的虫体节片，有时在肛门处可见到虫体。严重时虫体阻塞肠管后出现肠膨胀和腹痛表现，甚至因肠破裂而死亡，可在肠管中发现较长的虫体或不同长度的虫体节片。因虫体对肠壁刺激，往往造成羊肠炎、腹泻等。

防治措施：不在被污染的草地放牧和不喂被污染的饲草。定期对羊进行驱虫，采用的驱虫药有丙硫咪唑、氯硝柳胺、硫双二氯酚等。保持圈舍环境的卫生，及时清理粪便（图7-22、图7-23）。

图7–22 随粪便排出的虫体节片
（毛杨毅摄）

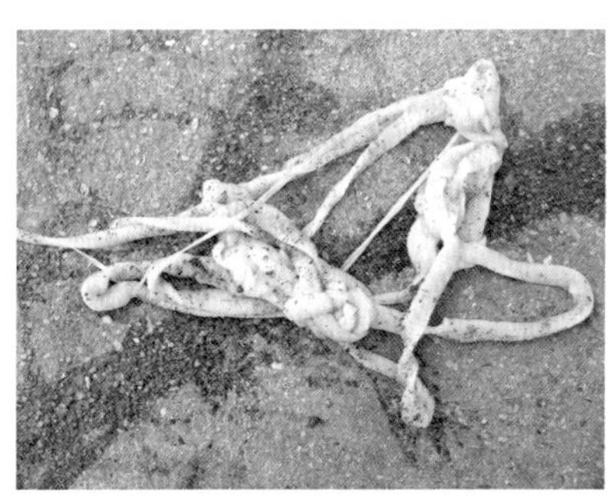

图7–23 肠道中的虫体
（毛杨毅摄）

5.细颈囊尾蚴病（腹腔囊尾蚴病）

细颈囊尾蚴病是由泡状带绦虫的幼虫——细颈囊尾蚴寄生在羊的肝脏浆膜、网膜及肠系膜所引起的一种绦虫蚴病。细颈囊尾蚴附着在患病羊的肠系膜、瘤胃壁外侧，呈透明色的水疱（俗称水铃铛），水疱内含有白色的囊尾蚴头节。该病主要引起羊生长发育受阻，体重减轻，当大量感染时可因肝脏严重受损而导致死亡。细颈囊尾蚴成虫寄生于犬、狼、狐等肉食动物的小肠内，成虫节片随粪便排出体外而污染水草，羊采食后患病。

防治措施：用氢溴酸槟榔碱对犬和羊驱虫，预防犬和羊感染。对虫体进行焚烧处理，严禁乱扔或被犬食用。

6.肺线虫病

羊肺线虫病是由网尾科和原圆科的线虫寄生在气管、支气管、细支气管乃至肺实质引起的以支气管炎和肺炎为主要症状的疾病。病羊主要表现为咳嗽、呼吸困难、食欲减少、被毛干燥粗乱，还可引起羊的腹泻、贫血、四肢水肿等。

防治措施：每年应对羊群驱虫，常用的药物有丙硫咪唑、苯硫咪唑、左旋咪唑、氰乙酸肼、枸橼酸乙胺嗪等，驱虫治疗期应注意收集粪便进行无害化处理；注意饮水卫生，饮用流动水或井水。避免在低温沼泽地区放牧，有条件的地区可实行轮牧。

7.焦虫病

焦虫病是由焦虫寄生在羊血细胞或血浆内而引起的一类血液原虫病，是一种急性或慢性、非接触性传染病，多以高热、贫血、黄疸和血红蛋白尿为明显特征，故又称红尿症。慢性感染羊除生长不良和寄生虫血症外，通常不明显。该病通过硬蜱传播，故发生和流行有明显的季节性，死亡率较高。

防治措施：注射硫酸喹啉脲、硫酸阿卡普林可起到预防效果。对患病羊注射贝尼尔（血虫净）、阿卡普林、黄色素等进行治疗（图7-24～图7-33）。

图7-24　体表黄染
（毛杨毅摄）

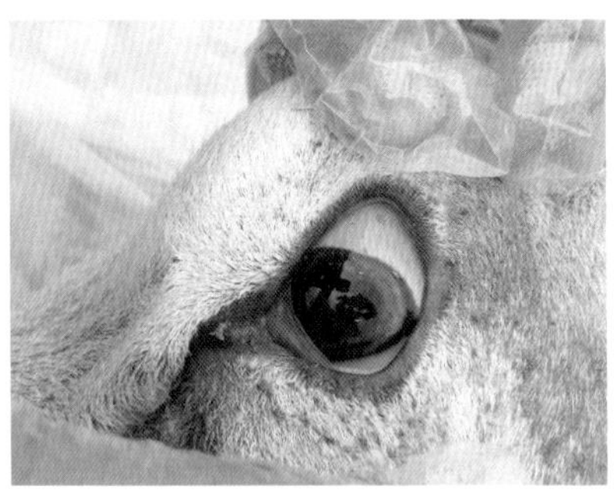

图7-25　眼结膜黄染
（毛杨毅摄）

图7-26　皮下出血、黄染
（毛杨毅摄）

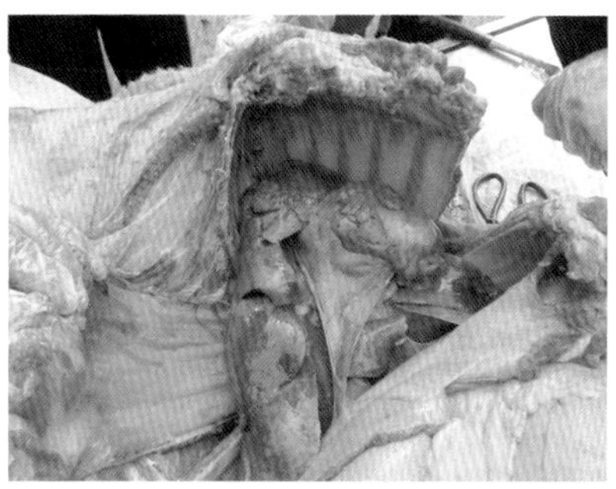

图7-27　内脏黄染
（毛杨毅摄）

图7-28　肝脏黄染变软
（毛杨毅摄）

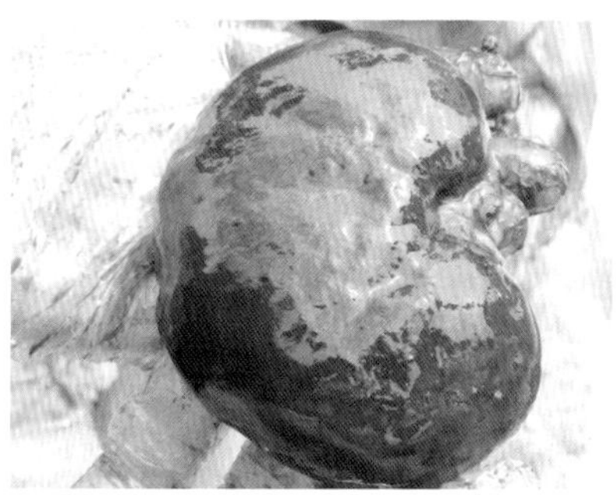

图7-29　肾脏软如泥
（毛杨毅摄）

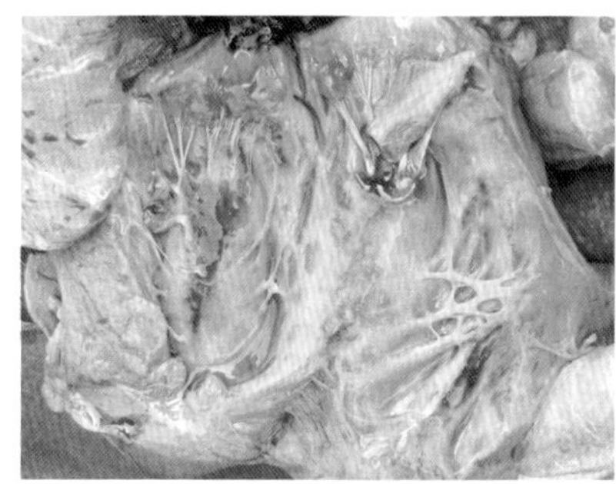

图7-30　心肌黄染
（毛杨毅摄）

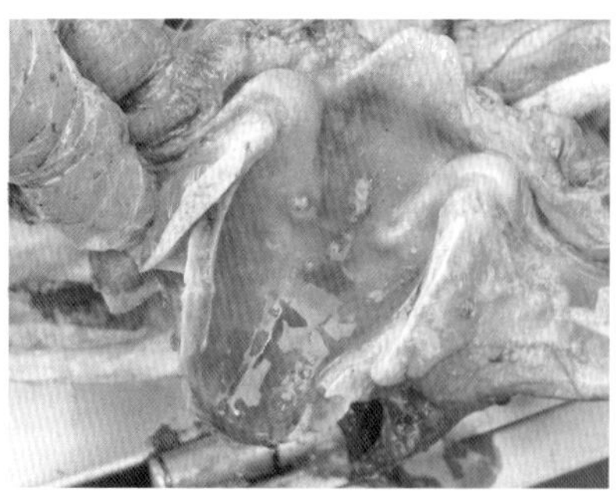

图7-31　喉头黄染
（毛杨毅摄）

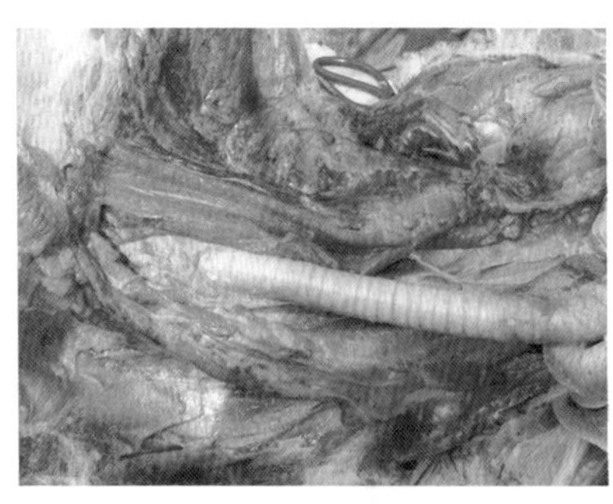
图7-32　气管黄染、出血（毛杨毅摄）

图7-33　内脏油脂黄染（毛杨毅摄）

8.羊鼻蝇蛆病

羊鼻蝇蛆病是由羊鼻蝇的幼虫寄生在羊的鼻腔及附近腔窦内所引起的疾病，通常在夏季发生。羊鼻蝇幼虫进入羊鼻腔、额窦及鼻窦后，在其发育为蛆的过程中，由于体表小刺和口前钩损伤黏膜引起鼻炎，可见羊流出多量鼻液，鼻液初为浆液性，后为黏液性和脓性，有时混有血液；当大量鼻液干涸在鼻孔周围形成硬痂时，使羊发生呼吸困难。另外，可见病羊表现不安，打喷嚏，时常摇头，磨鼻，眼睑水肿，流泪，食欲减退，日渐消瘦，在羊打喷嚏的时候可排出部分蝇蛆。当个别幼虫进入颅腔损伤了脑膜或因鼻窦发炎而波及脑膜时，可引起神经症状，病羊表现为运动失调，旋转运动，头弯向一侧或发生麻痹；最后病羊食欲废绝，因极度衰竭而死亡。

防治措施：可用3%来苏儿液直接喷入鼻孔，每只羊每侧鼻孔20～30毫升。也可采用0.3%螨净水溶液喷注鼻腔预防，每侧鼻孔6～8毫升，效果良好。

第五节　羊普通病防治

一、羊普通病发生特点及防治原则

普通病是指除传染病、寄生虫病以外的疾病，包括内科病、外科病、产科病、中毒病等。这类疾病是由于饲养管理不当、营养代谢失调、误食毒物、机械损伤、异物刺激或其他外界因素（如温度、湿度、气候等原因）所致，多数为散发病例，但也有群发病例出现，如群体性营养不良、中毒等。此类病一般是一个缓慢发展的过程，若管理不到位，在病程的初期不容易被发现，以至于影响治疗效果。

防止羊普通病的发生，必须坚持以加强饲养管理、及早发现、对症治疗的防治原则，采取从营养、管理、环境控制、有效治疗等综合防治措施，确保羊少发病、早发现、少死亡，保证养羊产业的健康发展。

二、羊消化道疾病防治

1.前胃弛缓

羊前胃弛缓是前胃兴奋性和收缩力降低的疾病。病羊表现食欲、反刍、嗳气扰乱，胃蠕动减弱或停止。急性病例可表现为食欲废绝，反刍停止，瘤胃蠕动力量减弱或停止，瘤胃内容物腐败发酵，产生多量气体，左腹增大，叩触不坚实。慢性病例表现精神沉郁、疲倦无力、喜卧地；被毛粗乱，体温、呼吸、脉搏无变化；食欲减退，反刍缓慢，瘤胃蠕动力量减弱，次数减少，可继发酸中毒。该病主要是羊长期吃粗硬难以消化的饲草，或供给精料过多，运动不足等引起。此外，瘤胃臌气、瘤胃积食、肠炎以及其他内科、外科、产科疾病等亦可继发此病。

防治措施：因过食引起者，可采用饥饿疗法，禁食2～3次，然后供给易消化的饲料，使之恢复正常。成年羊可用硫酸镁或人工盐20～30克、石蜡油100～200毫升、番木鳖酊2毫升、大黄酊10毫升，加水500毫升，1次内服。

2.瘤胃积食

瘤胃积食是瘤胃充满多量食物，食糜滞留在瘤胃引起严重消化不良的疾病。该病主要是吃了过多的喜爱采食的精饲料或养分不足的粗饲料引起。采食干料，饮水不足，也可引起该病的发生。病羊

不愿走动，精神沉郁，腹围增大，左腹部隆起，有腹痛感，反刍减少或停止，嗳出恶臭味的气体及发出呻吟声。触诊瘤胃内容物坚实，拳压有压痕；叩诊呈浊音，若继发臌气则有鼓音。病后期，瘤胃内容物腐败分解产生有毒物质可引起中毒，病羊四肢发抖，常卧地呈昏迷状。

防治措施：绝食1～2天，不限饮水，按摩瘤胃；消导下泻，可用石蜡油100毫升、人工盐或硫酸镁50克，芳香胺酯10毫升，加水500毫升，1次内服；止酵防腐，可用鱼石脂1～3克、陈皮酊20毫升，加水250毫升，1次内服。若必要，可行瘤胃切开术紧急救治。

3.急性瘤胃臌气

急性瘤胃臌气是由于采食大量容易发酵的饲料，如豆苗、青苜蓿等豆科植物，或饲喂大量多汁饲料，或吃露水草或腐败、发霉、冰冻的饲料，均能引起本病。其次还可继发于食道阻塞、前胃弛缓及某些中毒性疾病。病羊表现不安，腹围膨大。触诊瘤胃充满，不留压痕；叩诊呈鼓音，听诊瘤胃蠕动音初增强，后减弱或消失。食欲、反刍、嗳气停止。呻吟，拱背，回头看腹部，后肢踢腹，呼吸困难，口吐白沫。心跳快而弱，黏膜发绀，常因窒息、心力衰竭而死亡。

防治措施：不要喂大量精饲料或豆科植物，不吃露水草和霜化水珠草，不喂发霉腐败饲料、不喂鲜苜蓿青草；插入胃导管放气，缓解腹压，防腐止酵，清理胃肠。可用5%碳酸氢钠溶液1500毫升洗胃，以排出气体及胃内容物；对于重病羊，可行瘤胃穿刺放气；在左腹部剪毛、消毒，用16号针头于左侧腹部膨胀最高处穿刺放气，但要缓慢。放完气，从长针头内注入止酵剂，如松节油20～40毫升，或来苏儿10～20毫升，福尔马林1～3毫升，鱼石脂5～10克，加水适量。若病羊症状表现不很重时，可用缓泻止酵药，加入人工盐100～150克，或硫酸镁（硫酸钠）100～150克，加入鱼石脂10克，水1000～1500毫升。或植物油150～300毫升，加水适量内服。醋20毫升，松节油3毫升，酒精10毫升混合后一次内服。将少许花椒（新鲜最好）或茴香放入羊嘴让其咀嚼，羊张口即将气体排出。若在放牧中，可用臭椿枝、柳枝、山桃枝放在羊嘴里让其咀嚼排气。

4. 食道阻塞

食道阻塞是羊食道内腔被食物或异物堵塞而发生的疾病。该病主要由于块根饲料或异物阻塞于食管某一段而酿祸成疾。病羊突然发病，停止采食，口涎下滴，头向前伸，表现吞咽动作，嗳气困难，胃臌胀等。

防治措施：禁止饲喂大块的块根饲料，应加工成片状、丝状或小块状后饲喂。根据阻塞物的位置和性质，可采取吸取法、胃管探送法、砸碎法等将阻塞物吸出或送入瘤胃。对瘤胃臌气严重者可施瘤胃放气。

5. 瓣胃阻塞

瓣胃阻塞是由于通过瓣胃的食糜积聚，水分被吸收，内容物变干而致病。该病主要由于饮水不足和饲喂秕糠、粗纤维饲料而引起。病羊表现瓣胃容积增大、坚硬、腹部胀满，不排粪便。

防治措施：注意饲料搭配，减少秕糠类难以消化的粗饲料饲喂量。对顽固性瓣胃阻塞，准备25%硫酸镁溶液30～40毫升、石蜡油100毫升，在右侧第九肋间隙和肩胛关节线交界下方，选用12号7厘米长针头，向对侧肩关节方向刺入4厘米深，刺入后可先注入20毫升生理盐水，试其有较大压力时，表明针已刺入瓣胃，再将上述准备好的药液用注射器交替注入瓣胃，于第二日再重复注射1次。瓣胃注射后，可用10%氯化钙10毫升、10%氯化钠50～100毫升、5%葡萄糖生理盐水150～300毫升，混合1次静脉注射。待瓣胃松软后，皮下注射0.1%卡巴胆碱0.2～0.3毫升，兴奋胃肠运动功能，促进积聚物下排。

6. 皱胃阻塞

皱胃阻塞是皱胃内积满过多的食糜，使胃壁扩张，胃黏膜及胃壁发炎，食物不能排入肠道所致。该病多因羊的消化功能紊乱，胃肠分泌、蠕动功能降低或因长期饲喂细碎的饲料造成。病羊初期食欲减退，排粪量少或停止排粪，粪便干燥，附有多量黏液或血丝，右腹部皱胃扩张，瘤胃积液，触诊皱胃感到皱胃坚硬并有痛感。

防治措施：注意对饲料的加工，饲草不能太短、太细，做到定时定量喂料，供给足量的清洁饮水。给病羊输液（见瓣胃阻塞治疗），可用25%硫酸镁溶液50毫升、甘油30毫升、生理盐水100毫升，混合作皱胃注射。

7.胃肠炎

胃肠炎是胃肠黏膜及其深层组织的出血性或坏死性炎症。主要症状是消化不良、食欲减退和下痢。该病多因饲养管理不当引起，如采食发霉变质饲料、饲料变化过快、采食精饲料过多、啃食碱土或异物、饮过冷的水或冰碴水等及肠道寄生虫引起。

防治措施：加强饲养管理措施，不喂霉烂变质和冰冻饲料，饲喂定时、定量，饮水应清洁、干净，保持畜舍内卫生、干燥、通风。对病羊可采取对症治疗方法，可用磺胺脒4～8克、小苏打3～5克，加水适量，1次内服。脱水严重的宜补液，可用5%葡萄糖溶液300毫升、生理盐水200毫升、5%碳酸氢钠溶液100毫升，混合后1次静脉注射。对于下痢可使用止泻药，用鞣酸3克、次硝酸铋3克、木炭末8克加水后灌服。还可注射氯霉素、青霉素、黄连素、庆大霉素等。对于由寄生虫引起的肠炎要进行驱虫，并进行消炎治疗。

8.口炎

羊的口炎是口腔黏膜表层和深层组织的炎症。原发性口炎多由外伤引起。在羊口疮、口蹄疫、羊痘、霉菌性口炎时或在维生素严重缺乏时也可发生口炎症状。病羊口腔黏膜充血、肿胀，出现卡他性、水疱性、化脓性和溃疡性口炎。羊采食困难或拒绝采食、流涎，口角有白色泡沫，口腔有恶臭味，精神不振。

防治措施：加强管理和护理，避免饲喂过于粗硬的饲草，防止因口腔受伤而发生原发性口炎。对传染病合并口炎者，宜隔离消毒。轻度口炎，可用2%～3%碳酸氢钠溶液或0.1%高锰酸钾溶液或2%食盐水冲洗；对慢性口炎发生糜烂及渗出时，用1%～5%蛋白银溶液或2%明矾溶液冲洗；有溃疡时用1∶9碘甘油或蜂蜜涂擦（图7-34、图7-35）。

图7–34　羊齿龈发炎（毛杨毅摄）

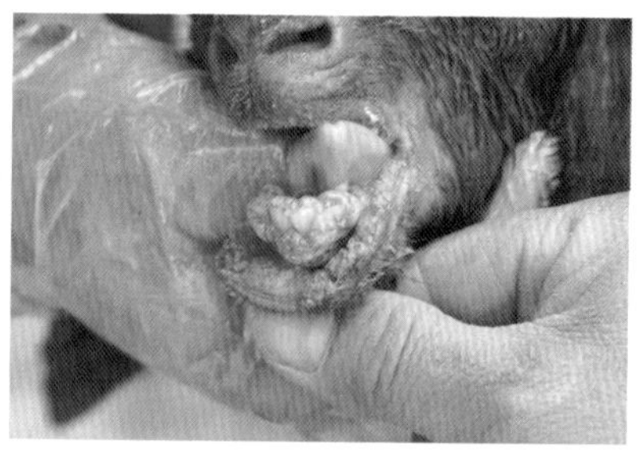

图7–35　口腔溃疡（毛杨毅摄）

9.肠扭转（或肠套叠）

肠扭转是由于肠管位置发生改变，引起肠腔机械性闭塞，继而肠管发生出血、麻痹、坏死变化。肠扭转一般继发于肠痉挛、肠臌气、瘤胃臌气或在外力作用下形成（如剪毛或抓绒、羊顶撞打斗、剧烈运动等）。在这些疾病中肠管蠕动增强并发生痉挛收缩，或因腹痛引起羊打滚旋转，或瘤胃内膨气，体积增大，迫使肠管离开正常位置，部分肠管互相扭转缠叠而发病。病羊表现重剧的腹痛症状，如不及时整复肠管位置，可造成患羊急性死亡，死亡率达100%。死后剖检，在肠管扭转处或套叠处肠管出血或坏死。

防治措施：在剪毛或抓绒时需要翻转羊时，动作要轻，剪毛结束后仍按最初的体位把羊放开。出现肠扭转时应及时采用体位整复法恢复肠管位置，由助手用两手抱住病羊胸部，将其提起，使羊臀部着地，羊背部紧挨助手腹部和腿部，让羊腹部松弛，呈人伸腿坐地状。术者蹲于羊前方，两手握拳，分别置两拳头于病羊左右腹壁中部，紧挨腹壁，交替推揉，每分钟推揉60次左右，助手同时晃动羊体。推揉5～6分钟后，再由两人分别提起羊的前后肢，背着地面左右摆动十余次。放下病羊让其站立，驱赶羊奔跑运动8～10分钟，然后观察结果。

三、羊呼吸道疾病防治

1.感冒

感冒是以上呼吸道炎性变化为主的急性全身性疾病，主要是由于气候骤变或剪毛使机体受寒引起，病羊鼻流清涕，羞明流泪，精神萎靡不振、打战，体温升高，皮温不整，鼻端、耳尖及四肢发凉。当季节更替，早晚温差大，或者在放牧中，风吹雨打，雪淋或剪毛后受寒等都有可能起羊感冒，体质弱的羊更容易感冒，若不及时治疗可引起肺炎。

防治措施：要尽量避免温差过大、寒冷对羊造成的侵袭。在北方，冬季应该将羊在夜晚赶到羊舍内部，羊舍既要保温又要有适当的通风，特别是要防贼风。外出放牧时要晚出早归。剪毛时要选择气温稳定、暖和的时间段进行。对病羊主要采取以解热镇痛、祛风散寒为主。肌内注射复方氨基比林5～10毫升，或30%安乃近5～10毫升，并配合使用抗生素或磺胺类药物治疗。

2.异物性肺炎

异物性肺炎是羊将异物误咽入气管、支气管和肺部而引起的炎症。给羊灌服液体类药物、羔羊人工喂奶及羊饮水过急都容易引起异物性肺炎。

防治措施：给羊灌服液体药物时若通过口服，切记不能灌服太快，让羊主动吞咽。用胃管投药时，注意胃管要插入到胃部，谨防插入到肺部。对该病采取以青霉素为主的综合疗法。青霉素80万国际单位肌内注射，每日1～2次，连续4～7天，同时用青霉素40万国际单位、0.5%普鲁卡因10～15毫升，经气管注射，每日或隔日1次，注射2～5次，并配合应用镇咳祛痰等中药。

3.支气管肺炎（小叶性肺炎）

支气管肺炎是支气管或细支气管与肺小叶群同时发生炎症，又称小叶性肺炎。多因羊受寒感冒，喉炎、物理化学因素的刺激，条件性病原菌的侵害等感染，羊肺线虫也可引起发病。

防治措施：加强饲养管理，冬季注意保温和防止贼风，保持圈舍卫生，防止吸入灰尘进入气管与肺脏。对病羊可消炎止咳：可用10%磺胺嘧啶钠20毫升，或用抗生素肌内注射。同时要注意解热强心：可用10%樟脑水注射液4毫升或复方氨基比林10毫升，肌内注射。

4. 化脓性肺炎

化脓性肺炎是在肺叶内出现化脓病灶，数量多少不一，有整个肺叶被化脓菌侵蚀，形成脓胸。以流脓性鼻涕、高热、精神不振、呼吸困难、出现脓毒败血症为特征。化脓性肺炎常由异物性肺炎、感冒、小叶性肺炎或传染性胸膜肺炎等病症继发而来，体表化脓灶或内脏化脓灶均可引起肺内发生脓疱。

防治措施：对因各种因素引起的呼吸道疾病要及早发现和针对性治疗，随着病程的延续，可最终导致肺部化脓、肺脏组织坏死而失去功能致死。对病羊用10%磺胺嘧啶针20～30毫升，5%糖盐水300毫升，1次静脉注射，每天1次，连用3天。或螺旋霉素按每千克体重30毫克、非那根0.1克，1次内服，1天2次，连服3天（图7-36）。

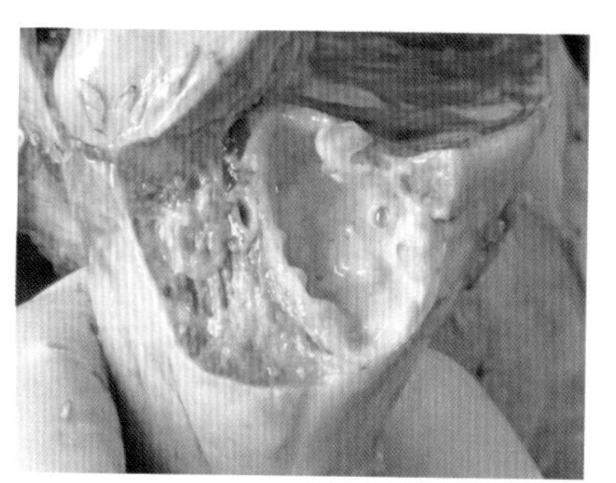

图7-36　化脓性肺炎（毛杨毅摄）

四、羊营养代谢病防治

1. 营养不良

由于长期饲料饲喂不足或饲料品质差，或因某些寄生虫病、消化道疾病致使羊营养消耗增加、营养消化吸收功能减弱，或因母羊哺乳，或因冬季气候寒冷等多种原因，致使羊因营养缺乏而导致生长发育不良、膘情变差、被毛缺乏光泽或掉毛、生产性能下降、体质变弱、抵抗力差、消瘦甚至死亡等。

防治措施：加强饲养管理，提供充足的优质饲草，增加精饲料补饲量，并要确保营养平衡；给羊驱虫。对严重消瘦的羊应补充葡萄糖液体，帮助尽快恢复体能（图7-37、图7-38）。

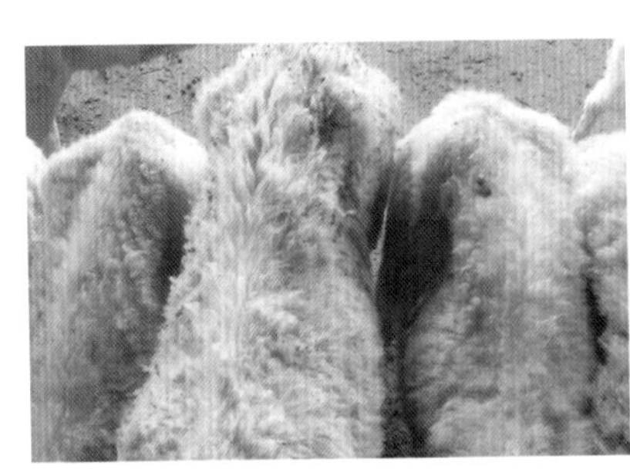
图7-37　成年羊营养不良
（毛杨毅摄）

图7-38　羔羊营养不良
（毛杨毅摄）

2. 异食癖

异食癖是指羊喜欢采食非正常饲用物质的现象，其特征是羊舔舐墙土、碱土、羊粪便、羊毛、塑料等。主要原因是由于饲料不足、饲料中营养不全、矿物质元素或微量元素缺乏、消化不良等导致营养缺乏、代谢紊乱、味觉异常而发生的疾病。

防治措施：科学设计饲料配方，要补充羊生长所需的蛋白质、微量元素、矿物质和一些维生素等。同时确保圈舍干净卫生，消除圈舍异物被采食的风险。发现异食癖的羊，要对全群进行补饲，圈舍放置盐砖供羊自由舔舐。

扫一扫
观看视频 7-2 羊啃食羊毛（毛杨毅摄）

扫一扫
观看视频 7-3 羊啃食地上异物（毛杨毅摄）

扫一扫
观看视频 7-4 羊啃食粪便（毛杨毅摄）

扫一扫
观看视频 7-5 羊啃食墙土（毛杨毅摄）

3. 白肌病

羔羊白肌病亦称肌营养不良症，是一种微量元素缺乏症。该病的发生与饲料或母乳中维生素E、硒、钴、铜和锰等微量元素缺乏有关。主要表现羊运动障碍、起立困难、肢体僵硬、共济失调。心跳加速，节律不齐。羊骨骼肌苍白，肌肉、心肌等器官或组织变性、坏死。肝脏肿大，质地变脆等。

防治措施：本病多为地方性疾病。对病羊应用硒制剂进行治疗，如0.2%亚硒酸钠溶液2毫升，每月肌内注射1次，连用2次。与此同时，应用氯化钴3毫克、硫酸铜8毫克、氯化锰4毫克、碘盐3克，加水适量内服。

4. 黄膘

羊黄膘病是以羊体脂肪组织呈现黄色为特征的一种色素沉积性疾病，又称黄脂病，直接影响羊肉的品质。该病主要发生于育肥羊场，机体内维生素E缺乏，再加上天然饲料中硒供应不足，导致抗酸色素在脂肪中沉积，促使黄色脂肪产生。或因在育肥中使用含铜较多的饲料，或因焦虫病等都可引起羊的黄膘。

防治措施：在肉羊育肥的生产中，精饲料的比例不宜过高，粗饲料的比例不低于30%，可适量在日粮中添加天然抗氧化剂硒和维生素E。另外，禁止使用猪的育肥饲料。

5. 尿结石

尿结石（石淋）是在肾盂、输尿管、膀胱、尿道内生成或存留以碳酸钙、磷酸盐为主的盐类结晶，使羊排尿困难，并由结石引起泌尿器官发生炎症的疾病，主要发生于育肥公羊，轻症排尿困难，重症无法排尿，膀胱破裂，甚至造成死亡。患病羊因排尿困难不愿走动，鸣叫、卧地、食欲减退，若不及时处理会造成腹部水肿、膀胱破裂、死亡。该病主要是由于在育肥中饲喂大量精饲料，或因饲料中钙、磷比例不平衡，导致溶解于尿液中的各种盐类在凝结物周围沉积形成结石。肾炎、膀胱炎、尿道炎也能引起结石形成，饲料和饮水中含钙、锌盐类较多可促使结石的发生。

防治措施：控制谷物、甜菜块根等的饲喂量，合理调配精饲料与粗饲料的比例，调整饲料中钙磷比例，减少饲料中的麸皮使用量。对患病羊轻者可使用利尿药排除碎小结石，对重症羊可淘汰宰杀。对价值比较高的种公羊可采用手术法去除膀胱结石（图7-39～图7-42）。

图7-39　尿结石患病羊姿势
（毛杨毅摄）

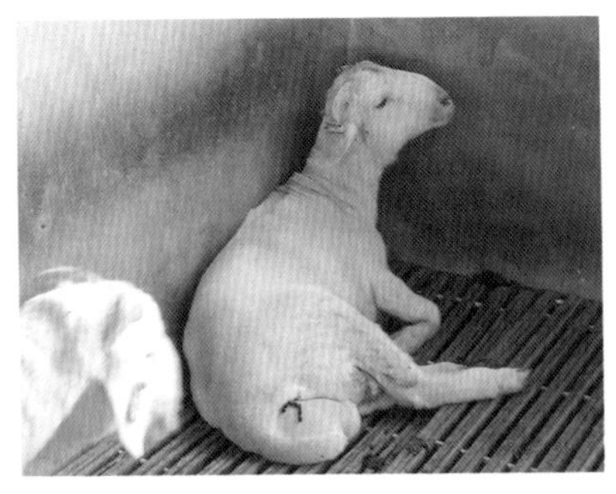
图7-40　尿结石患病羊精神状态
（毛杨毅摄）

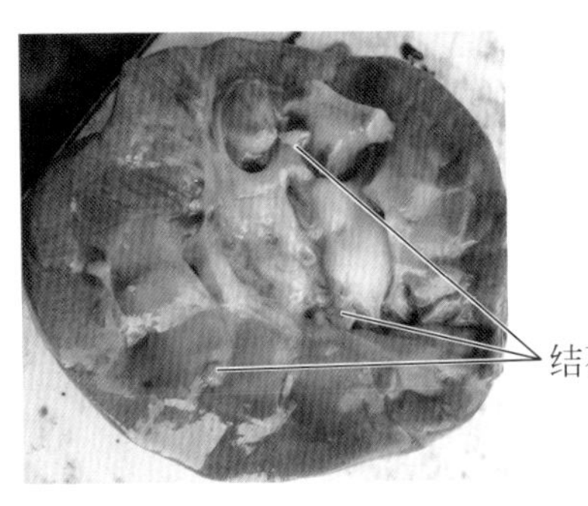

图7-41　肾脏结石（毛杨毅摄）

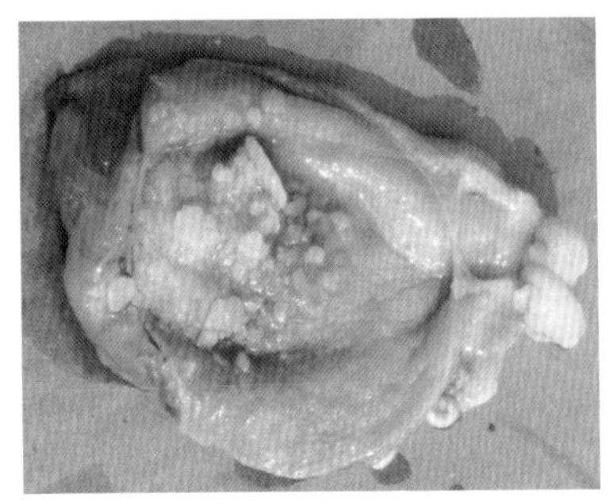
图7-42　膀胱结石（毛杨毅摄）

6. 佝偻病

佝偻病是因维生素D不足，钙、磷代谢障碍所致的骨骼发育变形的疾病。该病主要见于饲料中维生素D含量不足及日光照射不够；饲料中钙、磷比例不当，营养不良，哺乳期缺奶等都可引起病症。病羊主要体现在生长发育停滞或严重缓慢。

防治措施：改善和加强母羊的饲养管理，特别是羔羊时期的营养要满足羊生长发育的需要。对于生长发育特别差，没有饲养价值的羊应及时淘汰处理。

7. 脱毛病

绵羊脱毛症是指在非寄生虫性、皮肤无病变的情况下，被毛发生脱落的症状。饲料中锌、铜、含硫氨基酸和蛋白质缺乏与该病有关，或因羊的某个饲养阶段严重营养不足导致毛囊发育阶段性停止，或因羊患病高烧、皮肤寄生虫病都和该病有关。患病羊表现局部或全身被毛缺乏光泽、脱落、变稀，皮肤发红等。

防治措施：根据饲料和饲养管理情况分析病因，进行针对性的治疗或采取相应的饲养管理措施（图7-43、图7-44）。

图7–43　绵羊脱毛症（毛杨毅摄）

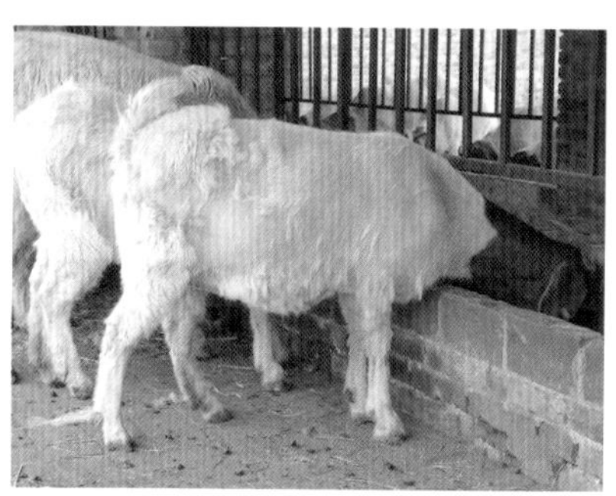

图7–44　山羊脱毛症（毛杨毅摄）

五、羊中毒性疾病防治

1.有机磷农药中毒

有机磷农药中毒是由于接触、吸入农药或采食某种被有机磷农药污染的牧草、饲料、水源所致。本病以神经过度兴奋为其特征，轻度中毒时呈现流涎、呕吐、出汗、腹泻、呼吸困难，重者全身抽搐、痉挛而导致肌麻痹、倒地不起，呼吸中枢麻痹、肺水肿或因循环衰竭而死亡。

防治措施：禁止在喷洒农药的草地、地埂、果园、农作物地块放牧，或食用已被污染的饲草及加工副产品。对病羊可用解磷定治疗，剂量按每千克体重15 ～ 30毫克，溶于5%葡萄糖溶液100毫升中，静脉注射；或用硫酸阿托品10 ～ 30毫克，肌内注射。对因农药致死的羊严禁食用和随意丢弃，应深埋处理。

2.霉变饲料中毒

羊采食发霉饲料或者牧草后，由于含有大量霉菌（黄曲霉毒素、赤霉菌、镰刀菌、青霉菌等）而发生霉菌中毒的现象。由于饲草（牧草、农作物秸秆等）或饲料（主要是精饲料原料，如玉米、豆粕、花生饼等）在保存过程中水分过高、通风不良导致饲料原料发霉变质，或青贮饲料因密封不好、透气、漏水导致饲料霉变、腐烂等。若在饲喂中投喂发霉变质的饲料，轻者引起羊腹泻、肠炎等的消化道疾病，重者食欲降低、呕吐和发生神经症状等，甚至死亡。

防治措施：该病例容易发现，一般最初出现腹泻、食欲减退等症状，应停止饲喂霉变饲料，同时彻底清除饲槽内剩余的饲料，改成饲喂无霉变、无污染的新鲜精料，在日粮配制中可添加脱霉剂。如中毒较重，可先用吸附剂（如蒙脱石、面粉等）给羊灌服，或及时用缓泻剂。

3.毒草中毒

在放牧过程中因羊误食有毒的草或饲料（黑斑病甘薯、高粱再生苗、腐烂马铃薯或嫩芽）而导致的中毒现象。主要发生在春季，春季万物复苏、毒草往往萌发较早，毒性较大，春季羊因贪食青草而误食毒草（如狼毒草、曼陀罗、乌头草、夹竹桃叶、苦杏树叶、蓖麻叶及籽实等）而引起中毒。病羊精神萎靡、呆立不动或倒地不起、采食和反刍停止、瘤胃臌胀、腹痛、腹泻、呼吸困难、抽搐等，严重者可致死亡。

防治措施：青草春季返青时，不要在有毒草的地方放牧，以免因误食而中毒。羊发生中毒后，可皮下注射1%硫酸阿托品注射液0.5～1毫升，必要时1～2小时再重复注射1次；强心补液，皮下注射10%安钠咖3毫升，静脉滴注生理盐水或5%葡萄糖生理盐水500毫升，加维生素C；4%高锰酸钾或3%过氧化氢溶液洗胃。

4.食盐中毒

食盐中毒是指羊因吃入过量食盐所致的中毒，中毒剂量为3～6克/千克体重，致死剂量为150～300克。高浓度食盐对胃肠道黏膜具有渗透和刺激作用，可导致腹泻及胃肠炎，瘤胃蠕动消失、瘤胃臌气、呼吸困难、兴奋不安、磨牙、肌肉震颤、行走困难、水肿，严重者昏迷，最后窒息死亡。还可使血液钠离子浓度及血浆渗透压增高，造成细胞脱水，组织间液增多。

防治措施：饲料中食盐添加量不超过2%，满足羊自由饮水。发现中毒症状可用含5%葡萄糖的生理盐水500毫升静脉注射；内服蓖麻油150～200毫升或鞣酸、鞣酸蛋白、次硝酸铋等。

5. 苜蓿中毒

苜蓿青草中含有大量皂苷，在瘤胃内形成大量泡沫，阻塞嗳气排出，因而致病，且由于采食后发病快，若处理不及时容易因胀气造成死亡。主要症状是瘤胃急剧膨胀，精神沉郁，结膜充血，呼吸困难，行走不稳，倒地死亡等。

防治措施：严禁在苜蓿地放牧，特别是在春季和雨后，刈割的青苜蓿经晾晒1天后进行饲喂，饲喂量由少到多，不能全部饲喂青苜蓿，应和其他干草搭配饲喂。发生中毒后，应紧急灌服石蜡油，减少泡沫产生，若臌气严重可用套管针在羊左侧腹部上方进行瘤胃放气，或按压腹部，帮助瘤胃气体排出。

6. 氢氰酸中毒

氢氰酸中毒是羊吃了富有氰苷的青饲料，在胃内由于酶的水解和胃液中盐酸的作用，产生游离的氢氰酸而致病。该病常因羊采食过量的胡麻苗、高粱嫩苗、玉米嫩苗等而突然发作。饲喂机榨胡麻饼，因含氰苷量多，也易发生中毒。

防治措施：禁止在含有氰苷作物的地方放牧。应用含有氰苷的饲料喂羊时，宜先加工调制。发病后速用亚硝酸钠0.2克配成5%溶液静脉注射，然后再用10%硫代硫酸钠溶液10～20毫升静脉注射。

7. 酸中毒

羊酸中毒多发生在强度育肥的羊，主要是因为羊长期采食大量精饲料或青贮饲料，导致乳酸的异常发酵和乳酸浓度的急剧上升，瘤胃蠕动被抑制。过多的乳酸被吸收后，引起血液中的乳酸增高而发生全身性酸中毒。病羊两眼无神、口吐白沫、高声鸣叫、饮食俱废、倒地不起、脱水等。卧多立少，不愿走动，强行驱赶，行走

无力，不驱赶时又卧下。耳、鼻、四肢末梢发凉，结膜淡白或发绀，舌质薄软无力，舌苔淡白。体温一般正常或偏低。可引起继发性蹄炎，严重的酸中毒可导致心、肝、肾等重要器官的变性和坏死，甚至引起羊的休克和因循环衰竭而死亡。

防治措施：科学配制饲料，调控精饲料和粗饲料的比例，适当减少精饲料的饲喂量和防止急剧增加精饲料饲喂量，并在饲料中添加2%的小苏打。对病羊暂饲喂精饲料，静脉注射生理盐水或5%的葡萄糖氯化钠250～500毫升，或静脉注射5%的碳酸氢钠10～20毫升，或静脉注射20%甘露醇或25%山梨醇25～30毫升。

六、羊繁殖疾病防治

1.不孕

适龄繁殖母羊不发情或发情久配不孕，称为不孕症。先天性不孕常见于生殖器官畸形。后天性不孕见于经产羊的卵巢、子宫炎症、母羊过于肥胖或过于消瘦、某些寄生虫或传染病引起的不育症等。

防治措施：对有先天性不孕的羊（如间性羊同时具有雌性和雄性生殖器官的羊）进行淘汰处理。对因流产造成子宫炎症的应进行消炎治疗处理，若仍不能怀孕，应淘汰。对过于肥胖的母羊要减少营养供给，使体况保持中上等膘情，对因营养不良引起的不孕，应加强饲养管理，尽快恢复膘情。

2.难产

难产是指母羊不能自主生产羔羊，需要人工助产的现象。造成难产的原因主要有母羊体格过小或发育不完全、骨盆腔狭窄、胎儿过大、胎位异常等。

防治措施：初配母羊年龄不宜过小，早熟羊品种初配年龄控制在8～10月龄及以上，其他品种配种不低于12月龄，甚至在18月龄配种。初配母羊不宜用大型品种公羊进行配种，经产羊可用大型的品种公羊配种。在母羊妊娠期要注意母羊的锻炼。对于难产的羊要人工助产，首先要明确难产的原因，然后采取相应的措施。若胎位不正，需要将羊送回子宫内进行胎位矫正。若胎儿过大，需要人工进行牵引，若确实无法拽出，就需要进行剖宫产。

3.乳腺炎

乳腺炎是乳腺、乳池、乳头局部的炎症。该病多因挤乳人员技术不熟练，损伤了乳头、乳腺体；或因挤乳人员手臂不卫生，使乳房受到细菌感染；或羔羊吮乳咬伤乳头；或因母羊泌乳能力强而羔羊采食不足引起；亦见于结核病、口蹄疫、子宫炎、羊痘、脓毒败血症等过程中。

防治措施：对于膘情好的母羊，在产前一周和产后一周的时间内适当减少精饲料和多汁饲料的饲喂量，产后一周逐步增加精饲料的饲喂量。注意挤乳或乳房卫生，扫除圈舍污物，在绵羊产羔季节应经常注意检查母羊乳房。对于患病羊应先将奶挤净，然后用青霉素40万国际单位、0.5%普鲁卡因5毫升，溶解后用乳房导管注入乳孔内，然后轻揉乳房腺体部，使药液分布于乳腺中（图7-45、图7-46）。

图7-45 奶山羊乳腺炎（毛杨毅摄）

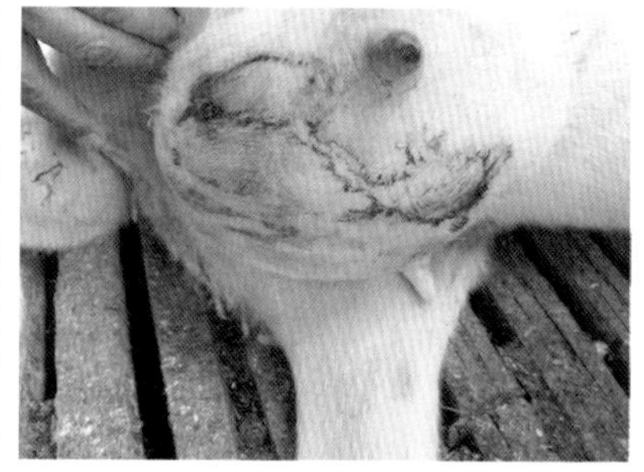
图7-46 绵羊乳腺炎（毛杨毅摄）

4.弱羔

羔羊在出生时出现体质弱、适应能力和抵抗力均较差的情况称为弱羔，主要表现为不能自己寻找母羊乳房吸乳或不会吸乳，羔羊无力，卧地不起，或羔羊体重过小，体质弱、羔羊打战等。发病主要原因多数是母羊在妊娠期营养不良，母羊体质差、羔羊体重小、发育不完全，或母羊母性差，羔羊出生后未能及时吃上初乳，冬季产羔圈舍太冷等。

防治措施：加强母羊怀孕期饲养管理，特别是妊娠后期的饲养管理，有利于确保母羊膘情和胎儿发育，使母羊能够在产后多泌乳和增加羔羊初生重。冬季产羔季节注意圈舍的保温。对弱羔的护理，一是产后及早吃上初乳，对母性不好或羔羊不能自主吸乳的羔羊要保定母羊或挤出初乳补喂羔羊；二是采取温水浴，确保羔羊不失温，然后擦干水，将羊放在温暖的地方；三是对体质弱或病情较重的羔羊可在温水浴的同时注射25%的葡萄糖和10%的葡萄糖酸钙各10毫升。

5. 阴道脱垂

母羊阴道部分或全部翻出于阴门之外，阴道黏膜暴露在外面，引起阴道黏膜充血、发炎，甚至形成溃疡或坏死的疾病，称为阴道脱垂，多发生于母羊妊娠的中后期，主要是由于母羊多胎或胎儿过大引起的腹压过大，或因母羊运动不足、母羊年老体弱等，使固定阴道的结缔组织松弛造成阴道脱垂，也与某些羊的品种有关。

防治措施：对于妊娠母羊在加强饲养管理的同时，要加强运动。对患病羊采取整复固定措施，将脱出部分先用生理盐水清理污染物，然后用0.1%高锰酸钾溶液或新洁尔灭再次仔细清洗，清洗后用消毒纱布把脱出的阴道包盖，轻轻将脱出的阴道送回。若羊持续努责再次脱出时，可施阴道口部分缝合术，隔天查看母羊是否努责，若无异常，可拆除缝合线。为预防感染可注射抗生素类药物（图7-47）。

图7-47　阴道脱垂（毛杨毅摄）

6. 流产

流产是指母畜妊娠中断，或胎儿不足月就排出子宫而死亡。流产的原因极为复杂，主要原因有传染病（如羊的布鲁氏菌病、衣原体病、羊痘等）、羊营养不良、冲撞、拥挤、长途运输、饲喂冰凉和发霉饲料、饮用冰碴水或雪地放牧、疫苗注射、剪毛（抓绒）等。

防治措施：以加强饲养管理为主，确保母羊的膘情，严禁饲喂变质的饲草料和饮用冰碴水，控制羊出入圈别拥挤。对生产群母羊进行布鲁氏菌病的免疫，对患病羊要及时淘汰处理。对有流产先兆的母羊，可用黄体酮注射液2支（每支含15毫克），1次肌内注射。对死胎滞留时，应采用引产或助产措施，对胎儿、胎盘进行无害化处理，对生产场地进行消毒（图7-48）。

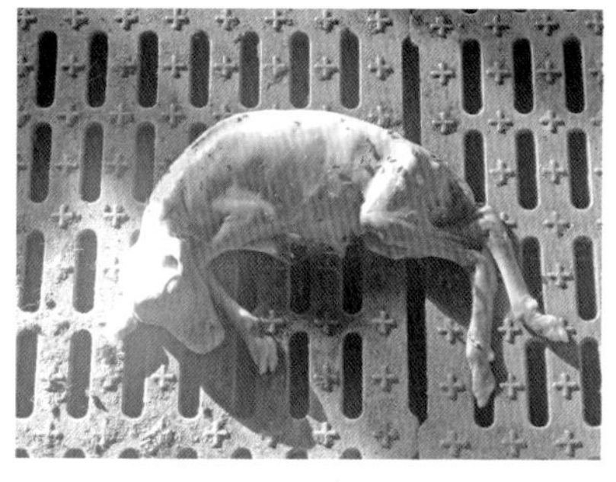

图7-48　流产的胎儿（毛杨毅摄）

7.胎衣不下

胎衣不下是指孕羊产后4～6小时，胎衣仍排不下来的疾病。该病多因孕羊缺乏运动，饲料中钙磷比例不当，缺乏维生素，体质虚弱。此外，子宫炎、布鲁氏菌病等也可致病。

防治措施：加强饲养管理，注意日粮中钙磷比例，特别是注意维生素和多汁饲料的补充。对病羊分娩后不超过24小时的，可应用马来酸麦角新碱0.5毫克，1次肌内注射；或垂体后叶素注射液或催产素注射液0.8～1.0毫升，1次肌内注射。或采取手术剥离法，应用药物已达48～72小时而不奏效者，应立即采用此法，辅以防腐消毒药或抗生素预防感染。

8.子宫炎

子宫炎症是子宫内膜急性化脓性炎症。该病多因分娩、助产、子宫脱、阴道脱、胎衣不下、腹膜炎、胎儿死于腹中等导致细菌感染而引起的子宫黏膜炎症。该病临床可见急性和慢性两种，按其病程中发炎的性质可分为卡他性、出血性和化脓性子宫炎。

（1）急性　初期病羊食欲减少，精神欠佳，体温升高。因有疼痛反应而磨牙、呻吟。常有拱背、努责、排尿姿势，阴户内流出污红色脓性分泌物，尾根及外阴周围常附着有分泌物及其干痂。

（2）慢性　病情较急性轻微，病程长，子宫有少量混浊絮状黏液或脓液分泌物排出。如不及时治疗可发展为子宫坏死，继而全身状况恶化，发生败血症或脓毒败血症。有时可继发腹膜炎、肺炎、膀胱炎、乳腺炎等。

防治措施：加强母羊产羔过程的卫生消毒工作，对因难产、流产或胎衣不下的母羊及时进行治疗，防止引起子宫炎症。对病羊应及早进行净化清洗子宫，预防感染和自体中毒，用0.1%高锰酸钾溶液反复几次清洗子宫，再注入青霉素溶液抗菌消炎，隔日一次，连续几次，至无脓性分泌物排出为止。在清洗治疗的同时，可应用10%葡萄糖液100毫升、林格液100毫升、5%碳酸氢钠溶液30 ～ 50毫升，1次静脉注射；肌内注射维生素C 200毫克。

9.妊娠毒血症

羊妊娠毒血症是母羊妊娠末期发生的急性代谢性疾病。多数是因为羊在怀孕后期营养不足，促使母羊开始分解利用贮存于组织中的营养物质，逐渐引起脂肪、碳水化合物及蛋白质的代谢发生严重紊乱，体内酮体生成增多，最后导致酸中毒，逐步导致肝脏、肾脏组织变性及中枢神经系统发生障碍。病羊表现精神沉郁、食欲减退、瘤胃弛缓、反刍停止、磨牙、四肢痉挛、卧地不起、昏迷等症状，甚至可导致死亡。

防治措施：加强母羊妊娠后期的饲养管理，给予富含蛋白质的饲料、优质青干草、胡萝卜及矿物质等；为解毒及保护肝脏，可静脉注射20%葡萄糖150 ～ 200毫升，加入维生素C 0.5克，同时肌内注射维生素B_1；亦可注射葡萄糖酸钙100 ～ 200毫升。

10.公羊性欲低

主要表现公羊对发情母羊无性欲，不嗅、不交配。多发生在新参加配种的公羊及有生殖器官疾病的公羊，或因配种方法（如因母羊尾巴过大，公羊多次试配过程中无法完成交配，从而使公羊不再配种）或因人工采精时操作不当引起羊不适而导致羊的性冷淡，或因公羊过于肥胖或过瘦、运动不足、公羊顶撞等原因造成性欲低。

防治措施：加强公羊的选择和饲养管理，保持中上等膘情，配种期多运动。对新参加配种的公羊可让其观摩其他公羊配种，或放在发情母羊群进行性诱导。对性欲低的公羊可以进行睾丸按摩，也可注射睾丸素提高性欲。

七、羊外科疾病防治

1. 腐蹄病

腐蹄病也叫蹄间腐烂或趾间腐烂，是由坏死杆菌侵入羊蹄缝内，造成蹄质变软、腐烂流出脓性分泌物。该病的发生多数是因为羊舍卫生状况差，特别是长期圈舍粪便不清扫，环境潮湿，或因阴雨天羊蹄子长期浸泡在粪污中导致趾间腐烂。也可由外伤或羊酸中毒引起。病羊蹄部肿胀、局部发热、蹄壁或蹄底坏死、溃疡，排出脓液。行走困难、蹄不敢着地。

防治措施：注重消除促进发病的各种因素，加强蹄子护理和修蹄；注意圈舍卫生，及时清理粪便，保持清洁干燥，尽量避免或减少在低洼、潮湿的地区放牧，雨天要及时排出圈舍的雨水、污水。

对病羊要及时隔离在干燥、卫生的环境进行治疗，除去患部坏死组织，清理到出现干净创面时，用食醋、4%醋酸、1%高锰酸钾、3%来苏尔或双氧水冲洗，再用10%硫酸铜或6%福尔马林进行浴蹄，然后用浸有碘甘油的纱布填充在创口，再用纱布进行包裹。若脓肿部分未破，应切开排脓，然后用1%高锰酸钾洗涤，再涂搽浓福尔马林，或撒以高锰酸钾粉。

2. 骨折病

由于羊的顶撞或装卸车、围栏等多种外因而导致羊腿骨或肋软骨发生完全或部分中断称为骨折。

防治措施：注意饲养管理过程中防止羊打架、顶撞而造成腿骨骨折或肋骨撞伤，在装卸羊时注意马槽边缘的缝隙蹩伤羊蹄，注意圈舍内的围栏缝隙及漏缝地面的缝隙对羊蹄的损伤。对于腿部掌骨和跖骨的骨折多采用夹板进行固定。

3. 脓肿

脓肿是组织、器官或体腔内，因病变组织坏死、液化而出现的局限性脓液积聚，四周有一完整的脓壁，属于急性感染过程中。多数是羊体局部受到外力刺伤（铁丝、铁钉的锐物）或打针等造成皮下化脓性炎症，也可由其他病变引起。

防治措施：对于体表部位的脓肿采取切开排脓处理，待脓肿部位的脓汁成熟（软化）后，在脓包的底端切口，挤出脓汁，并用双氧水和生理盐水清洗干净后，在脓包内注入青霉素，切口进行消毒处理，随后每天处理创口至愈合为止。对于排出的脓汁及相关场地要进行消毒处理。

4. 创伤

创伤是羊体局部受到外力作用而引起的软组织或其他组织开放性损伤以及因手术而造成的创伤，最明显的症状是有外伤、流血等。

创伤治疗：对新鲜创伤要进行创伤止血、清洁创围、清理创腔、创伤用药、创面整理和包扎。对化脓创伤进行清洁创围、冲洗创腔、使用防腐药物、处理创腔、引流、固定引流物。

八、羊眼病防治

1. 结膜炎

结膜炎是结膜组织在外界和机体自身因素的作用而发生的炎性反应的统称。常由于外来的或内在的各种刺激而引起。患病羊对光刺激较为敏感，结膜充血、流泪、眼角有黄色分泌物，甚至将眼睑粘连，影响采光。

治疗：清洗患眼，用3%硼酸溶液或0.1%利凡诺溶液清洗眼结膜。急性期要用冷敷，后期用热敷，再用0.5%～1%硝酸银溶液点眼，每日1～2次。慢性结膜炎的治疗要以热敷为主，同时可用磺胺噻唑眼药膏涂于结膜内。

2. 角膜炎

角膜炎是指因角膜外伤，细菌及病毒侵入角膜引起的炎症。多由于外伤或异物误入眼内而引起，眼角暴露、细菌感染、营养障碍、邻近组织病变的蔓延等均可诱发本病。病羊表现角膜增厚、发白，甚至覆盖整个眼珠导致羊失明，也表现有流泪、眼角有黄色分泌物，甚至将眼睑粘连，影响采光等症状。

治疗：为了促进角膜浑浊物的吸收，可向患眼点入40%葡萄糖溶液或用自体血眼睑皮下注射。每天静脉注射5%碘化钾溶液20～40毫升，连用7天，或每天内服碘化钾5～10克，连服5～7天。剧烈疼痛时，可用10%颠茄软膏或5%狄奥宁软膏涂于患眼内。

3.青光眼

青光眼是指眼内压间断或持续升高的一种常见疑难眼病。青光眼的病因尚不明确，但公认的病因为棉籽饼中毒、维生素缺乏、近亲繁殖或急性出血、性激素代谢紊乱和碘不足等。

治疗：高渗疗法，可静脉注射40%～50%葡萄糖溶液400～500毫升，或静脉内滴注20%甘露醇（1克/千克体重）。手术疗法：用角膜穿刺排液术进行临时性治疗。点眼法，用槟榔抗青光眼眼药水滴，每5分钟点1次，共点6次，然后改为每半小时1次。

第六节 羊场生物安全与防疫制度

一、羊场生物安全

生物安全是指国家有效防范和应对危险生物因子及相关因素威胁，生物技术能够稳定健康发展，人民生命健康和生态系统相对处于没有危险和不受威胁的状态，生物领域具备维护国家安全和持续发展的能力。

羊场生物安全是指在养羊生产过程中采取有效措施，防范致病菌与致病因素的威胁，确保羊群健康、人员安全（预防人畜共患病发生）、畜产品安全（皮、毛、肉、乳等）、环境安全（土地、水源等）等，使之处于没有危险和不受威胁的状态，实现产业的持续发展，提高养殖经济效益和社会效益。

1.羊场生物安全影响因素

（1）病原菌　病原菌（细菌、病毒、真菌）的存在和新的病原菌的发生（如引种带来新的病原菌）及寄生虫都是羊致病和影响羊健康的主要原因之一。

（2）病原传播途径　病原菌存在的养殖生产环境和羊体中，存在于不同的养殖场地或生产区域，病原菌可通过空气和被污染的饲草料、水、用具、圈舍场地、放牧地和带菌人员等多种渠道进行传播，是导致羊群发病的主要因素之一。为此，加强检疫，防止外来病原菌的引入，加强养殖场所、用具等消毒及病羊的隔离是切断病原菌传播的有效措施。

（3）饲料与兽药质量　腐败、变质和有毒有害的饲料及不合理的用药及使用违禁药品，也是引起羊病发生和影响产品质量安全的主要因素之一。

（4）养殖环境　不良的养殖环境往往是病原菌存活的场所，也是诱发多种疾病发生的主要因素，如不及时清理被病原菌污染的饲草、水槽、用具及粪便等，都会增加健康羊被感染和发病的概率，潮湿的环境、恶劣的空气质量及高温、高湿、寒冷等都容易引起羊病的发生。

（5）防疫制度　防疫制度是针对养殖场确保羊场生物安全所制定的一系列规章制度和防控措施，包括预防病原菌的引入、传播途径的阻断、预防免疫、病羊诊治、环境控制、消毒、病死畜及废弃物的无害化处理等各个方面。没有明确的防疫措施就无法确保羊场的生物安全和正常生产。

（6）科学养殖　饲喂劣质饲草料、不洁饮水、营养不良等都会造成羊体质下降、抗病力减弱，并引起羊的发病和导致畜产品质量安全问题的发生。因此科学饲养也是影响羊场生物安全的主要因素之一。

2.羊场生物安全技术措施

（1）设施性安全措施　羊场设施性生物安全措施主要是指通过一些建筑设施、生产设施来减少、阻断传染病的传播途径，达到养殖安全生产的目的所采取的一系列措施。

① 养殖场址选择　羊场场址的选择应符合《中华人民共和国畜牧法》的有关规定，远离居民区、学校、工厂、屠宰场、水源地、交通主干线及其他规模养殖场等。应充分调查了解所选场地及周围以往的传染病发生情况、水源质量等。养殖场应建在向阳、高燥的地段。通过场址的选择达到防止外来病原菌对养殖区的生物安全影响，也防止养殖场对周边环境的生物安全影响。

② 养殖场布局　养殖场的布局在符合生产流程的基础上，要通过布局来达到控制养殖场生物安全的目的，确保人畜安全。一般养殖场的布局主要分为三大块，一是办公生活区，建在养殖场的上风向，确保人员的安全。二是生产辅助区（饲草料储存、加工），建在办公生活区的下风向，另一面与养殖区接壤。三是养殖区，位于场区的下风向，主要是圈舍、运动场及堆肥场所，在养殖区要通盘考虑用于拉运饲料的净道和运输粪便的污道要明显分开。场区内各个区之间界限明显，要有一定间隔距离或设立绿化带或隔墙。

③ 防疫设施　在养殖场入口设置车辆消毒池和人员消毒通道。进入养殖区也要有人员消毒通道、更衣室、淋浴室。圈舍要配备消毒喷淋设施或场区配备有消毒机（车）。

（2）技术性安全措施

① 动物检疫　检疫是发现病畜，阻断传播源的有效措施。引进羊要在原产地进行动物检疫和车辆消毒，取得动物检疫合格证和车辆消毒运输合格证。对新引进的羊要在隔离羊舍进行隔离饲养一段时间，确认无疫病后再进入生产群。每年应对羊群进行检疫，对患传染病的病羊进行隔离和淘汰或进行无害化处理。

② 动物免疫与预防　加强动物免疫是预防传染病发生的主要技术措施，根据当地疫情情况，每年定期对羊群进行免疫注射和对羊进行驱虫，提高羊的免疫力和减少寄生虫病的危害，有助于避免或减少传染病、寄生虫病的发生。

③ 疾病防治　在加强对羊病预防的基础上，同样要注重和加强对病羊的诊治，及时发现、对症治疗，减轻羊的病痛，缩短羊的病程，提高羊病的治愈率，减少羊的死亡率。

④ 病死畜及废弃物无害化处理　病死畜多是病原体，必须进行有效的处理，确保病原不扩散、不传播。根据病死羊的原因采取病羊的处理措施，对传染病死亡的病羊一定要进行无害化处理，对被污染的场所、饲养用具和剖检后的尸体、脏器等进行彻底的消毒处理。养殖场的废弃物是羊排泄的粪便、采食后的剩余劣质饲草、脱落的羊毛等，在这些废弃物中含有多种微生物、寄生虫的虫卵和有害物质，是潜在的污染源，因此必须进行无害化处理，消灭病原，减少对环境的污染。

⑤ 饲料、兽医投入品质量控制　养殖过程中的饲草必须确保营养丰富、适口性好，未霉变、变质，饲料添加剂也必须符合国家有关标准要求，严禁使用禁止使用的饲料和添加剂。加强对兽药的使用管理，兽药使用的范围和使用方法必须符合国家的有关规定，确保羊群健康和畜产品安全。

⑥ 养殖环境控制　养殖场环境控制的目的是为羊提供良好的生活环境，减少各种不利因素对羊造成的不良影响，有利于羊群健康和正常的生长发育及生产。养殖环境主要包括养殖密度、圈舍的卫生状况、圈舍空气质量状况、保暖御寒情况、养殖场地消毒情况等。

⑦ 科学饲养　科学饲养是确保羊健康体质和高效生产的基础，一定要按照不同类型羊生长发育和生产所需的营养需求，配制质量保证、营养丰富、适口性好的日粮，并进行科学投喂，这样才能保证羊的健康体质和正常生产性能的发挥，减少羊病发生率和取得较好的生产效果，生产高质量的畜产品。营养不良往往会造成羊的消瘦、生长发育缓慢、生产性能下降及抵抗力弱，发病率增加等。

二、羊场防疫制度

防疫制度是养殖场（户）为防治动物疾病，根据本场实际情况而制定的一系列防疫管理措施和实施办法。防疫制度必须明确目标责任和具体措施，并具有科学性和可操作性。防疫制度主要包括以下几个制度。

1. 卫生防疫制度

明确全场防疫的组织机构、负责人，对全场人员及养殖环境卫生提出具体要求和实施措施。

2. 检疫、免疫与驱虫制度

制定羊场动物疫病的检疫措施，对传染病的预防免疫的种类、免疫时间、免疫方法，对寄生虫病的驱虫种类、驱虫时间、驱虫药物等相关制度。国家强制免疫的疫病有口蹄疫、小反刍兽疫、布鲁氏菌病（种羊场种羊除外，应坚持检疫和淘汰的防疫措施）、羊痘、包虫病及炭疽病（区域性）。

3. 消毒制度

消毒制度包括进出羊场的车辆和人员消毒制度、圈舍及运动场消毒制度、养殖用具消毒制度等。明确消毒的时间、消毒药品、消毒方法等。

羊舍消毒一般分两个步骤进行：第一步先进行机械清扫；第二步用消毒液消毒。机械清扫是搞好羊舍环境卫生最基本的一种方法。据试验，采用清扫方法，可使畜舍内的细菌数减少20%左右，如果清扫后再用清水冲洗，则畜舍内的细菌数可减少50%以上，清扫、冲洗后再用药物喷雾消毒，畜舍内的细菌数可减少90%以上。常用的消毒药有10%～20%石灰乳、10%漂白粉溶液、0.5%～10%菌毒敌（原名农乐，同类产品有农福、农富、菌毒灭等）、0.5%～1.0%氯异氰尿酸钠（以此药为主要成分的消毒剂有强力消毒灵、灭菌净、抗毒威等）、0.5%过氧乙酸等。消毒方法是将消毒液盛于喷雾器内，先喷洒地面，然后喷墙壁，再喷天花板，最后再开门窗通风，用清水刷洗饲槽、用具，将消毒药味除去。如羊舍有密闭条件，可关闭门窗，用福尔马林熏蒸消毒12～24小时，然后开窗通风24小时。福尔马林的用量为每立方米空间用12.5～50毫升，加等量水一起加热蒸发，无热源时，也可加入高锰酸钾（30克/米^3），即可产生高热蒸发。在一般情况下，羊舍消毒每年可进行两次（春秋各1次）。产房的消毒，在产羔前应进行1次，产羔高峰时进行多次，产羔结束后再进行1次。在病羊舍、隔离舍的出入口处应放置浸有消毒液的麻袋片或草垫；消毒液可用2%～4%氢氧化钠、1%

菌毒敌（对病毒性疾病），或用10%克辽林溶液（对其他疾病）。

地面土壤消毒可用10%漂白粉溶液、4%福尔马林或10%氢氧化钠溶液。停放过芽孢杆菌所致传染病（如炭疽）病羊尸体的场所，应严格加以消毒，首先用上述漂白粉溶液喷洒地面，然后将表层土壤掘起30厘米左右，撒上干漂白粉，并混合，将此表土妥善运出掩埋。其他传染病所污染的地面土壤，则可先将地面翻一下，深度约30厘米，在翻地的同时撒上干漂白粉（用量为每平方米面积0.5千克），然后以水润湿，压平。如果放牧地区被某种病原体污染，一般利用自然因素（如阳光）来消除病原体；如果污染的面积不大，则应使用化学消毒药消毒。

粪便消毒最实用的方法是生物热消毒法，即在距羊场100～200米以外的地方设一堆粪场，将羊粪堆积起来，上面覆盖10厘米厚的沙土，堆放发酵30天左右，即可用作肥料。

污水消毒最常用的方法是将污水引入污水处理地，加入化学药品（如漂白粉或其他氯制剂）进行消毒，用量视污水量而定，一般1升污水用2～5克漂白粉。

4.饲料、兽药投入品制度

确保饲料和兽药安全性是饲料、兽药投入品制度的主要目的，包括饲料、兽药进出库登记制度、质量检测制度、兽药使用技术规程、休药期规定等，严禁使用明令禁止的饲料添加剂和药品。

5.病死羊及污染物无害化处理制度

制定对病死羊的剖检制度、病死羊及剖检组织的无害化处理方法、病羊污染物的消毒及无害化处理方法等。

6.粪便及废弃物资源化、无害化处理制度

制定对羊粪便的清理、堆肥沤制或有机肥生产的技术，养殖场废弃物的无害化处理措施等制度。

第七节

兽药使用与管理

一、兽药质量要求

兽药是用于预防、治疗、诊断动物疾病或者有目的地调解动物生理功能的物资（含药物饲料添加剂），主要包括血清制品、疫苗、诊断制品、微生态制品、中药材、中成药、化学药品、生化药品、抗生素、放射性药品及外用杀虫剂、消毒剂等。不合理或违规用药不仅对羊的健康和畜产品造成隐患，而且也在一定程度上对人们的健康也有负面影响。

兽药的质量影响使用安全和使用效果，因此在购买兽药时一定要确保是农业农村部批准的兽药或批准进口注册的兽药，其质量均应符合相关的兽药国家标准。在国家兽药基础信息查询系统中核实兽药产品的批准信息或兽用生物制品签发信息。不应购买和使用非法兽药生产企业和重点监控企业生产的产品及抽检不合格的产品，不得购买和使用签发数据库外的兽用生物制品。所购买的兽药应按照说明书的要求进行储存、运输和使用，以确保兽药的质量和使用效果。

二、兽药使用要求

1.兽药使用常规原则

（1）预防为主、治疗为辅原则　由于养殖者对畜禽疾病，特别是传染病方面的认识不足，往往出现关注治疗而不注重预防的现象。有的畜禽传染病只能早期预防，不能治疗，所以预防很重要，应做到有计划、有目的地使用疫苗进行预防，并根据实际情况及时采取隔离、治疗、扑杀等措施，以防疫情扩散。

（2）对症用药原则　不同的疾病用药不同，同一种疾病也不能长期使用一种药物治疗，长期使用会使有的病菌产生抗药性。如

果条件允许，最好是对病菌做分离和药敏试验，然后有针对性地选择药物，达到“药半功倍”的效果，杜绝滥用兽药和无病用药现象。

（3）适度剂量原则　防治畜禽疫病，如果剂量用小了，达不到预防或治疗效果，而且容易导致耐药性菌株的产生；剂量用大了，既造成浪费，增加成本，还会产生药物残留和中毒等不良反应。所以应严格按标签、说明书规定使用剂量，对确保防治效果和提高养殖经济效益十分重要。

（4）合理疗程原则　对常规畜禽疾病来说，一个疗程一般为3～5天，如果用药时间过短，起不到彻底杀灭病菌和治疗的效果，甚至可能会给再次治疗带来困难；如果用药时间过长，可能会造成药物浪费和残留现象。所以，在防治畜禽疾病时，要把握合理有效的疗程。

（5）正确给药原则　一般情况下，由于禽类数量大，能口服的药物最好随饲料给药而不作肌内注射，既方便省工，又可减少因大面积抓捕带来的一些应激反应。对于个别病羊可采用肌内或静脉注射给药，肌内注射比静脉注射省时省力，容易操作，能肌内注射的不作静脉注射，特殊情况必须进行静脉注射的应静脉注射，可达到快速发挥药效的目的。在羊出栏或屠宰前应根据药物及其停药期的不同，及时停药，可以避免残留药物影响食品安全。

2.兽药使用安全要求

在治疗过程中，只有使用通过认证的兽药，才能安全有效并避免产生药物残留和中毒等不良反应。对病羊尽量使用高效、低毒、无公害、无残留的“绿色兽药”，可添加作用强、代谢快、毒副作用小、低残留的非人用药品和添加剂，或使用生物学制剂药品，可加速控制畜疾病的发生与发展。兽药使用过程中，坚持低毒、安全、高效、科学配伍兽药，可起到增强疗效、降低成本、缩短疗程等积极作用，如果药物配伍使用不当，不仅不能有效发挥药效，疾病得不到及时有效治疗，严重者可导致用药中毒、死亡、体内药物残留超标等副作用，直接影响养殖经济效益。

3. 常用疫苗使用方法

免疫接种是激发机体产生特异性抵抗力，使其对某种传染病从易感转化为不易感的一种手段，是预防和控制传染病的重要措施之一。目前，我国羊的常用疫苗主要有以下几种。

（1）口蹄疫疫苗　可以选择使用O型和A型口蹄疫灭活疫苗进行肌内注射，每只羊注射1～2毫升，15天后产生抗体，疫苗的免疫期为4个月。羔羊可在28～35日龄时进行初免，间隔1个月后进行一次加强免疫，以后每间隔4～6个月再次进行加强免疫。发生疫情时进行紧急免疫，但最近1个月内已免疫的羊可以不进行紧急免疫。该疫苗属于国家强制免疫的疫苗。

（2）小反刍兽疫　我国目前使用小反刍兽疫弱毒疫苗，安全有效，保护期长，免疫保护期3年。怀孕母羊、羔羊（1月龄后）均可接种免疫。但对健康状况不良的羊，应待康复后接种。发生疫情时进行紧急免疫，最近1个月内已免疫的羊可以不进行紧急免疫。该疫苗属于国家强制免疫的疫苗。

（3）布鲁菌疫苗　M5疫苗为皮下或肌内注射免疫，S2疫苗为灌服或饮水免疫，免疫期为1年。种羊场不进行免疫，应坚持检疫和淘汰，发现患病羊及时进行淘汰。该疫苗属于国家强制免疫的疫苗。

（4）羊痘疫苗　山羊羊痘需要采用山羊痘弱毒冻干疫苗，绵羊羊痘需要采用绵羊痘弱毒冻干疫苗。使用前按标签注明头份用生理盐水进行稀释，每只羊皮下注射0.5毫升，免疫期1年。该疫苗属于国家强制免疫的疫苗。

（5）羊四联苗或羊五联苗　羊四联苗即羊快疫、羊猝疽、肠毒血症、羔羊痢疾苗，五联苗即羊快疫、羊猝疽、肠毒血症、羔羊痢疾、黑疫苗。每年于3月初和9月下旬分2次接种。接种时不论羊只大小，每只皮下或肌内注射5毫升。注射疫苗后14天产生免疫力。

（6）羔羊大肠杆菌疫苗　预防羔羊大肠杆菌病。皮下注射，3月龄以下的羔羊每只1毫升，3月龄以上的羔羊每只2毫升。注射疫苗后14天产生免疫力，免疫期6个月。

（7）羊流产衣原体油佐剂卵黄灭活苗　预防山羊衣原体性流产。在羊怀孕前或怀孕后1个月内皮下注射，每只3毫升，免疫期1年。

（8）口疮弱毒细胞冻干苗　预防山羊口疮。每年3月、9月各注射1次，不论羊只大小，每只口腔黏膜内注射0.2毫升。

（9）山羊传染性胸膜肺炎氢氧化铝菌苗　皮下或肌内注射，6月龄以下每只3毫升，6月龄以上每只5毫升，免疫期1年。

（10）羊链球菌氢氧化铝菌苗　预防山羊链球菌病。每年3月、9月各接种1次，免疫期6个月，接种部位为背部皮下。6月龄以下的羊接种量为每只3毫升，6月龄以上的每只5毫升。

（11）羔羊痢疾氢氧化铝菌苗　用于怀孕母羊，在怀孕母羊分娩前20～30天和10～20天时各注射1次，注射部位分别在两后腿内侧皮下。疫苗用量分别为每只2毫升和3毫升。注射后10天产生免疫力。羔羊通过吃奶获得被动免疫，免疫期5个月。

（12）破伤风类霉素　预防破伤风。免疫时间在怀孕母羊产前1个月、羔羊育肥阉割前1个月或羊只受伤时，一般在每只羊颈部中间1/3处皮下注射0.5毫升，1个月后产生免疫力，免疫期1年。

（13）Ⅱ号炭疽菌苗　预防山羊炭疽病。每年9月中旬注射1次，不论羊只大小，每只皮内注射1毫升，14天后产生免疫力。

免疫接种的效果，与羊的健康状况、年龄大小、是否怀孕或哺乳，以及饲养管理条件的好坏有密切关系。成年的、体质健壮或饲养管理条件好的羊群，接种后会产生较强的免疫力；反之，幼年的、体质瘦弱的、有慢性疾病或饲养管理条件不好的羊群，接种后产生的免疫力就要差些，甚至可能引起较明显的接种反应。怀孕母羊，特别是临产前的母羊，在接种时由于驱赶、捕捉等影响，或者由于疫苗所引起的反应，有时会发生流产或早产，或者可能影响胎儿的发育；哺乳期的母羊免疫接种后，有时会暂时减少泌乳量。因此，对这些羊除非已经受到传染的威胁，最好暂时不予接种。对那些饲养管理条件不好的羊群，在进行免疫接种的同时，必须创造条件改善饲养管理。

4.羊免疫程序（哈药集团生物疫苗有限公司提供）

见表7-1～表7-3。

表7-1　羔羊推荐免疫程序

日龄	免疫品种	生产厂家	毒（菌）株	剂量	使用方法	备注
产后24小时内	破伤风抗毒素			2000国际单位	肌内注射	
5日龄	羊大肠杆菌灭活苗	哈药	C83-1/C83-2/C83-3	1毫升	皮下注射	疫苗接种前回温至30℃
14日龄	羊三联四防灭活疫苗	哈药	C55-1/C58-2/C59-2/C60-2	1头份	肌内或皮下注射	
21日龄	羊传染性胸膜肺炎疫苗	哈药	C87-1	3毫升	肌内或皮下注射	疫苗接种前回温至30℃
35日龄	羊痘活疫苗	哈药	太原株	1头份、0.5毫升	尾根皮内注射	
40日龄	羊三联四防灭活疫苗	哈药	C55-1/C58-2/C59-2/C60-2	1头份	肌内或皮下注射	
50日龄	羊传染性胸膜肺炎疫苗	哈药	C87-1	3毫升	肌内或皮下注射	疫苗接种前回温至30℃
60日龄	羊链球菌灭活疫苗	哈药	C55001/C55002	5毫升	皮下注射	疫苗接种前回温至30℃
70日龄	小反刍兽疫活疫苗					
70日龄	口蹄疫灭活疫苗					疫苗接种前回温至30℃
90日龄	布氏杆菌活疫苗	哈药	S2	1头份	口服	接种时注意人员防护
100日龄	口蹄疫灭活疫苗					疫苗接种前回温至30℃
120日龄	羊大肠杆菌灭活苗	哈药	C83-1/C83-2/C83-3	1毫升	皮下注射	疫苗接种前回温至30℃
130日龄	羊链球菌灭活疫苗	哈药	C55001/C55002	5毫升	皮下注射	疫苗接种前回温至30℃

表7-2 种羊推荐免疫程序

日龄	免疫品种	生产厂家	毒（菌）株	剂量	使用方法	备注
产后24小时内	破伤风抗毒素					
3月上旬及10月上旬	羊痘活疫苗	哈药	太原株	1头份0.5毫升	尾根皮内	出生至怀孕没有接种过羊痘疫苗的不建议接种（流产概率大）
	小反刍兽疫活疫苗					
3月中旬及10月中旬	口蹄疫灭活疫苗					妊娠后期不建议接种（流产概率大）
	羊三联四防灭活疫苗	哈药	C55-1/C58-2/C59-2/C60-2	1头份	肌内或皮下	
3月下旬及10月下旬	羊传染性胸膜肺炎疫苗	哈药	C87-1	3毫升	肌内或皮下	妊娠后期不建议接种（流产概率大）
	羊链球菌灭活疫苗	哈药	C55001/C55002	5毫升	皮下	妊娠后期不建议接种（流产概率大）
母羊配种前	羊大肠杆菌灭活苗	哈药	C83-1/C83-2/C83-3	2毫升	皮下	

表7-3 育肥羊推荐免疫程序

日龄	免疫品种	生产厂家	毒（菌）株	剂量	使用方法	备注
进羊1～3日龄	电解多维、黄芪多糖			每千克体重2倍量添加	饮水	优质干草为主，精料逐日增加
育肥4日龄	小反刍兽疫活疫苗					
育肥4日龄	羊传染性胸膜肺炎疫苗	哈药	C87-1	3毫升	肌内或皮下注射	疫苗接种前回温至30℃
育肥11日龄	羊三联四防灭活疫苗	哈药	C55-1/C58-2/C59-2/C60-2	2头份	肌内或皮下注射	
育肥18日龄	羊链球菌灭活疫苗	哈药	C55001/C55002	5毫升	皮下注射	疫苗接种前回温至30℃
育肥30日龄	口蹄疫灭活疫苗					疫苗接种前回温至30℃

妊娠后期漏打的生产母羊进入断奶恢复期时补打相应的疫苗；怀孕母羊产前20～40天接种一次三联四防灭活疫苗。

5. 兽药的运输和保存

（1）兽药的运输　兽药应根据运输兽药的剂型、包装、运输距离采取相应的有效措施，防止兽药破损和混淆。

对保存有温度要求的兽药，运输途中应当采取必要的保温或者冷藏措施，确保符合运输兽药产品所需温度等环境条件要求。对于兽用精神药品、毒性药品、麻醉药品、放射性药品、危险品等应当符合国家有关规定的条件和要求。

（2）兽药的保管和储存　兽药在保管过程中应制定兽药陈列、储存保管制度，并采取有效监控措施，确保兽药在保证符合要求的存放环境、温湿度、设施、设备要求的条件下陈列、储存。在保管过程中应遵循以下原则。

① 应当按照内用兽药与外用兽药、兽用处方药与非处方药分开陈列。

② 对于易潮解的兽药要密闭、干燥保存。

③ 易挥发的兽药、对遇光易氧化的兽药要用棕色玻璃瓶包装，并放在阴暗、干燥处保存。

④ 生物制品应按要求的贮存条件保存或冷冻保存。

⑤ 对于剧毒和麻醉药品的保管应用专账、专柜、加锁保管，并设专人负责，在药品柜上要贴有醒目的标签，以便区别于普通药物。

⑥ 对易燃易爆药物，应分成小包装，专库贮存，远离其他药库，并注意防火。

⑦ 建立兽药的购买、使用台账，保存购买药品的产品合格证等相关资料。

本章由武守艳、杨丽华、董春光、韩文儒编写

第八章

羊的饲草资源与加工利用

第一节

羊的饲草资源及其利用

一、羊的饲草资源

羊采食能力强，食性广，各种牧草、灌木枝叶、树叶、作物秸秆、农副产品及食品加工副产品均可被采食，其采食植物的种类远多于其他家畜，饲料来源比其他家畜广（表8-1）。

表8–1　各种家畜采食的植物种类比较

畜种	试喂种类/种	采食种类/种	不食种类/种	采食植物/%
山羊	690	607	83	88
绵羊	655	522	133	80
牛	685	502	183	73
马	655	420	235	64
猪	314	145	169	46

羊的饲料包括植物饲料、动物饲料、矿物质饲料和维生素饲料等。其中99%的饲料来源于植物饲料。羊的饲草（粗饲料）主要来源于天然草场、人工草地、林间草场、饲用作物、农作物秸秆以及农林副产品等。

1. 牧草饲料资源

牧草是指可供家畜食用的草类植物，包括草本、藤本、小灌木、半灌木和灌木等各类栽培或野生植物，这些都是羊最主要的饲料来源，特别是放牧羊的主要饲料来源。

我国属世界草地资源大国，根据《第三次全国国土调查主要数据公报》，我国草地面积26453.01万公顷，其中天然草地21317.21万公顷，人工草地58.06万公顷，其他草地5077.74万公顷。天然草地植物物种十分丰富，饲用植物达246科1545属6704种。我国人工草地种植的物种多达70种，多年生牧草主要为以紫花苜蓿为主的豆科牧草和以羊草、披碱草、黑麦草等为主的禾本科牧草，一年生牧草及饲料作物主要为青贮玉米、青贮高粱、燕麦、一年生黑麦草。

2. 农作物秸秆及农副产品

秸秆是农作物成熟并收获其籽实后所剩余的副产品，包括农作物的茎、叶、枝、梢、秆、壳、芯、藤蔓、秧、穗、残渣等。我国年秸秆总产量为8.42亿吨，秸秆资源主要集中在华东、中南、东北等粮食主产区，为农区草食畜牧业的发展奠定了坚实的基础。秸秆作为一种非竞争性饲料资源，资源丰富、廉价，在养羊生产中具有非常大的利用潜力。

二、饲草资源利用

1. 天然草场利用

我国拥有各类天然草原21317.21万公顷，是我国草食畜最重要的饲草基地，为我国畜牧业的发展做出了巨大贡献。我国天然草地可根据草原的自然特性、生产特征和区域分布划分为牧区草原区、半农半牧区草原区、农区和林区草原区以及湖滨、河滩、海岸带地区零星分布的低地草甸草地等四大类型区。牧区草原分布连片，是我国最重要的天然草原和草食家畜生产基地。但草原水热条件较差，自然灾害多，草地退化明显，大部分生产力较低，畜牧业抗灾能力差，草地利用要控制载畜量。半农半牧区草原区牧草资源比较丰富，水热条件比较好，有较丰富的秸秆、农副产品或林间草地可利用，牧业生产力水平较高。农区草地面积小，放牧利用率低，林区草地草质较差，大都利用不充分。湖滨、河滩、海岸带地区，有一部分隐域性低地草甸草地，大都零星分布，产草量高而草质较差，目前利用尚不充分。

2.人工草地利用

集约管理的人工草地生产力可达到天然草地的10～20倍，建设高产优质的人工草地，是我国经济发展与农业结构大调整的一项重要任务，是当今高效草食畜牧业发展的重要举措。近年来我国人工草地的种植面积在不断增加，除传统的优质牧草种植外，在农区通过大力推行粮、经、草（饲）三元种植结构，轮、间作优质牧草品种，形成了巨大的牧草生产力，为农区草食畜牧业的健康发展起到了积极的推动作用，而且可改善土壤结构，提高土壤肥力。

3.农作物秸秆饲料化利用

我国秸秆理论资源量约8亿多吨，其中可收集利用的秸秆量在6亿多吨。农作物秸秆作为一种非竞争性资源，具有数量大、分布广、种类多、价格低廉等优势，是农区草食畜牧业重要的饲草资源。现阶段虽然秸秆用作饲料的比例不是很高，但随着加工机械的改造升级、饲料化技术进步及规模化养殖数量的增加，秸秆饲料化利用越来越重要。充分利用农作物秸秆这宗巨大的饲料资源，发展秸秆畜牧业，不仅可节约大量饲粮，改善城乡居民的膳食结构，而且通过秸秆过腹还田，还可促进农业生态系统的良性循环，减轻秸秆焚烧等所造成的环境污染。

第二节 优质牧草加工技术

优质牧草在牛羊等反刍动物饲料中可占到70%～100%，利用牧草发展草食畜牧业，具有节粮、高效、优质、绿色、环保、安全的特点，符合中国国情，前景十分广阔。

牧草加工调制是指以牧草为原料，经过物理、化学或生物学的处理措施，以保存养分、改善品质为目的，最终形成可长期保存的饲草产品。干草调制和青贮是目前应用最广的牧草加工技术。

一、干草调制及草产品生产技术

干草调制是把天然草地或人工种植的牧草和饲料作物进行适时收割、晾晒和贮藏的过程。刚刚收割的青绿牧草称为鲜草，鲜草的含水率大多在50% ～ 85%或以上，鲜草经过一定时间晾晒或人工干燥，含水率达到15% ～ 18%或以下时，即成为干草。成功调制的优质干草，是生产草捆、草粉、草颗粒等草产品的原料之一。

1. 牧草干燥方法

牧草干燥方法很多，但大体上可分为两类，即自然干燥法和人工干燥法。自然干燥法主要指地面晾晒干燥法。

（1）地面晾晒干燥法　地面干燥法是当前生产中采用最广泛、最简单的方法。牧草在刈割以后，草就地平铺干燥6 ～ 7小时，摊晒松散均匀，并及时进行翻晒通风1 ～ 2次或多次，使牧草充分暴露在干燥的空气中，一般早晨割倒的牧草最好在11时左右翻晒最佳，若再次翻晒要选在13 ～ 14时效果好，其后的翻晒几乎无效果。含水40% ～ 50%（茎开始凋萎，叶子还柔软，不易脱落时）用搂草机搂成松散的草垄，使牧草在草垄上继续干燥4 ～ 5小时，含水率35% ～ 40%（叶子开始脱落以前）用集草器集成草堆，再经1 ～ 2天干燥就可调制成干草（图8-1、图8-2）。

图8–1　机械搂草晾晒（毛杨毅摄）

图8–2　苜蓿地面干燥（毛杨毅摄）

（2）人工干燥法　牧草调制过程中，如果干燥进行得缓慢，受微生物、雨淋等的作用，营养物质和干物质损失，干草品质降低。人工干燥的目的就是要缩短牧草干燥过程，减少牧草营养和干物质损失，生产高质量草产品。目前常用的人工干燥法有鼓风干燥法和高温快速干燥法。

① 鼓风干燥法　鼓风干燥法是把刈割后的牧草在田间预干到含水率50%以下时，运回装在设有通风道的干草棚内，棚内设有电风扇、吹风机、送风器和各种通风道，也有在草垛上的一角安装吹风机、送风器，在垛内设通风道，用鼓风机或电风扇等吹风装置进行常温鼓风干燥。在干草棚中干草是分层进行的，第一层草先堆1.5～2米高，经过3～4天干燥后，再堆上高1.5～2米的第2层草，然后如果条件允许，可继续堆第3层草，但总高度不超过4.5～5米。为了保存牧草的叶片、嫩枝并减少干燥后期阳光曝晒对胡萝卜素的破坏，搂草、集草和打捆作业时，禾本科牧草含水率宜在35%～40%，豆科牧草在40%～50%。

② 高温快速干燥法　将切碎的牧草置于牧草烘干机中，通过高温气流，使牧草迅速干燥。干燥时间的长短，取决于烘干机的种类、型号及工作状态，从几小时到几十分钟甚至几秒钟，使牧草的含水率由80%左右迅速下降到15%以下。

2. 干草贮藏

干草贮藏是牧草生产中的重要环节，可保证一年四季或丰年和歉年干草的均衡供应，保持干草较高的营养价值，减少微生物对干草的分解作用。干草水分含量的多少对干草贮藏成功与否有直接影响，生产上大多采用感官判断法来确定干草的含水率。当调制的干草水分达到15%～18%时，即可进行贮藏。

（1）干草含水率判断方法　当干草含水率为15%～16%时，紧握干草发出沙沙声和破裂声（但叶片丰富的低矮牧草不能发出沙沙声），将草束搓拧或折曲时草茎易折断，拧成的草辫松手后几乎全部迅速散开，叶片干而卷。禾本科草茎节干燥，呈深棕色或褐色。当干草含水率为17%～18%时，握紧或搓揉时无干裂声，只有沙沙声。松手后干草束散开缓慢且不完全。叶卷曲，当弯折茎的上部时，放手后仍保持不断。这样的干草可以堆藏。当干草含水率为19% ～ 20%时，紧握草束时，不发出清脆的声音，容易拧成紧实而柔韧的草辫，搓拧或弯曲时保持不断，不适于堆垛贮藏。含水率为23% ～ 25%的干草搓揉没有沙沙声，搓揉成草束时不易散开。手插入干草有凉的感觉。这样的干草不能堆垛贮藏，有条件时，可堆放在干草棚或草库中通风干燥。

（2）散青干草贮藏　当调制的干草水分含量达15% ～ 18%时即可进行堆藏，堆藏有长方形草垛和圆形草垛两种，长方形草垛一般宽4.5 ～ 5米，高6.0 ～ 6.5米，长不少于8米；圆形草垛一般直径为4 ～ 5米，高6 ～ 6.5米。为了防止干草与地面接触而变质，必须选择高燥的地方堆垛，草垛的下层用木椽、树干、稿秆或砖块等作底，厚度不少于25厘米。室外堆垛时，垛底周围排水通畅。垛顶可用雨布覆盖，最后用绳索固定，预防雨淋和风害。

（3）打捆青干草贮藏　露天堆垛时，草垛应选择地势高且干燥的场所，垛底应避免与泥土接触，要用木头、树枝和石砾等垫起铺平，高出地面40 ～ 50厘米。草垛的大小一般为宽5 ～ 5.5米，长20米，高18 ～ 20层干草捆。为了使草垛稳固，上、下层草捆错缝压茬堆放。垛顶用草帘或其他遮雨物覆盖。干草棚贮藏可减少营养物质的损失，干草棚内贮藏的干草，营养物质损失1% ～ 2%，胡萝卜素损失18% ～ 19%（图8-3、图8-4）。

图8-3　燕麦草干草捆
（毛杨毅摄）

图8-4　苜蓿干草捆（一）
（毛杨毅摄）

3.干草产品加工技术

干草产品指可以作为商品进行流通的成型草产品，如草捆、草粉、草颗粒、草块等。

（1）草捆　为了便于运输和贮藏，把干燥到一定程度的散干草打成干草捆。根据打捆机的种类和客户的需求，打成的草捆分为小方捆、大方捆和圆柱形草捆三种。小方草捆重量从14千克到68千克不等，草捆密度160～300千克/米³。大方草捆重820～910千克，密度为240千克/米³。大圆柱草捆重600～850千克，草捆密度110～250千克/米³（图8-5）。

图8-5　苜蓿干草捆（二）（刘建宁摄）

（2）草粉　将优质青干草用粉碎机粉碎后过筛制成草粉（图8-6）。草粉与干草相比可以减少咀嚼消化过程中的耗能，提高采食利用率和饲草消化率；羊需要草屑长度5～8毫米。草粉的原料直接影响草粉的质量，我国草粉以粗蛋白质、粗纤维、粗灰分为质量控制指标，分为三个等级，见表8-2。

图8-6　草粉（毛杨毅摄）

表8-2　饲料用苜蓿草粉的分级标准　　单位：%

养分类别	一级	二级	三级
粗蛋白质	≥18.0	≥16.0	≥14.0
粗纤维	＜25.0	＜27.5	＜30.0
粗灰分	＜12.5	＜12.5	＜12.5

注：引自《中国农业标准汇编》饲料卷，中国标准出版社第一编辑室编，2001.

（3）草颗粒　为了缩小草粉的体积，便于运输和贮藏，用制粒机把草粉压成颗粒状。草颗粒可大可小，直径0.64～1.27厘米，长度0.64～2.54厘米。密度约为700千克/米^3。草颗粒压制过程中，可加入抗氧化剂，防止胡萝卜素的损失（图8-7）。

（4）草块　草块是用专用的压块机将干草压成不同类型大小的块状，通过压实缩小草的体积，便于运输。草块的压制过程中可根据饲喂家畜的需要，加入尿素、矿物质及其他添加剂（图8-8）。

图8-7　草颗粒（毛杨毅摄）

图8-8　草块（毛杨毅摄）

二、青贮饲料调制技术及品质鉴定

青贮饲料是把新鲜的或萎蔫的或半干的青绿饲料（牧草、饲料作物、多汁饲料及其他新鲜饲料），在密闭条件下利用青贮原料表面上的附着的乳酸菌的发酵作用，或者在外来添加剂的作用下促进或抑制微生物发酵，使青贮原料pH下降而保存的饲料叫青贮饲料，这一过程称为青贮。调制青贮的饲用植物种类很多，各种牧草、饲料作物、农作物秸秆都可加工调制成青贮饲料。

1. 青贮饲料制作技术

青贮饲料原料必须满足四个条件：富含乳酸菌可发酵的碳水化合物；含有适当的水分，水分含量为65%～75%，豆科牧草的含水率以60%～70%为好；具有较低的缓冲能；适宜的物理结构，以便青贮时易于压实。

（1）常规青贮　青贮饲料的营养价值，除了与原料的种类和品种有关外，还与收割时期有关。一般早期收割其营养价值较高，但收割过早单位面积营养物质收获量较低，同时易引起青贮饲料发酵品质的降低。因此在适宜的生育期内收割，不但可从单位面积上获得最高总可消化营养物质产量，而且不会大幅度降低蛋白质含量和提高纤维素含量。适宜的含水率，可溶性碳水化合物含量较高，则有利于乳酸发酵和制成优质青贮饲料。

青贮饲料制作必须把握好适时收割、水分调节、切碎和装填、压实、密封等关键环节。

① 适时收割：豆科牧草最佳收割期为现蕾期至初花期，禾本科牧草最佳收割期为孕穗期至抽穗期，全株玉米最佳收割期为蜡熟期。

② 调节水分：禾本科青贮原料的适宜含水率为65% ～ 75%，豆科青贮原料为60% ～ 70%。牧草刚收割时含水率通常为75% ～ 80%或更高。水分过多的原料，青贮前应晾晒凋萎，使其水分含量达到要求后再行青贮。水分过低的原料，在青贮时要添加适宜的水以利于发酵。

③ 切碎和装填：原料的切短和压裂是促进青贮发酵的重要措施。切碎后装填原料容易，也容易压实，易于排除青贮原料内的空气，尽早进入密封状态，阻止植物呼吸，形成厌氧条件，减少养分损失。对牛、羊等反刍动物来说，禾本科和豆科牧草及叶菜类等切成2 ～ 3厘米，玉米和向日葵等粗茎植物切成0.5 ～ 2厘米，柔软幼嫩的植物也可不切碎或切长一些。装填时应边切边填，逐层装入和压实，速度要快。一般小型青贮窖当天完成，大型青贮窖5 ～ 7天内装满压实、密封。

④ 压实：切碎的原料在青贮设施中要装匀和压实，尤其是靠近壁和角的地方不能留有空隙，以减少空气，利于乳酸菌的繁殖和抑制好气性微生物的活力。小型青贮窖可人力踩踏，大型青贮窖则用履带式拖拉机来压实。用拖拉机压实要注意不要带进泥土、油垢、金属等污染物，压不到的边角可人力踩压。

⑤ 密封：原料装填压实之后，应立即用塑料薄膜密封和覆盖，在塑料薄膜上用土或废旧轮胎压实，其目的是隔绝空气与原料接触，并防止雨水进入（图8-9 ～图8-12）。

图8-9　苜蓿适时收割（毛杨毅摄）

图8-10　苜蓿晾晒切碎（毛杨毅摄）

图8-11　切碎的苜蓿草（毛杨毅摄）

图8-12　苜蓿裹包青贮（毛杨毅摄）

（2）半干青贮　也称低水分青贮，含水率一般在40%～60%，主要应用于豆科牧草，通过降低水分，限制不良微生物的繁殖和丁酸发酵，从而达到稳定青贮饲料品质的目的。为了调制高品质的半干青贮饲料，首先通过晾晒或混合其他饲料使其水分含量达到半干青贮的条件。苜蓿收割时含水率一般在75%以上，收割后在田间晾晒24～48小时，含水率降到45%～55%时，用捡拾切碎机切碎，运回，进行青贮。

（3）高水分青贮　刚刈割的青贮原料未经田间干燥即行贮存，一般情况下含水率为70%以上。这种青贮方式的优点为原料不经晾晒，减少了气候影响和田间损失。但高水分对乳酸发酵过程不利，容易产生品质差和不稳定的青贮饲料。另外由于渗漏，还会造成营养物质的大量流失。为此通常添加能促进乳酸菌或抑制不良发酵的一些有效添加物和添加剂，促使其发酵理想。

（4）混合青贮　某些青贮原料水分含量偏低或偏高，单独青贮不易成功。把两种以上含水率和碳水化合物可以互补的青贮原料进行混合青贮。混合青贮有以下三种类型：第一种，根据原料水分将青贮原料水分含量大与水分含量小的原料混合青贮。例如，甜菜叶、块根块茎类、瓜类等，可与农作物秸秆或糠麸等混合青贮。第二种，含可发酵碳水化合物太少的原料与富含糖的原料混合青贮，如豆科牧草与禾本科牧草混合青贮。第三种，为了提高青贮饲料营养价值，调制全价青贮饲料。

常用混合青贮：沙打旺与玉米秸秆混合青贮（按1∶1或沙打旺占60%～70%）；沙打旺与野草混合青贮；苜蓿与玉米秸秆混合青贮（按1∶2或1∶3）；苜蓿与禾本科牧草或其他野草混合青贮；红三叶与玉米（或高粱）秸秆混合青贮；玉米秸秆与马铃薯茎叶混合青贮；甜菜叶与糠麸混合青贮等，还有用玉米、向日葵与其他饲料混合青贮，以及豌豆与燕麦混合青贮均可收到良好的效果。

2.青贮饲料的品质鉴定

青贮饲料品质鉴定方法包括感官鉴定和实验室鉴定。

（1）感官鉴定　在生产实践中，通常通过一看色泽、二闻气味、三查质地（结构）和四尝味道来评判其青贮饲料品质的好坏。

一看色泽是用肉眼观察青贮饲料的颜色。优质青贮饲料非常接近植株原先的颜色，若青贮前的植株为绿色，青贮后仍为绿色或黄绿色为最佳。中等质量的青贮饲料呈黄褐色或暗棕色。品质差的为暗色、褐色或黑绿色（图8-13、图8-14）。

图8–13　霉变的苜蓿青贮
（毛杨毅摄）

图8–14　霉变的玉米秸秆青贮
（毛杨毅摄）

二闻气味是用手抓取少量青贮饲料放在近鼻子处闻其气味。优质的青贮饲料甘甜有酸味，变质的青贮饲料呈丁酸气味（类似于腐败气味）或刺鼻焦煳味或霉味，严重变质的还会出现氨味、腐臭味或霉败味。

三查质地（结构）是查看和辨认青贮饲料的质地（结构）。优质的青贮饲料质地紧密、湿润，植物的茎叶和籽粒能清晰辨认，保持原来形状。结构被破坏及质地松散，并呈黏油状是青贮饲料严重腐败的标志。

四尝味道是用舌头舔尝青贮饲料的味道。优良的青贮饲料，味微甘甜，有酸味；有异味者则品质低。

青贮饲料的感官评定可以按德国农业协会（DLG）青贮饲料质量感官评分标准来评定（见表8-3）。

表8-3 青贮饲料感官评定标准（DLG，1987）

项目	评分标准			分数
气味	无丁酸臭味，有芳香果味或明显的面包香味			14
	有微弱的丁酸臭味或较强的酸味，芳香味弱			10
	丁酸味颇重，或有刺鼻的焦煳臭味或霉味			4
	有很强的丁酸臭味或氨味，或几乎无酸味			2
结构	茎叶结构保持良好			4
	叶子结构保持较差			2
	茎叶结构保存极差或发现有轻度霉菌或轻度污染			1
	茎叶腐烂或污染严重			0
色泽	与原料相似，烘干后呈淡褐色			2
	略有变色，呈淡黄色或带褐色			1
	变色严重，墨绿色或褪色呈黄色，呈较强的霉味			0
总分	16～20	10～15	5～9	0～4
等级	1级优良	2级尚好	3级中等	4级腐败

（2）实验室鉴定　实验室鉴定的内容包括青贮饲料的氢离子浓度（pH）、各种有机酸含量、微生物种类和数量、氨态氮与总氮比

例、营养物质含量变化以及青贮饲料可消化性及营养价值等。

pH：乳酸发酵良好，pH低；乙酸发酵则使pH升高；对常规青贮饲料来说，pH值在4.2以下为优，pH 4.2 ～ 4.5为良，pH 4.6 ～ 4.8为可利用，pH 4.8以上不能利用。但半干青贮饲料不以pH为标准，而根据感官鉴定结果来判断。

氨态氮：根据氨态氮与总氮的比例进行评价，数值越大，品质越差。标准如下：10%以下为优，10% ～ 15%为良，15% ～ 20%为一般，20%以上为劣。

除了以上发酵品质评定外，对青贮饲料的全面评价，也应该包括粗蛋白质、中性洗涤纤维、酸性洗涤纤维、灰分、粗脂肪等相应养分指标，与干草评价类似。

（3）青贮饲料的饲喂技术　青贮饲料在养羊生产上已广泛运用。优质的青贮饲料的适口性强，羊采食量高。但第一次饲喂青贮饲料可能不习惯，可将少量青贮饲料放在食槽底部，上面覆盖一些精饲料，等羊慢慢习惯后，再逐渐增加饲喂量。一般饲喂量为：每只成年羊2 ～ 4千克/天，每只羔羊400 ～ 600克/天。

第三节
饲料作物秸秆利用技术

饲料作物是指作为家畜饲用的作物，如玉米、高粱、燕麦、大豆、甜菜、胡萝卜、马铃薯、南瓜等。

为提高秸秆饲料的营养价值和利用效果，在生产中需对秸秆饲料进行加工处理，包括物理加工、化学处理、生物调制三大类。

一、物理加工技术

秸秆饲料的物理加工处理技术是指用水、机械、热力等作用使秸秆软化、破碎、降解，便于家畜咀嚼和消化。

1. 机械加工

切短、粉碎、揉搓、制粒是处理秸秆最简便有效的机械加工方法，可使秸秆的长度变短，颗粒变碎，质地变柔软，便于家畜采食和咀嚼，提高了采食利用率，减少采食耗能，同时增加了饲料与瘤胃微生物的接触面积，便于降解发酵，可提高对秸秆的消化率。

2. 热喷膨化处理

热喷膨化技术是一种热力效应和机械效应结合的物理处理方法，在水蒸气的高温高压下，秸秆中的木质素溶解，纤维素分子断裂、降解，半纤维素水解，可以改善粗饲料的适口性，增加家畜采食量，从而提高粗饲料利用率。但膨化时高温高压会破坏秸秆中的蛋白质，因此不适宜在豆类等蛋白质含量高的秸秆中使用。

二、化学处理技术

秸秆化学处理是指用氢氧化钠、石灰、氨或尿素等进行碱化或氨化处理。碱化和氨化处理可以打开纤维素和半纤维素与木质素之间的酯链，从而使纤维素和半纤维素膨胀，可以改善其适口性，增加家畜采食量，提高饲料消化率，从而提高秸秆的综合利用效益。

1. 碱化处理

碱化处理在生产中多用氢氧化钠、石灰、过氧化氢、碳酸钠及碱化加糖化处理等几种方法。

2. 氨化处理

氨化处理是在秸秆中加入一定比例的氨水、无水氨、尿素或以尿素、碳铵等溶液进行处理，以提高秸秆的消化率和营养水平。氨化可使秸秆的粗蛋白质提高1～2倍（主要是所使用的氨水、尿素中的无机氮增加），反刍家畜的消化率提高20%～30%。

三、生物调制技术

生物调制技术是利用微生物发酵和生物酶的降解作用，酶解粗纤维（包括木质素），改变秸秆的理化性状，将动物难以消化吸收的粗纤维等大分子物质降解成易消化的单糖、双糖等小分子物质，从而提高秸秆的营养价值和适口性。生物调制技术主要包括青贮、微生态处理、酶制剂处理和酶菌剂处理等，其中以青贮最为成功，应用也最广泛。也可在青贮饲料过程中添加一些酶制剂或微生物菌株，确保青贮质量和提高青贮饲料的饲用价值。

本章由刘建宁编写

第九章 羊场建设

羊的生长发育不仅受本身遗传基因的控制和影响，而且与生存的环境条件有很大的关系，创造适合羊生长发育与生产所需要的环境条件是提高养羊经济效益的主要措施之一。科学合理的养殖环境条件不仅有利于羊生产性能的发挥，而且对提高劳动生产效率和确保健康养殖都具有重要意义。

第一节 羊场规划与选址

羊场的建设必须根据当地自然条件和养殖的基本要求而定，科学合理的羊场建设是基于规划和场址选择的合理性、建筑结构在功能和投资上的合理性及配套设施建设和投资的合理性。羊场建设应本着规划合理、选址科学，建筑物经济适用、坚固耐用、方便生产、生物安全的原则进行。

一、羊场规划

羊场建设始于规划，合理的规划是羊场持续发展的基础，既包括宏观的设想，又包括生产的环节，使其具有科学性和可行性。

1.生产方向

计划发展养羊前，必须要在市场分析的基础上，综合考虑各方面的因素，决定羊场生产的方向，是发展绒毛用羊，还是肉用羊、乳用羊，是种羊繁殖销售，还是自繁自育、育肥等，不同的养殖方向，羊场建设投资的内容和生产工艺不同，养殖的品种不同。

2.生产规模

生产规模决定了建设投资规模、土地使用面积等。生产规模的确定一定要在分析生产管理能力、资金实力、土地使用的可能性、市场风险、技术力量的基础上确定，一定要因地制宜确定生产规模，且不可一味追求生产规模而忽略其他限制性条件而盲目投资建设。

3.建设投资

建设投资包括建设资金来源、基本建设投资和生产运营投资三大部分，并合理分配资金投向，一定要有稳定的和充足的资金，要留足生产流动资金，否则无法保证养殖生产的正常进行。

4.生产工艺

生产工艺决定了建设的具体配套设施，如放牧养殖的羊场建设内容和完全舍饲养殖的建设内容不同，在舍饲养殖情况下，有运动场的羊舍和无运动场的羊舍建设标准不同，舍内单列式饲喂和双列式饲喂的建设结构不同，机械化饲喂和人工饲喂的羊舍内部布局也不同。在养殖生产中，还要考虑是否包括肉羊的屠宰加工生产环节和粪污资源化加工利用环节等。

5.土地利用

在确定养殖规模后也就可以初步确定土地利用面积，因此必须考虑到土地资源问题，要向当地土地管理部门了解区域内土地利用规划，可在土地性质为一般农田、荒山荒坡和建设用地上建设养殖场，严禁在基本农田建设养殖场。同时还要考虑地块的地势、朝向、风向及水、电、路等情况。

6. 饲草资源

羊是草食动物，草是养羊生产中最主要的饲料资源，在养羊成本中占有很大的比重。因此，在养殖规划时一定要考虑到饲草的来源及价格问题。当地缺乏足够的饲草资源势必要加大从远处购买饲草的运输成本，增加了养殖成本，会影响养殖经济效益。

7. 生产设备

羊场建设要全面考虑与生产规模和生产工艺相配套的生产设备和设施。生产设备包括饲草料加工设备、饲喂设备、消毒设备、供电与供水设备、清粪设备和粪污处理设备等，对于乳用羊场还须配备挤奶设备、鲜奶保存及加工设备等。除基本生产设备外，还要考虑一些基本的配套设施，如干草棚、饲料库、饲料加工车间、青贮池等。

8. 技术力量

羊场的生产与发展离不开技术的支撑。在规划建设养殖场的同时就要考虑羊场的技术力量，包括技术人员来源、素质要求和人员数量等，特别是对于大型规模化养殖场没有强有力的技术团队无法进行正常生产和取得好的经济效益。

9. 市场分析

市场分析包括市场风险分析、产品定位、市场竞争力分析、项目可行性和经济效益分析等，认真调研和正确分析研判是决定项目是否可行的关键和采取对应措施的关键。准确进行市场分析能够避免无风险意识投资、追风式投资、不切合实际的理想化投资、依靠性投资（自己投资一部分，等待和依靠政府给予支持）和形象工程式投资（不切合实际追求高大上）等盲目投资。

10. 生物安全

生物安全是健康养殖的关键，生物安全既包括养殖场区内的生物安全，也包括养殖场区周边的生物安全，分析隐患和制定相应的应对措施。如：过大的规模养殖场会存在疫病防控难度加大或无法有效控制的风险，距离公路干线、居民住宅区、学校、水源地等周

边环境过近，不仅对周边环境可能造成环境污染及生物安全问题，也会对养殖场造成生物安全隐患。

11.规划设计

在全面考虑上述因素后，应聘请有资质的规划设计单位对羊场建设进行详细的规划设计，包括羊场规划、建设规模、建设周期、施工图纸设计、资金投入预算、市场与风险分析等。规划设计初稿完成后要聘请有关专家进行论证，确保规划的合理性和可行性。

二、羊场选址

羊场选址应在遵守《中华人民共和国畜牧法》的前提下，在综合考虑当地的产业发展规划、土地利用规划、养殖场建设规模、饲草料资源、羊场建设地质与环境基本要求、生物安全和社会联系等因素的情况下确定羊场建设地址。

第一，不得在禁养区建设羊场。禁养区包括生活饮用水的水源保护区、风景名胜区以及自然保护区的核心区和缓冲区；城镇居民区、文化教育科学研究区等人口集中区域；法律、法规规定的其他禁养区域。

第二，不得在基本农田建设羊场。自然资源部明确规定：规模化畜禽养殖用地的规划布局和选址，应坚持鼓励利用废弃地和荒山荒坡等未利用地、尽可能不占或少占耕地的原则，可利用一般农田，禁止占用基本农田。养殖用地属于农业用地，只要不破坏耕地的耕作层，不破坏耕种条件，土地承包人可以自主决定将耕地用于养殖业。

第三，规划要求。羊场建设选址必须符合当地的产业发展整体规划、土地利用发展规划和城乡建设发展规划等。

第四，地形地势要求。羊场建设应选择在地势较高、向阳、干燥、通风和避风良好、排水容易的地方，切忌在低洼潮湿、山洪水道和冬季风口的地方建筑羊舍。

第五，地质要求。要求在地质稳定、土质坚实、干燥，透水性强、吸湿性和导热性小、质地均匀并且抗压性强。切勿在潮湿、土质疏松或回填地基、矿区坍陷区建羊舍。山区建设时要根据地形地势进行规划，避免过度填挖土方，容易造成地基不稳和投资加大。

第六，面积要求。在满足生产需求的前提下要节约土地面积，对于大型养殖场要为以后发展留有余地。

第七，水、电、道路要求。羊场或附近应有水源、电源和有与外界连通可供饲草料运输车辆通行的道路。水、电的供应能力要能够满足生产需求，水质达到生活用水标准。

第八，防疫要求。羊场应位于村庄的下风向，距离主要交通干线和居民区500米以上，距离其他养殖场或污染源1000米以上。羊场周边没有发生过重大疫情。

第九，饲草资源要求。羊场附近应有充足的饲草生产基地或放牧草地，能够满足生产所需。切记不要在饲草资源缺乏和放牧草地不足的地方建场。在农区应种养结合，考虑周边土地对羊粪的消纳能力。

第二节 羊场布局

羊场布局是否合理会影响土地利用、生产流程、工作效率、防疫和对外活动等，羊场布局必须要考虑土地利用率最大化、生产流程科学化、工作效率高效化、疫病防疫可控化、对外活动方便化和资金投资合理化等，同时要考虑地形地势、风向、道路等实际情况等。

一、羊场布局的基本要求

第一，土地利用率最大化。本着满足生产需要和节约土地的原则，尽最大可能减少土地的使用面积，提高单位面积的土地利用率。如在满足生产和防疫条件的情况下，可压缩场区道路、建筑物或羊舍之间的间距。

第二，生产流程科学化。规模化养羊生产必须考虑到生产流程，从饲草料加工配送，到饲养管理、疫病防控、粪污处理等各个环节都要按照生产流程顺序进行布局，从母羊配种怀孕，到妊娠母羊管理、产羔、羔羊护理、育成羊的饲养或羔羊育肥、出栏等各个饲养阶段都有相互衔接。因此，在设计上就要考虑按照生产流程来布局养殖设施和羊舍。

第三，工作效率高效化。规模化养殖场必须重视工作效率，要投入机械设备和设施，可减少用工投入、降低养殖成本和便于规范化管理。因此，在设计布局时要考虑是否投入机械设备和设施，以及与机械设备、设施配套的圈舍设计、道路布局、水电配套等。

第四，疫病防疫可控化。随着养殖规模的扩大，疫病风险加大，疫病防控的难度也加大。因此，在规划局部时就要考虑防疫隔离或圈舍间距，考虑养殖各功能区的方位、羊进出通道、羊场内部及羊场与周边环境的生物安全距离和防控措施的布局建设。

第五，对外活动方便化。为便于生产和防疫安全，必须考虑对外的道路及出入口。一般对外应有2～3个出入口，分别是人员出入口、饲草饲料运输出入口和粪污、出栏羊的出入口。养殖场内部在办公生活区和养殖区之间设出入口及消毒通道。

第六，资金投资合理化。规模化羊场建设的投资要考虑建设的项目、规模、标准等。建设项目一定要紧扣生产规模和生产必需，与生产关联度小甚至无关的项目投资要慎重或无需投资，切勿盲目投资。在场地建设上要根据地形地势合理利用，不必要求全场在一个平面建设。在建设标准上要经济适用、坚固耐用、方便生产，防止只求漂亮、大气，而不注意生产方便的建筑物。另外，资金使用既要考虑建筑及设备投资，还要考虑养殖生产投资等。

二、羊场功能区

从方便生产管理和防疫角度出发，划分羊场的各个功能区，主要包括生活管理区、辅助生产区、生产区、隔离区。

1. 生活管理区

管理区是指羊场工作人员的生活和工作的场所，主要包括管理人员办公室、接待室、会议室、资料档案室、财务室、化验室（不包括羊病化验室）、职工宿舍、职工食堂、厕所、车库、门房、值班室、消毒室、更衣室、车辆消毒通道等。

2. 辅助生产区

辅助生产区是指直接为养殖生产提供服务和准备工作的区域，主要包括饲料原料库、饲料成品库、饲料加工车间、草棚、青贮池、物资仓库、药品仓库、机械库、消毒更衣室及供水、供电、供热的设备用房和工作用房，饲草、饲料入库通道等。

3. 生产区

生产区是指羊的饲养和生产直接关联的区域，也是健康羊所在的区域，主要包括不同养殖类型的羊舍、人工授精室、胚胎移植室、消毒更衣室、剪毛间、药浴池、装车台、运动场等。

4. 隔离区

隔离区是指与健康羊养殖隔离的其他养殖活动区域，主要包括兽医室、尸体解剖室、化验室、病羊舍、隔离羊舍、堆肥场、病死羊及废弃物的处理设施与设备等。

三、羊场布局设计

从生物安全和方便生产管理的角度出发，羊场四周应建有围墙。管理区原则上应位于羊场的上风向和高地势及临近外部道路，依次为辅助生产区、生产区和隔离区，但对于特殊地形可根据实际情况，在确保生物安全的前提下进行布局。

1. 生活管理区

生活管理区一般紧邻场区大门内侧建设，应位于羊场全年主导风向的上风处或侧风处，其目的是要确保人的安全和免受羊场气味的影响。在有山坡或有坡度的地段，生活办公区应处在高地势处，免受羊场雨水、污水的影响。生活办公区应临近外部道路，方便交

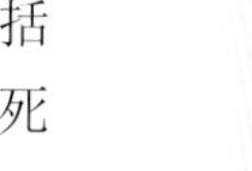

通。在办公区的入口处应建车辆消毒池或车辆消毒喷雾设施，建人工消毒通道，外面来往羊场办公区的人员和车辆都必须消毒。生活管理区与辅助生产区之间应有隔墙或隔离带。场区内部的建筑物应距离羊场围墙不少于3.5米。

2.辅助生产区

辅助生产区应靠近生产区的负荷中心布置。辅助生产区的供电能力要满足全场满负荷用电要求。饲料原料库、饲料加工车间要设计挡鼠板、防鸟网和防火设施，地面要进行防潮处理。草棚要有较高的高度和宽敞的棚内地面，满足饲草运输车辆的卸载，要注意防火，配备灭火设备或消防水栓。生产辅助区应设饲草、饲料运输的专用通道，不得与生产区共用道路。

3.生产区

生产区是羊场的主要区域和防疫重点，生产区应与生活管理区、辅助生产区及隔离区有防疫间隔，可采取围墙隔离或绿化带隔离。严禁无关人员随意进入生产区，进入生产区的人员要通过专用的消毒通道进行消毒和更换衣服。生产区各类羊舍的布局应依照风向从上风头开始依次为种公羊舍、繁殖母羊舍、育成羊舍、育肥羊舍。人工授精室、胚胎移植室紧邻公羊舍。剪毛舍和药浴池可建在生产区一侧靠边的地块。生产区须规划设计净道和污道，两者不得有交叉。净道是运送饲草和人员通行的道路，污道是粪污运输通道，净道与饲草加工区和羊舍相通，污道与羊舍和隔离区道路相通。净道宽度一般为3.5～4.5米，污道宽度为3～3.5米。

4.隔离区

隔离区应布局在羊场的下风向，与生产区应有较宽的隔离距离，设围墙或绿化带，有通往生产区的通道和通往场外的粪污运输通道。隔离区内兽医室和隔离羊舍应处在隔离区内部的上风向，病死羊尸体处理和堆肥场在隔离区的最下风向处（图9-1）。

图9-1　甘肃伟赫牧业羊场布局（伟赫公司图，毛杨毅整理）

第三节
羊舍建设

羊舍是羊生产、活动的最主要场所，是养羊生产中最基本的建筑设施，包括舍内场所（羊舍）和舍外场所（运动场）两个组成部分。其主要作用一是给羊提供适合羊生产和活动的生活环境和场所，冬季避风寒，夏季防暑避风雨，并确保舍内通风、透光、保温及空气质量和环境卫生良好；二是提供饲喂条件，为人工或机械饲喂及生产管理提供方便。

一、羊舍类型

由于各地的气候条件、养殖方式、地形地势等条件不同，羊舍建设也有所不同。

1.羊舍封闭程度

按羊舍封闭程度可主要分为封闭式羊舍、半封闭式羊舍和棚舍三种类型。

（1）封闭式羊舍　封闭式羊舍是指羊舍的四周墙壁全部是用砖或其他建筑材料建设，羊舍顶部采用陶瓦或彩钢瓦搭建而成的相对封闭的羊舍，羊通过墙壁通道（门）进出羊舍外的运动场或舍外道路，羊舍内设有饲草及饮水设施。封闭舍保温性能好，适合较寒冷的地区采用。封闭式羊舍的采光主要通过窗户采光，有的羊舍部分屋顶面铺设采光板。羊舍的通风换气主要是通过窗户、换气扇和风机等实现。

随着现代建材的发展和建筑设计的改进，有的羊舍四周墙壁采用下半部分（一般为1.5米高度）采用砖或水泥墙结构，上半部分采用保温板建材。有的围墙上半部分在夏季不安装任何建材，有利于通风、透光和降温，到冬季时再安装上采光板或保温板，达到采光和保温的目的（图9-2、图9-3）。

图9-2　砖混结构封闭羊舍
（毛杨毅摄）

图9-3　轻型建材封闭羊舍
（毛杨毅摄）

（2）半封闭式（半开放）羊舍　半封闭式（半开放）羊舍是指三面有墙，上有屋顶，另外一面无墙或半截墙，有屋顶部分的羊舍可作为饲喂、避雨雪、避风和防晒场所，没有屋顶部分的圈舍可作为羊的运动场所。这种羊舍保温性能较差，通风采光好，适合于温暖地区，是我国较普遍采用的类型。但在气候较冷的地区，为了冬季御寒，在没有屋顶部分的圈舍上面搭建拱棚，塑料布封顶，可到达采光和保暖的目的。在夏季炎热时，可在拱棚上铺设遮阴网，以到达通风、减少阳光直射和降温的目的（图9-4、图9-5）。

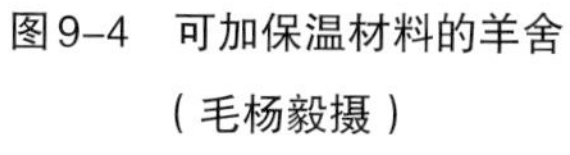

图9–4　可加保温材料的羊舍

（毛杨毅摄）

图9–5　半封闭羊舍

（毛杨毅摄）

（3）棚舍　棚舍是指羊舍只有屋顶而没有墙壁，或四周有半截围墙，但屋顶与围墙仅有支柱支撑而不是墙体直接连接支撑。这种圈舍通风性好，可防止太阳辐射和雷雨天气，适合于炎热地区（图9-6、图9-7）。

图9–6　简易棚舍

（毛杨毅摄）

图9–7　大跨度棚舍

（毛杨毅摄）

（4）卷帘式羊舍　在气候比较温和的区域，卷帘式羊舍比较多见。夏季四周卷帘收起，起到通风透光的作用，冬季寒冷时可将卷帘拉下，起到避寒保暖的作用。这种羊舍造价相对于砖瓦结构的羊舍要低，但保温性稍差，不适宜在北方寒冷地区建造（图9-8、图9-9）。

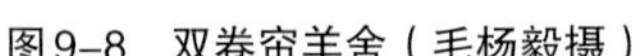
图9-8　双卷帘羊舍（毛杨毅摄）

图9-9　卷帘式羊舍（毛杨毅摄）

2.羊舍屋顶结构

（1）屋面建筑材料　羊舍屋面的建筑材料主要有陶瓦材料、彩钢材料、无机玻璃钢材料等。

陶瓦材料的屋面主要用于砖木结构的羊舍，多见于过去传统的羊舍和跨度小的羊舍，这种屋面的保温性比较好。

彩钢材料的屋面主要用于钢架屋顶结构的羊舍，多见于目前新建的羊舍和跨度大的羊舍。屋顶的彩钢材料又分为彩钢保温板和普通彩钢板。为了解决羊舍内部的采光，有的羊舍在屋面上加装一部分塑料采光板。

无机玻璃钢保温板是一种新型建材，具有耐酸碱、耐潮湿、耐高温、防水、防火、保温性好的特点，而且比较坚固、耐用、轻便、造价低、安装简便，多见于新建鸡舍、猪舍、食用菌大棚等的墙面、屋顶等，现在在羊舍建筑中也开始使用（图9-10～图9-13）。

图9-10　陶瓦屋面羊舍（毛杨毅摄）

图9-11　彩钢瓦屋面羊舍（毛杨毅摄）

图9-12 玻璃钢屋面羊舍（毛杨毅摄）

图9-13 有采光板屋面羊舍（毛杨毅摄）

（2）屋面建筑形式 羊舍屋顶的建筑形式多种多样，最常见的屋顶形式有单坡式、双坡式、拱顶式3种。

单坡式是指羊舍的屋顶只有一个坡面，多见于跨度比较小的羊舍。

双坡式是指羊舍的屋面以屋脊为中心分别向两面有坡式屋面，多见于羊舍跨度比较大的羊舍。

拱顶式是指羊舍的屋面形状呈拱顶状，屋面材料为彩钢瓦或特殊的塑料保温材料（图9-14～图9-17）。

图9-14 单坡式羊舍（毛杨毅摄）

图9-15 双坡式羊舍（毛杨毅摄）

图9-16 保温材料拱顶羊舍（毛杨毅摄）

图9-17 彩钢瓦材料拱顶羊舍（毛杨毅摄）

3.羊舍地面类型

按羊舍地面结构可分为实地面、漏缝地面。

（1）实地面　实地面是指羊舍地面为土地面或砖地面。土地面多为黏土或三合土（石灰：碎石：黏土为1 ：2 ：4）夯实而成，地面具有弹性好、保暖性好、渗水性好的特点，羊在上面行走对蹄质较好，冬季羊卧在上面不至于感到地面冰凉，羊尿也能渗入地面使地面不至于过于潮湿（饲养密度不是太大的情况下）。这种地面比较适合北方寒冷和地势干燥地区。但是，这种羊舍要注意控制饲养密度和勤清扫羊舍，才能保持圈舍干燥和空气清新（图9-18）。

砖地面羊舍是用黏土砖平铺而成，具有保温性、渗水性好和容易清扫的特点，相对于土地面而言属于硬地面，冬季保暖性不如土地面。

羊舍地面不宜使用水泥地面。水泥地面属于硬地面，对羊蹄不好，而且渗水性差，羊排尿后由于地面不渗水，使尿液扩散面积大，羊舍潮湿。水泥地面保温性差，冬季羊卧在上面比较冰冷。

图9-18　实地面羊舍（毛杨毅摄）

（2）漏缝（粪）地面　漏缝（粪）地面是指羊舍地面是由塑料、竹片、木条、水泥等材料制成的具有一定缝隙，使羊粪便可以漏入缝隙下面的一种羊舍地面。根据所使用的材料可分为塑料地面、竹片地面、木地面和水泥地面等。漏缝地面的缝隙宽度为1.5

厘米，缝隙过宽容易使羊蹄子（特别是羔羊蹄子）卡进缝隙内而造成伤害或骨折，但缝隙过窄羊粪漏不下去。漏缝地面具有地面干净、不潮湿、减少清扫、羊粪不会对羊体表造成污染和减少粪便中病原传播的特点，在规模化养殖场逐渐得到广泛应用。但漏缝地面由于地面下通风不保温，在寒冷地区冬季羊卧地后感到接触面较冷。漏缝地面的造价较高，地面下需有粪沟，粪沟内羊粪可多采用自动刮粪机将羊粪刮出，也可揭开漏缝地面人工清除，对规模化养殖场和气候不是特别寒冷的区域建议安装自动刮粪机，可减轻劳动强度和提高劳动生产效率（图9-19）。

图9-19　漏缝地面羊舍（毛杨毅摄）

4. 食槽布局

食槽又称为饲槽、料槽、羊槽等，羊舍内食槽的布局主要依据羊舍的建筑结构而定，通常有单列式、双列式、多列式、传送带式等多种布局方式。

（1）单列式　在羊舍只有一条饲喂通道和一排（列）食槽。通道位于羊舍的一侧，另一侧为羊栏。这种食槽的布局多见于羊舍跨度较小的羊舍。

（2）双列式　在羊舍中间有一条饲喂通道，通道两侧安放有两列食槽，羊栏分别位于通道的两侧。这种食槽的布局多见于羊舍跨度相对较大的羊舍。

（3）多列式　羊舍有2条以上的饲喂通道，沿饲喂通道安放食槽，食槽的数量超过2排（列），可能有4列或6列或更多列食槽等。这种食槽的布局多见于跨度较大的羊舍（图9-20～图9-22）。

（4）传送带式　在羊舍内没有可供人员通行的饲喂通道和传统意义上的食槽，而只有传送带通道，靠传送带将饲草、饲料传送到羊栏前，饲草、饲料均放在传送带上，起到食槽的作用。这种食槽的布局多见于羊舍跨度较大而且机械化程度较高的羊舍（图9-23）。

图9-20　单列式羊舍（毛杨毅摄）

图9-21　双列式羊舍（毛杨毅摄）

图9-22　多列式羊舍（毛杨毅摄）

图9-23　传送带投料羊舍（毛杨毅摄）

5.其他羊舍

除上述不同类型羊舍外，在山区还有利用当地地势而建的窑洞式羊舍，即利用窑洞作为饲喂羊的场所，可在窑洞外搭建简易棚舍和安装食槽，作为羊活动和采食的场所，窑洞为羊休息场所。这种羊舍具有冬暖夏凉的优点，但若窑洞安装门窗的话容易造成空气流通不畅，因此，一定要注意通风，控制羊的数量，并加装通风设备。这种羊舍的造价比较低，但修建时一定注意土质要坚实，防止坍塌和滑坡（图9-24）。

在我国南方由于气候比较炎热、潮湿，于是有楼式羊舍，即羊舍分为两层，上层为饲喂羊的场所，上层地面为漏缝地面，下层高度约为2米，为羊粪集中和运输的通道。设运动场的楼式羊舍，运动场在下层的室外地面，羊通过台阶从上层到下面的运动场（图9-25）。

图9–24　窑洞式羊舍（毛杨毅摄）

图9–25　楼式羊舍（毛杨毅摄）

二、羊舍建筑要求

1.建筑原则

羊舍建筑的目的是给羊提供满足生长、生产所需的生活环境和饲喂条件，总体原则是：根据气候特点、养殖类型和场地条件，因地制宜选用合理的建筑结构、建筑类型和建设布局，建筑物要求经济适用、坚固耐用、环境舒适、方便生产。

（1）根据气候条件　由于我国地域辽阔，各地气候条件不同，因此在羊舍的建筑中必须考虑当地的气候条件（平均温度、最低和最高温度及持续期，当地主导风向、降水量、湿度等条件）来选择羊舍的建筑结构和建筑材料、建筑设计等。如在南方降水量大、潮湿、闷热的区域建设羊舍，在建羊舍时就必须考虑到降温、防潮、通风的措施和建筑结构，而在北方寒冷地区建设羊舍，就必须考虑防寒、保温措施和建筑结构，考虑屋顶载雪压力和地基的冻土层厚度等。

（2）根据养殖类型　不同类型的养殖场和羊的养殖类型对建筑结构和功能的要求不同，如作为繁殖羊场或繁育一体的羊场，就要考虑种公羊、种母羊、产羔羊舍、羔羊舍的建筑布局，单纯育肥羊场的建筑结构和繁殖场的建筑结构也有所不同。养殖绵羊和山羊的羊舍也有所不同，养殖奶山羊的羊舍和其他羊舍也有所不同。

（3）根据场地条件　场地的地形地势直接影响养殖场的建筑布局和建筑结构。对坡度较大的场地要考虑尽量减少工程量而采用阶梯式或分层次布局，地面较窄或地面长度不足的地块可适当减少羊舍跨度或羊舍的长度等。对地基不稳或回填的地基一定要采取特殊的地基处理措施，防止因地基不稳造成建筑物的潜在危险。

（4）经济适用　羊舍是用来进行养羊生产的建筑物而不是观赏物，羊舍建筑应在功能和方便生产上进行重点设计和投资，而不是在外观上、豪华程度上和不切合实际的功能上下功夫投资，要考虑项目的投资回报。

（5）坚固耐用　羊舍是固定投资，是发展养羊最基础的设施，必须考虑坚固、耐用，即要考虑抗风、抗雪灾、抗腐蚀的能力，要在建筑结构布局（如地基处理、羊舍跨度和高度等）和在建材（标准、规格、用料量）的选择上都要仔细考虑，要进行科学设计。

（6）环境舒适　羊舍建筑的目的就是给羊提供舒适的生长和生产环节，包括圈舍温度、采光、通风、噪声及活动和休息的处所，一定要按照相应的建筑标准进行建筑设计和施工。

（7）方便生产　羊舍与其他建筑物及羊舍内部的建筑布局、设施一定要符合养羊生产流程和方便生产与管理，方便生产就是为在养殖生产中各个环节提供便利、减少务工、降低建设成本、提高效率。如方便饲喂、方便进出圈舍、方便生产管理、方便清除粪便、方便防疫、方便观察等，从而提高劳动生产效率。

（8）材料安全　建材符合质量标准和环保要求，建筑不低于三级耐火等级，防火间距可参考GB 50016戊类厂房的相关标准。

2. 主要技术参数

（1）建设面积　见表9-1。

表9-1　不同养殖规模羊场建筑面积

项目	种母羊存栏量			
	300～500只	500～1000只	1000～2000只	2000～3000只
占地面积/公顷	1.5～2.0	2.0～3.5	3.5～6.0	6.0～9.5
总建筑面积/米^2	2100～3200	3200～6100	6100～10090	10090～16800
生产建筑面积/米^2	1800～2800	2800～5500	5500～10200	10200～15600
其他建筑面积/米^2	300～400	400～600	600～700	700～1200

注：来源于《种羊场建设标准》（NY/T 2169—2012）。

（2）羊舍朝向　羊舍一般为东西向为长轴，坐北朝南，或南偏东或偏西40°以内为宜。

（3）羊舍长度　羊舍长度一方面依据地形而定，另一方面依据饲喂羊数确定需要的羊舍长度，确保在饲喂时每只羊都可以有采食空间（羊槽位），所以养殖数量决定了羊舍应建的长度，或羊槽的长度决定了可养殖的数量。由于有的羊有角，有的羊无角，每只羊需要的羊槽长度也不一样，即每米羊槽可提供的羊位数不一样（表9-2）。

表9-2　每米羊槽可供羊位　　单位：只/米

羊类型	无角羊		有角羊	
	公羊	母羊	公羊	母羊
成年羊	1.5～2	2.5～3	1.5～2	2～2.5
育成羊	2.5～3	3～4	2.5～3	3～3.5
哺乳羔羊	4～5	4～5	4～5	5～6
育肥羊	3～4	3～4	2.5～3	3～4

（4）羊舍跨度　羊舍的跨度依据羊舍建筑结构的类型而定。若单列式羊舍，羊舍的跨度包括羊床的宽度和饲喂通道的宽度。羊床的宽度一般为4～5米，饲喂通道依人工饲喂还是机械饲喂而定，人工饲喂通道宽为2.5～3米，机械饲喂时依据机械的宽度而定。若双列式羊舍的跨度包括2倍羊床的跨度和1个饲喂通道的宽度。羊

舍的跨度与养殖密度有很大关系。

羊舍密度：羊舍密度是指单位面积养殖羊的数量。养殖密度过大，容易造成羊舍空气质量差，影响羊的活动。密度过小，浪费圈舍面积，建筑成本增加（表9-3）。

表9-3 各类羊只所需的面积

类别		羊舍面积/米^2	运动场面积/米^2
种公羊	单栏	4.0～6.0	8.0～12.0
	群饲	1.5～2.0	5.0～8.0
基础母羊		1.0～1.5	3.5～4.5
妊娠及分娩母羊		2.0～2.5	4.0～5.0
后备公羊		1.0～1.5	2.5～3.0
后备母羊		0.8～1.0	2.0～2.5
断奶羔羊		0.5～0.8	1.0～1.5
育成羊		0.8～1.0	1.5～2.0

注：来源于《种羊场建设标准》（NY/T 2169—2012）。本表中羊舍面积是指可供羊活动（羊床）的面积，不包括羊舍内的饲喂通道面积。

（5）羊舍高度　单列式羊舍跨度小，房檐高度2.5米，屋脊高度3.0米；双列式羊舍的房檐高度3.0米，屋脊高度3.5～4米；多列式羊舍的房檐高度不低于3.0米，屋脊高度依羊舍跨度确定。

（6）门宽度　羊舍与运动场间的通道宽度不小于1.5米，高度1.8～2米。羊舍饲喂通道依使用的设备而定，若是使用机械饲喂，羊舍门的宽度要大于设备宽度（图9-26、图9-27）。

图9-26　羊舍过道（毛杨毅摄）

图9-27　羊舍与运动场门（毛杨毅摄）

（7）窗户与采光　窗户面积与羊舍的采光、通风和保温有很大关系。为确保羊舍内采光，窗户与羊舍地面比例为1∶（14～15），跨度较大的羊舍，在羊舍屋顶安装采光板增加舍内采光效果。一般在羊舍南墙面按照采光要求设大窗，窗户离地高度不低于1.2米，窗户宽度为1.2～1.8米，建议使用塑钢窗，水平推拉，加装钢丝网防护。在羊舍北墙面考虑通风要求设小窗户，窗户离地高度不低于1.5米，窗户宽度为0.6～0.9米。羊舍使用人工照明时，羊头水平位置的照度为100勒克斯（图9-28、图9-29）。

图9-28　羊舍窗户与采光（毛杨毅摄）

图9-29　双面采光羊舍（毛杨毅摄）

（8）舍内地面　羊舍地面可采用夯实的三合土地面、砖地面和漏缝地面，室内地面高于室外地面20厘米，漏缝地面羊舍的地面低于饲喂通道地面25～30厘米，漏缝地坑深度60～80厘米，宽度依所使用的漏缝地面材料的尺寸而定，地坑内壁水泥抹面，坑内安装自动除粪设备。

（9）舍内通道　羊舍内通道应高于舍内地面，通道的宽度一般不低于2米，若使用撒料车饲喂，通道宽度应满足机械通行和投放饲料的要求。

（10）食槽要求　食槽的长度以羊舍长度而定，开口宽度为25～30厘米，底部宽度15～20厘米，深度15～20厘米。食槽的材料可选用水泥食槽、铁皮食槽、塑料食槽等。食槽的安装有几种类型：一是食槽高于通道地面20～30厘米；二是食槽低于羊舍通道地面，但高于羊床地面，食槽的上沿高度高于羊床地面30～40厘米；三是安放在运动场的草料架，上面放草，下面放饲料。在运动场饲喂时食槽可安装临通道围栏处，人在围栏外的通道添加草料（图9-30～图9-33）。

图9–30 地上羊槽（毛杨毅摄）

图9–31 地面羊槽（毛杨毅摄）

图9–32 草料架（毛杨毅摄）

图9–33 地上可移动羊槽（毛杨毅摄）

（11）围栏高度与单元门 为便于饲养管理，在羊舍内分为若干个小的饲养单元，每个饲养单元羊的数量为30～50只。各个饲喂单元由围栏隔开，围栏高度一般为公羊1.2～1.5米，母羊1～1.2米，其他羊0.8～1.0米，围栏可用钢管、铁丝网或砖等建材。为方便调整羊群，各个饲喂单元间靠近墙留一个门，宽度1.0～1.5米。为方便饲养人员进入羊栏进行应急处理，在临羊舍通道的一面也留一个小门，宽度0.8～1.0米。

（12）羊舍温度 羊适宜的生长温度为10～25℃，羊舍建造时选用适当的建材、建筑设计和设备，确保羊舍温度，夏季采用降温和通风措施使羊舍内夏季温度不高于30℃，成年羊舍冬季温度不低于0℃，产羔羊舍的温度不低于10℃（图9-34、图9-35）。

图9-34　采光板保温羊舍（毛杨毅摄）

图9-35　羔羊保温箱（李国智摄）

（13）空气质量　羊舍内相对湿度保持在50%～70%，氨气浓度不超过20毫克/米^3，二氧化碳浓度不超过1500毫克/米^3。总悬浮颗粒物不得超过4毫克/米^3，PM10不超过2毫克/米^3。羊舍内几乎闻不到特殊异味且几乎看不到灰尘。

（14）饮水设施　在羊舍和运动场设饮水设施，可采用饮水槽或自动饮水装置。在北方一定要考虑冬季的饮水管道的防冻问题，可采用地下管道深埋、地上管道用电加热带的措施，或在水槽内安装电加热装置（图9-36、图9-37）。

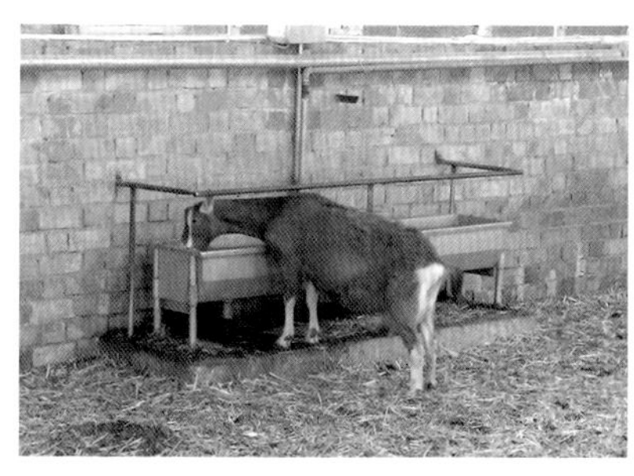

图9-36　饮水槽（毛杨毅摄）

图9-37　自动饮水器（毛杨毅摄）

（15）羊舍间距　每排羊舍的最小间距以不影响后一排羊舍运动场的阳光直射，即在冬季要保证太阳光能够直射到后排羊舍的运动场，同时要考虑机械通行和不影响羊舍的通风。

3.运动场建设

对于自繁自育的羊场应建设运动场，运动场应紧邻羊舍，在羊舍围墙上开门与羊舍相通，门的宽度不小于1.5米，门的高度不低于2米。运动场地面应低于羊舍地面20厘米，场地面积宜为羊舍面积的2.5倍以上，地面用砖平铺，平整、有一定的坡度，利于清扫和排水，并安置饮水设施。运动场围栏高度应≥1.2米，围墙高度1.2～1.5米，运动场也按照羊舍内设置活动单元，用围栏或砖墙隔离，每个活动单元间设门，留有通道。在临饲喂通道处开门，门宽度应满足小型机械或运粪车辆出入。在夏季天气温度较高地区，运动场应种植树木或搭建遮阳棚，树木应采取措施有效保护（图9-38、图9-39）。

图9–38　有排水沟运动场
（毛杨毅摄）

图9–39　平砖铺地运动场
（毛杨毅摄）

三、羊舍建筑设计与施工

羊舍的建筑一定要建立在科学合理的基础上，既要满足养羊生产的需要，还必须满足建筑质量要求和节约成本的要求。要聘请专业设计单位按照羊舍建设的技术指标和工程质量标准要求进行设计，设计内容包括：总体布局，各种建筑物的结构、施工图纸、建筑材料设计，水、电、暖设计，雨水、污水管线设计，道路、绿化设计，工程造价预算及工期设计，配套机械设计等。

在建筑设计的基础上，选用有资质、有信誉的施工队伍进行建造，必须严格按照设计图纸要求施工，使用符合国家标准的建筑材料，加强施工监理工作，确保工程质量标准。

第四节
羊场主要设备与设施

一、饲草、饲料加工设备

饲草、饲料加工机械是羊场最常用和必须配备的设备，加工机械的使用目的就是要提高饲草和饲料的采食利用率、消化利用率和饲草的储备效果。不同规模、不同养殖模式的羊场由于生产需求的不同所使用的机械型号、加工能力和产品的质量标准不一。

饲草加工机械及配套设备主要有切草机、揉搓机、粉碎机、TMR机、颗粒饲料机、取料机、牧草或饲料作物（包括青贮饲料）收割机、搂草机、打捆机、裹包机、烘干机等。

饲料加工机械设备主要有饲料粉碎机、破粒机、饲料粉碎机组（包括粉碎与搅拌）、饲料搅拌机、颗粒机等（图9-40 ～图9-45）。

图9-40　小型饲料粉碎机组（毛杨毅摄）

图9-41　切草机（毛杨毅摄）

图9-42　青贮取料机（毛杨毅摄）

图9-43　全日粮混合搅拌机TMR（毛杨毅摄）

图9-44　小型颗粒饲料机
（毛杨毅摄）

图9-45　小型青贮裹包机
（毛杨毅摄）

二、饲草料储备设施

在规模化养殖场，常用的饲草料储备设施有干草棚、青贮池、饲料库（原料库、成品库）、料塔（原料塔、成品料塔）、饲料加工车间等（图9-46、图9-47）。

图9-46　干草棚
（毛杨毅摄）

图9-47　青贮池
（毛杨毅摄）

三、饲喂设施与设备

在规模化养殖场，常用的饲喂设施与设备有撒草（料）车、自动饲喂系统、饲草（料）运输车等（图9-48～图9-51）。

图9-48　小型撒料车（毛杨毅摄）

图9-49　大型撒料车（毛杨毅摄）

图9-50　移动式自动投料系统（毛杨毅摄）

图9-51　固定式自动投料系统（毛杨毅摄）

四、粪污处理设施与设备

在规模化养殖场，常用的粪污处理设施与设备有自动清粪机、运粪车、铲车、堆肥场（池）、有机肥生产配套设备、清扫车等（图9-52～图9-55）。

图9-52　刮板式自动出粪机（毛杨毅摄）

图9-53　传送带式自动出粪机（毛杨毅摄）

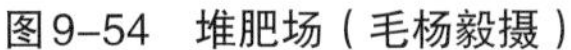

图9–54　堆肥场（毛杨毅摄）

图9–55　简易堆肥设施（毛杨毅摄）

五、消毒防疫设施与设备

在规模化养殖场，应配备的主要消毒防疫设施与设备有紫外线灯、车辆喷淋设备、高压清洗机、喷雾消毒器（机）、清洗机、药浴池、车辆消毒池、鞋套机（图9-56、图9-57）。

图9–56　高压消毒车（毛杨毅摄）

图9–57　雾化消毒（毛杨毅摄）

六、监控设备

在规模化养殖场，应配备的监控设备有生产监控设备（摄像头、监控机房等）、环境控制系统（羊舍内温度、湿度、气体检测与自动控制）、火灾监控与报警系统、安全监控设备。

七、水、电、暖供应设施与设备

在规模化养殖场，应配备的水、电、暖供应设施与设备有低压配电房及设备、发电设备、水泵房及设备、锅炉房及设备、太阳能发电设备。

八、其他设施与设备

在规模化养殖场，应根据实际需求配备剪毛机、小平车、小型电动车、人工授精设备、医疗设备、自动称重分群系统、消防设备、饲喂工具、运动场等（图9-58、图9-59）。

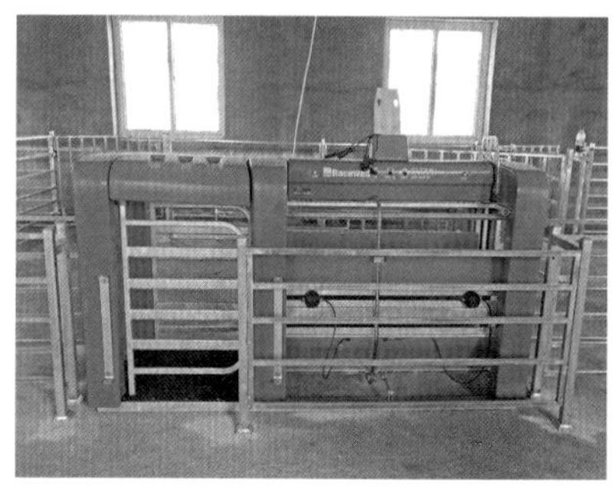

图9-58　自动称重分群系统
（毛杨毅摄）

图9-59　羊体尺自动测量系统
（毛杨毅摄）

第五节
小型养殖户羊舍建设

一、羊舍建设基本要求

据有关资料统计，我国在养羊生产中小型养殖户仍占绝大多数，其中养殖规模在30只以下的养殖户占总养殖户的87.94%，30～99只的占9.82%。小型养殖户及一般的养殖专业合作社由于养殖规模比较小，且受养殖场地、资金等条件限制，不可能完全按照标准养殖场建设方案去建设羊场和羊舍。因此，必须因地制宜建设相对科学和适用的羊场和羊舍，才符合我国基本国情和养殖户的基本生产需求，推动养羊高效健康发展。

1. 养殖场所

（1）防疫要求　人畜分离是养殖场的基本要求和发展方向，是确保人和动物健康的有效措施。对于一般小的养殖户尽量避免人的住房和羊舍在同一个院落，即使在无法避免的情况下，羊舍和住房应有一定距离，羊舍四周设围栏或围墙，防止羊在院落内到处乱跑，并坚持每天清扫院内羊的粪便及杂物。

对于有一定面积的养殖专业合作社，虽然功能区不能明确划分和齐全，但草料棚、养殖区与粪污处理区应保持一定距离。往来车辆和人员进出羊场要进行消毒。在羊场，不允许同时养殖猪、牛等其他畜种。

（2）地质要求　羊舍要建在地质坚实、干燥的地方，避免在低洼、潮湿和通风、采光不好的地方修建羊舍。

（3）布局合理　在有限的区域内，合理规划养殖区、饲草料加工区和粪污处理区，避免距离过近造成不必要的污染。

2.羊舍要求

（1）经济适用、坚固耐用、方便生产　羊舍无论用什么建材和什么结构，都必须首先考虑经济适用，没必要建看似漂亮而不适用的羊舍，要考虑羊舍必须坚固、耐用和安全，要考虑饲喂管理方便。

（2）羊舍面积与运动场　在场地面积许可的情况下羊舍按照标准面积建设，若场地面积小可适当减少羊舍或运动场的建设面积，在大小羊只混养的情况下，羊舍面积和运动场面积都不得低于1米^2/只。为减少建设投资，可不在羊舍内安装食槽，沿运动场的围墙安装食槽和水槽，在食槽顶部安装遮雨棚，节省了羊舍内的饲喂通道和食槽占地面积，节省了运动场围墙修建费用。食槽的长度应满足羊采食时的需要，即每只成年羊的槽位无角的羊不低于30厘米，有角的羊不低于35厘米或40厘米。运动场建议使用砖平铺，而且要有一定的坡度，利于清扫和排水。

（3）羊舍建筑类型　羊舍类型可考虑地形地势、场地大小、建材来源等，因地制宜建设，通常有砖瓦结构羊舍、窑洞式羊舍、半封闭式羊舍等（图9-60～图9-63）。

图9-60　农户小型羊舍（毛杨毅摄）

图9-61　窑洞式羊舍（毛杨毅摄）

图9-62　采光保温羊舍（毛杨毅摄）

图9-63　简易羊舍（毛杨毅摄）

二、羊舍基本设施与设备

根据养殖规模确定配备养殖设施与设备。对于一般小型养殖户，应配备切草机或饲草揉搓机、小型饲料粉碎机、消毒喷雾器等。对于中等规模（500只以上）的养殖场或养殖小区，应配备切草机、饲草揉搓机、饲料加工机组、TMR饲料搅拌机、撒料车、青贮池、干草棚等（图9-64、图9-65）。

图9-64　小型切草机（毛杨毅摄）

图9-65　小型饲料粉碎机（毛杨毅摄）

本章由毛杨毅编写

第十章 羊的粪污资源化利用

在养羊生产过程中，必然产生粪尿和其他污染物，统称为粪污。在传统的养殖方式中，除牧区外，多数养殖户是亦农亦牧，由于养殖规模小、分散，产生的粪污量小，养殖户将粪污作为肥料还田利用，污染影响不大。随着现代养殖业的快速发展，养殖规模越来越大，养殖场粪污排放物越来越多，使粪污的及时利用和处理难度随之增大，粪污对环境的污染越来越严重，如不进行有效处理利用，不但严重影响生态环境，还会危害畜禽本身和人体健康，影响畜牧业的健康持续发展。为此，畜禽粪污治理和资源化利用越来越受到社会的关注，只有对畜禽粪便进行无害化处理和资源化利用，才能使畜牧业得到健康发展。

第一节 粪污资源

一、粪污来源

养殖场的粪污主要指养殖区域内在养殖生产中所产生的粪便、污物等，主要来源有三个方面：一是畜禽排出的粪尿；二是养殖生产过程中所投入的垫草、未完全采食利用或腐败霉变的饲草料、圈舍清扫出的垃圾等；三是未进行雨污分离的圈舍、运动场带有粪便的雨水等。不包括人类活动所产生的生活垃圾。

据有关资料介绍，羊的全年净排粪量为750～1000千克/只，总含氮量8～9千克，相当于一般的硫酸铵35～40千克。其他污物量依生产方式和管理水平不同有所差异。

羊的粪污相对于其他畜种粪便有其特殊性：一是羊的粪便为固形物，流失扩散程度小，便于堆积；二是粪便中以未消化的草渣为主，比重小，较轻；三是由于羊饮水少、排尿少，因此粪便堆积物中水分少，便于清理和运输，不需要粪尿（水）分离和特殊的运输设备。

二、粪污污染

1.对生态环境的污染

畜禽粪污对生态环境的污染包括对水、土壤和空气的污染。粪便若经雨水浸刷，污水不仅渗入土壤，有可能随雨水而进入河流或水源地，造成对水质的污染。未经处理的粪便中可能含有一些重金属或病菌、虫卵等，对土壤也会造成负面影响，粪便中的草籽会造成农田杂草增加。粪便中臭气是粪便释放出来的具有异味的气体成分，影响空气质量和人们的生活环境。据有关资料介绍，已从粪便中检测出160多种挥发性成分，从尿中发现80多种含氮化合物，与臭味有关的有10多种化合物。

2.对畜禽健康的危害

粪便对畜禽健康影响主要体现在两个方面。一是粪便所释放的气体会影响羊的健康。在养殖密度大、通风条件不佳和长期粪便不清理及在夏季潮湿闷热的环境条件下，羊粪中会有大量气体特别是氨气，在氨气浓度较高的情况下，可以直接影响羊的呼吸道，造成呼吸道疾病增加。二是粪便中可能有部分患病羊所排出的虫卵、病菌等，可能会污染饲草、饲料、养殖场所和用具等，从而影响其他羊的健康状况。

3.对人体健康的影响

畜禽粪便不仅臭味影响人的感觉和身体健康，而且粪污中含有的病原菌、虫卵、寄生虫等会通过呼吸道、皮肤接触等途径对人体健康造成影响，甚至会引起人患病。

三、粪污资源化

尽管羊的粪便是一种污染物，但也是一种很好的有机肥料资源。羊粪具有营养平衡、肥效高、肥效长的特点，有助于改善土壤理化性状和促进土壤团粒结构形成的功效。自古以来，农户把羊粪当作很好的农家肥。在传统的养殖方式中，养羊积肥是农区农户养羊的主要目的之一，由于养殖规模不大，产生的粪污量小，羊粪作为肥料还田利用，有的山区采用羊卧地的方式，直接将羊粪尿排泄在耕地里，解决了耕地肥料的问题，将养殖和农业种植有机结合，使羊粪得到有效的、资源化利用，污染影响不大。随着规模化养殖业的发展，粪污的排放量大幅度增加，同时由于农业耕作播种的季节性比较强，羊粪的集中利用时间比较短，粪污堆积时间比较长。因此，羊粪的堆积和资源化处理利用显得十分重要和迫切。

第二节 羊的粪污处理与利用

粪污处理根据不同区域、不同规模，以肥料化利用为基础，采取经济高效适用的处理模式，实现粪污无害化处理和就地就近利用与高效利用。羊场粪污的处理通常采用普通的堆肥处理和有机肥加工两种方式。

一、堆肥处理

羊场粪便堆肥处理是一种非常经济有效的处理方式（图10-1、图10-2）。

羊场粪污宜采用条垛式、槽式和密闭仓式堆积等方式进行无害化处理，在微生物的作用下，使粪便、垫草、食槽剩余的和霉变的饲草及生活垃圾等有机物通过好氧堆肥技术进行无害化处

图 10-1　堆肥场（毛杨毅摄）

图 10-2　堆肥棚（毛杨毅摄）

理。无害化处理就是利用高温、好氧、厌氧发酵或消毒等技术杀灭畜禽粪便中的病原菌、寄生虫和杂草种子的过程，使畜禽粪便达到卫生学的要求。羊场粪污处理按照《畜禽粪便无害化处理技术规范》（GB/T 36195—2018）（NY/T 1168—2006）标准执行。

对于养殖规模不是特别大的羊场多数采用直接堆肥发酵工艺，操作简便、投资少，主要缺点是发酵时间长、占地面积大、臭气不容易控制、产品质量不稳定等。但从综合效果看还是比较好，便于推广，养殖户容易接受。

条垛式堆肥是一种典型的开放式堆肥，其特征是将混合好的羊粪原料堆成条垛，并通过机械周期性地翻抛进行发酵。翻堆的频率为每周 3 ～ 5 次，整个发酵过程需要 40 ～ 60 天。采用条垛式堆肥，要求发酵温度 55℃以上不少于 15 天。为了提高发酵稳定，可在堆放场建阳光棚，可以提高堆放场的温度（图 10-3、图 10-4）。

图 10-3　条垛式堆肥（毛杨毅摄）

图 10-4　条垛式堆肥翻堆（毛杨毅摄）

堆肥处理的主要工艺流程是：粪便收集堆肥—添加辅料进行原料混合—堆放发酵（需翻堆）—陈化（翻堆）—农田使用。也就是用铲车将经过预处理的粪便及辅料进行混合，然后在发酵区堆成长条形的堆或条垛，用铲车或条垛翻堆机进行翻堆搅拌曝气，完成后发酵过程。经过20～30天的一次发酵后，堆体体积减小，用铲车将条垛整合，进行二次发酵，待温度逐渐降低并稳定后，产品即完全腐熟，总堆肥周期为40～60天。

为了防止堆肥场对地面的渗漏和污染，堆肥场地面应用水泥进行硬化，也便于进行翻堆操作。

采用槽式和密闭仓式堆肥时，堆体的温度维持50℃以上的时间不少于7天，或发酵温度45℃以上不少于14天。堆肥处理后的粪便中蛔虫卵死亡率≥95%，大肠杆菌群数≤10^5个/千克，堆体周围不应有活的苍蝇蛆、蛹或新孵化的成蝇。

槽式堆肥工艺一般在长而窄的水泥槽内进行，槽壁上方铺设有轨道，在轨道上安装翻抛机，可对槽内的物料进行搅拌。此工艺的主要优点是处理量大，发酵周期短，机械化程度高，可精确控制温度和氧气含量，产品质量稳定。主要缺点是设备较多，投资较大，操作较复杂。适用于粪源量大、充分，可满足机械使用效率的情况下使用，否则加工量小造成设备投资浪费（图10-5、图10-6）。

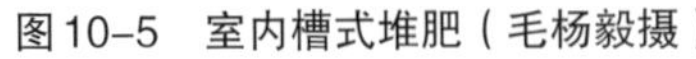
图10-5　室内槽式堆肥（毛杨毅摄）

图10-6　室外槽式堆肥（毛杨毅摄）

反应器堆肥工艺是将物料放在密闭的筒仓内进行发酵，发酵周期短、占地面积小，但处理量小、投资高，需要较多的设备。

经堆肥处理后的羊场粪污可以作为肥料使用，主要作为底肥在农作物播种前使用，也可作为林果、绿化植物的肥料使用。

二、有机肥加工

羊粪尿经堆肥处理后属于很好的有机肥料。但为了扩大有机肥的使用面和提高其肥效及经济价值，在有条件的情况下可进行适用不同生产需求的有机肥加工，经过加工处理后的有机肥可用于大棚蔬菜、花卉、果园等。

有机肥加工是在堆肥的同时，根据客户需求在羊粪便中加入一些物料或无机肥，经发酵、混拌、粉碎、制粒、烘干、包装等多道程序，制成不同类型和不同用途的有机肥，进一步提高肥效和扩大使用范围，也便于长途运输与销售（图10-7 ～图10-10）。

图10-7　有机肥加工（毛杨毅摄）

图10-8　有机肥包装（毛杨毅摄）

图10-9　袋装有机肥（毛杨毅摄）

图10-10　有机肥销售（毛杨毅摄）

本章由罗惠娣编写

第十一章 羊的福利养殖

第一节 福利养殖趋势与要求

一、福利养殖是现代畜牧业发展的必然趋势

畜牧业生产实际上是人类利用家养动物为人类提供营养丰富的肉、蛋、奶和皮、毛等畜产品的过程。家养动物像人类一样是有生命的生物，是活着的、有感知的生灵，它们可以感受和表现出疼痛、痛苦、饥饿或舒适、快乐、表达天性的各种行为和表情，可以感知人们的行为、表情，领悟人们的言行，与人们建立友好的感情。家养动物与人类关系密切，为人类提供各种畜产品。因此，它们值得人类的关注、爱护和保护，人们在利用动物的同时要关注动物福利。

“动物福利”是指农场饲养中的动物与其环境协调一致的精神和生理完全健康的状态。“动物福利”关心的是动物的日常生活条件和心理、行为健康，使动物健康、感觉舒适、营养充足、安全、能够自由表达天性，防止动物在饲养、使用、运输和屠宰过程中遭受不必要的痛苦、恐惧和压力威胁。动物福利强调的是人类应该合理、人道地利用动物，要尽量保证那些为人类作出贡献和牺牲的动物享有最基本的人道对待。

人类福祉与动物福利密切相关，善待动物就是善待我们自己。动物福利不仅是畜牧业健康养殖的一部分，也是确保畜产品安全和人类健康的重要组成部分，同时关系到经济问题。随着人们生活水平的提高，需要更多的营养丰富的食物和动物性蛋白质，就必须要提高畜牧业的产量，必须在畜牧业生产中满足家畜的营养需求和提供符合动物习性的生长、生产环境，就要重视动物疾病的防控，减少疾病死亡的发生，减少抗生素等药物的使用，提升动物的产量和质量，从而确保畜产品安全和人类健康。

福利养殖是今后畜牧业发展的必然趋势，动物福利的改善不但可以促进国内畜牧产品的转型升级，提高产品的安全质量，也有助于打造国际品牌，促进国际贸易的发展。中国是一个畜牧业生产大国，畜产品出口越来越多，畜产品的生产过程和质量标准也必须和国际接轨，如果畜禽在饲养、运输、屠宰过程中不按动物福利的标准执行，会直接影响畜产品的出口，影响到畜牧业的发展和经济效益。因此，福利养殖是今后畜牧业发展的必然趋势，必须引起重视和积极实施。

随着经济的发展和人类社会的文明进步，动物与人们的生活越来越密切，人和动物研究与自然环境之间的关系备受关注，保护动物的观念深入人心。"动物福利"其核心理念就是要从满足动物基本需求的人道角度合理地饲养动物和利用动物，保护动物的健康，减少动物的痛苦，使动物和人类和谐共处。保护动物就是保护人类自己，尊重、善待动物的努力终将惠及人类自身，人与动物应和谐地共生在一个星球上，生物的多样性促进人类的永续。提倡和保障动物福利是社会进步和经济发展到一定阶段的必然产物，人与动物和谐相处，体现了一个国家社会文明的进步程度，是创造和谐文明社会的需要。

近年来，我国越来越重视福利养殖，动物福利在支持农业可持续发展、推动粮食安全和营养等方面的重要作用。2013年6月，中国农业国际合作促进会动物福利国际合作委员会成立，2014年5月，我国第一个农场动物福利《农场动物福利要求　猪》标准公布，截至目前已颁布了《农场动物福利要求　肉用羊》《农场动物福利要求　绒山羊》及肉鸡、蛋鸡、肉牛、水禽的福利养殖标准等。这些标准的实施将进一步规范和指导我国畜牧业生产，对提升畜产品的质量和增强在国际市场的竞争力意义重大。

二、福利养殖五项原则

世界动物保护组织明确提出动物福利五项基本原则是农场动物福利系列标准的基础，动物应享有以下五大自由：不受饥渴的自由、生活舒适的自由、不受痛苦和疾病伤害的自由、生活无恐惧和无悲伤感的自由、表达天性的自由。

基本原则一：为动物提供保持健康所需要的清洁饮水和饲料，使动物免受饥渴。

基本原则二：为动物提供适当的庇护和舒适的栖息场所，使动物免受不适。

基本原则三：为动物做好疾病预防，并给患病动物及时诊治，使动物免受疼痛和伤病。

基本原则四：保证动物拥有避免心理痛苦的条件和处置方式，使动物免受恐惧和精神痛苦。

基本原则五：为动物提供足够的空间、适当的设施和同伴，使动物得以自由表达正常的行为（图11-1～图11-4）。

图11-1　提供优良的饲草（毛杨毅摄）

图11-2　提供宽敞舒适的栖息圈舍（毛杨毅摄）

图11-3　提供充足的活动空间
（毛杨毅摄）

图11-4　满足采食和活动自由
（毛杨毅摄）

第二节
肉用羊福利养殖

2015年11月，我国《农场动物福利要求 肉用羊》（T/CAS 242—2015）颁布实施。本标准基于国际先进的农场动物福利理念，结合我国现有的科学技术和社会经济条件，规定了为农场动物肉用羊的福利养殖、剪毛（绒）、运输、屠宰及加工全过程要求，适用于肉用羊的养殖、剪毛（绒）和运输、屠宰及加工过程的动物福利管理。

本标准按照农场动物福利五项基本原则要求，结合羊的生活习性和我国养羊的实际情况，客观地、科学地规定了肉羊饲喂和饮水、养殖环境、养殖管理、健康计划、羊毛（绒）获取、运输、屠宰、加工、记录与可追溯等方面的要求。

在饲喂和饮水环节，肉用羊的饲草料应符合国家的法规和标准要求，不得使用变质、霉败或被污染的饲草（料），禁止使用乳品以外的动物源性饲料。要根据羊群品种特性和不同生理阶段提供符合其营养需要的日粮，满足维持良好身体状况和生产的营养需要量。要确保羊自由饮水，饮用水标准要符合NY/T 5027标准的要求。

在养殖环境方面，羊场建设应符合国家相关法律法规和标准的要求。羊舍面积要满足羊采食、休息、生产和自由活动的需要，羊舍设施要确保安全，不会对羊造成意外伤害，羊舍环境与空气质量要满足羊正常生活的需求。

在养殖管理方面，一是要加强对饲养管理人员的技能培训，二是要加强对羊群生产环节的日常管理、疫病防控与治疗管理、健康计划的落实等。

在剪毛过程中，应由技术熟练的人员进行。剪羊毛（绒）时不得伤及羊皮，若发生误伤应立即对伤口进行处理。

在运输羊的过程中，运输车辆装羊前要进行消毒，人员要进行安全培训和掌握途中紧急情况的必要处置，要避免过度拥挤、避免车厢地面打滑，运输途中要平稳行驶，防止羊踩踏伤亡事件发生，装车和卸车要搭建平台，防止羊跌伤和四肢受损。

对羊的屠宰要人道屠宰，屠宰企业应满足国家相关法律法规和标准的要求，对相关人员要进行人道屠宰培训，屠宰设备在使用前后应进行彻底清洁与消毒。待宰羊不应看到正在被屠宰的羊和屠宰场面，减少羊恐惧感。屠宰过程中实施人道屠宰，采取瞬间致昏方式应使羊瞬间失去知觉和疼痛感，尽量减少羊的痛苦、不适和挣扎。

第三节 绒山羊福利养殖

2020年8月，我国《农场动物福利要求 绒山羊》（T/CAI 003—2019）颁布实施。本标准基于国际先进的农场动物福利理念，结合我国现有的科学技术和社会经济条件，规定了为农场动物绒山羊福利养殖的术语和定义、饲喂和饮水、养殖环境、养殖管理、健康、取绒（剪绒和梳绒）、运输和转场、人道屠宰及追溯与记录。本标准适用于我国境内规模化绒山羊养殖场和绒山羊运输、屠宰及加工过程的动物福利管理，其他绒山羊养殖者可参考执行。

绒山羊福利养殖的基本要求与肉用羊的福利养殖基本相同，但针对绒山羊特殊的生产用途，明确规定了绒山羊在取绒过程中应采取的福利措施，包括取绒时间、取绒方法、取绒注意事项等。

绒山羊在取绒过程中，应在绒山羊脱绒季节取绒，取绒前对操作人员要进行取绒技术培训，做好意外创伤救治处置预案。应选择气候暖和、气温稳定的时间段取绒，取绒前可少量饮水，宜禁食8～12小时，根据羊只性别、年龄、不同生理状态（哺乳、空怀）及健康状况进行分群取绒，妊娠母羊宜安排在产羔后取绒。取绒时应采取有效的防护措施，温和对待羊只。为避免在取绒过程中对羊皮肤的误伤，允许对羊进行适当保定，应尽量减少保定时间，降低羊只应激，最大限度减少羊只痛苦。取绒可采取梳绒或剪绒的方式，对羊绒密度大的采用剪绒方式取绒，对羊绒密度稀少的可采取梳绒方式取绒。剪绒过程中翻转羊只时，应观察羊的身体状况，如出现不适状况（如急性瘤胃臌气、肠道扭转、呼吸困难等）时，应立即停止剪绒工作，解除绳索，并采取医救措施（图11-5～图11-8）。

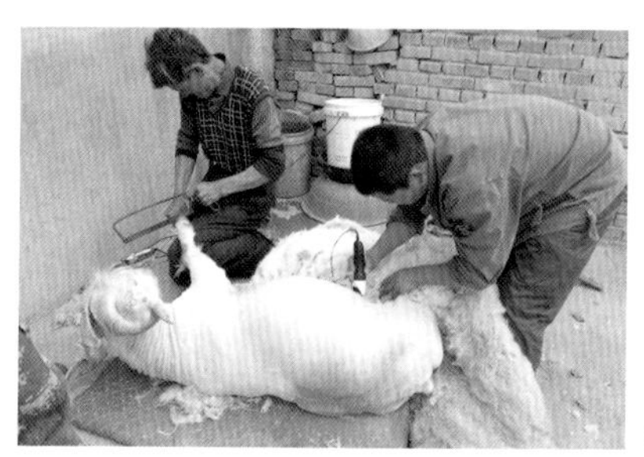

图11-5 电动推剪绒——平地铺棉毯（毛杨毅摄）

图11-6 电动推剪绒——草料架上铺棉毯（毛杨毅摄）

图11-7 手动剪剪绒（毛杨毅摄）

图11-8 羊抓绒——适度保定（毛杨毅摄）

本章由毛杨毅编写

第十二章 提高养羊经济效益的途径

第一节 影响养羊经济效益的主要因素分析

影响养羊经济效益的因素包括养殖生产的全过程和市场竞争与行情的变化，任何一个环节的失误或变化都会影响养羊经济效益。

一、品种

品种的优劣与羊的适应性、生产性能（繁殖性能、生长发育、产毛量、产绒量、产奶量、产肉性能及饲草料利用效率等）、产品质量（肉品质、羊绒羊毛品质、裘皮品质等）都有很大关系。优良的品种在同样的饲养管理条件下可以生产出更多、质量更好的产品，可以取得更多的经济收入。而且，不同的品种适应的养殖条件不同，养殖方式也不同。因此，品种选择很重要，品种的利用也重要。

二、饲草资源

饲草资源决定了饲草来源是否充足、饲草价格、饲草品质，决定了养殖成本和养殖效益。羊是草食动物，最主要的营养来源于饲草，饲草料的成本占养殖成本的70%左右。若养殖场附近缺乏饲草而从远处调运必然会加大养殖成本，饲草利用不充分或浪费严重也加大了养殖成本。

三、饲养管理水平

饲养管理水平直接关系到养殖的成败，包括饲料配制与营养调控技术、饲喂技术与经验、疫病防控技术、繁殖技术、管理技术及饲养管理责任心等。饲养管理水平关系到是否能够满足羊的营养需求及降低养殖成本，关系到羊的生长发育与生产性能发挥，关系到羊群的产羔与成活，关系到羊病的发生和减少病死率，关系到人员成本和生产效率等。因此，饲养管理是影响养羊经济效益非常重要的环节，提高管理人员和养殖人员的业务素质和技能，建立高度责任心非常重要。

四、养殖条件

养殖条件包括圈舍墙体结构、地面结构、屋顶结构、食槽结构、舍内面积、隔栏、运动场地面及设施等建筑结构及通风、采光、保温、供水、供电等配套系统。合理建筑结构、布局和适度的养殖密度都有利于给羊提供良好的生活环境、方便生产管理和羊的健康，能够确保羊的正常活动及生长发育等，潮湿、拥挤、通风不畅、采光不良、粪污污染严重、保温条件差、食槽长度不够等都不利于羊的健康，也直接影响羊的生长发育和生产性能发挥。

五、机械设备和设施

无论是农户小群散养还是规模化养殖场都离不开一些饲草加工机械，最简单的需有切草机或揉搓机等。对于规模化养殖场则需配备切草机、饲料加工机组、TMR搅拌机、取料车、撒料车、消毒车、铲车、粪污处理等机械设备，需配备青贮池、干草棚、饲料原料库、饲料加工车间、粪污处理场（或肥料加工车间）、药浴池等设施。根据养殖规模配备适当的机械设备和设施，便于实施标准化养殖、提高劳动生产效率、减少人工投入及降低生产成本等。

六、市场行情

市场行情由社会供需决定，是影响养羊经济效益最主要、最直接的因素之一，不以养殖者或屠宰加工企业的主观愿望而左右。无论是种羊、出栏羊（羔羊、育肥羊）、羊肉、羊毛、羊绒、羊皮还是屠宰加工的产品的价格，不仅与国内市场的需求量、供给量有关，还与产品的质量、国际市场价格及竞争机制有关。另外，饲草料原料价格、人员工资水平等也是由市场行情决定的。因此，在我们无法决定市场行情的情况下，只有随时掌握市场供需动态调整生产、提高养殖生产效率和产品质量、降低产品生产成本，才有可能在市场上有竞争力和取得预期的经济效益。

七、资金投入

养羊生产的任何环节都需要资金支持，无论是牧民放牧养殖、农户散养，还是专业合作社、养殖企业或公司，只要从事养殖都离不开资金。有了较充足的资金并做到科学合理的利用，才会确保养羊生产的持续高效发展。在养殖实践中，往往因资金缺乏无力购买优种羊、精饲料或改造圈舍，不能购买相应的机械设备与饲草料，无法提高养殖生产效率，无力进行技术引进和抵御市场风险等，都对养殖造成一定的影响。因此，资金是确保养殖提质增效和持续发展的基础，无论何时都应做好准备。

第二节 提高养羊经济效益的途径

影响养羊经济效益的主要因素是养殖生产环节和市场行情，市场行情由市场供需决定，作为养殖者无法左右，那么要想提高养羊经济效益就必须从养殖者能够左右的养殖环节入手，必须从影响生产效率的生产各个环节入手，不靠市场靠自己。

一、提高良种化水平

羊的适应性、生产水平的高低及产品的质量都与品种密切相关。不同的品种适应不同的养殖区域，在同样的饲养管理条件下，优良品种会产生更高的生产效率和更好的经济效益。因此，在养羊生产中一定要重视优良品种的引进和利用。在肉用羊生产中，主要选用产羔率高、生长发育快、饲料报酬高、产肉性能好的品种，如萨福克羊、特克赛尔羊、杜波羊等，这些品种具有生长发育快、产肉性能好的遗传特点，小尾寒羊、湖羊具有多胎的遗传特点，利用品种的特点开展肉用羊经济杂交和配套技术研究与应用，达到提高群体生产水平的目的。在绒山羊方面，我国有很好的辽宁绒山羊、内蒙古白绒山羊及其他培育品种，这些品种具有产绒量高、绒细度好、适应性强的特点，已在我国绒山羊的杂交改良和新品种培育及提高山羊养殖经济效益方面发挥了重要作用。在细毛羊、半细毛羊的养殖生产中，注重选择产毛量高、毛品质好的品种，如新疆细毛羊、东北细毛羊、内蒙古细毛羊、澳大利亚细毛羊及我国最近培育的苏博美利奴羊等。

二、提高养殖技术

养殖技术包括羊饲草料加工技术、营养调控技术、饲喂技术、繁殖技术、羔羊培育技术、羔羊育肥技术、疫病防控（防治）技术、规模化养殖技术、放牧技术、管理技术等，这些综合技术的应用能够确保羊只健康、生长发育正常、多产羔、多成活、少病亡和降低养殖成本、提高生产效率等，这是养羊生产中非常关键的一环。养殖技术的提高需要进行技术培训（集中培训、参观学习、自学等）和生产实践中的经验积累。随着养羊方式、养殖规模、养殖品种和养殖条件的变化，特别是规模化、现代化养殖的发展，传统的技术已不能够完全适应现代养羊对技术的需求，需要科研人员攻关研究新技术，需要加大养殖新技术的普及宣传，需要基层业务人员素质的提高和技术服务能力的提升，需要养殖各个环节的参与人员不断地学习、掌握和在实践中灵活运用新技术。

三、提升管理水平

管理出效益，细节决定成败，充分说明了管理的重要性。养殖场的管理体现在每个生产环节和养殖场运行环节。从宏观上管理体现在决策管理、投资管理、制度建设等，从细节上管理体现在人员管理、设备管理、档案管理、防疫管理、饲料原料与兽药等投入品管理、饲料加工与质量管理、水暖电与服务体系管理，以及在养殖环节中的生产方案制定、羊群整群与分群管理、配种与产羔管理、养殖环境控制与卫生管理、生产性能评定、修蹄、剪毛、药浴、羊行为习性观察与应急处理等方方面面。任何一个管理环节不仅要有管理的技能和经验，更重要的是责任心和制度的落实。

四、适度的规模养殖

我国养羊虽然有不同的模式和养殖方式，牧民放牧养殖和农户小群散养仍是我国目前最主要的养羊生产方式，而且会一直持续下去，随着养殖技术的普及，这种养殖方式的生产效率会不断提高。但是，近年来规模化养殖发展迅速，是今后养羊发展的主要方向。规模化养殖有利于实施品种良种化、养殖设施化、生产规范化、防疫制度化、粪污处理无害化和监管常态化“六化”要求，有利于新技术的推广与应用，有利于机械化使用和提高养羊生产效率，有利于实施标准化生产、快速提升养羊产品质量和确保食品安全，有利于提高市场竞争力和经济效益，对养羊产业的发展将起到示范带动和产业引领的作用和效果。但是，规模化养殖并不是养殖越多越好，而是必须要因地制宜，发展适度规模养殖，才会收到好的效果。适度规模就是要根据当地的饲草资源情况、用地情况、养殖技术力量、生产管理水平、设备条件、资金保障能力、粪污处理与消纳能力、市场需求、社会环境等多方面综合考虑，确定生产规模和生产方案。否则，盲目扩大规模可能会造成诸多隐患和经济损失，达不到预期目的和效果。

五、健康养殖

随着规模化养殖发展和人们对畜产品安全的重视，健康养殖成为现代畜牧业发展所关注的重点，是确保畜牧业健康持续发展的基础。健康养殖涵盖生产过程中的畜禽个体的健康（无疾病）、畜产品质量安全（无残留）及环境友好（无环境污染）等三个方面。在养羊业快速发展的过程中，健康养殖问题凸显。由于羊的流动性更加频繁，规模养殖密度加大，养殖环境恶化和疫病防控落实的遗漏等，导致疫病传播风险加大，不仅影响羊的健康而且增加了人畜共患病发生的风险。追求养殖效益而违规添加禁止的饲料药物添加剂和兽药使用不当，产品质量安全无法保证，对人体健康造成一定影响。忽视对养殖环境管理影响羊的健康，忽视对废弃物处理造成对环境的污染加重等，都直接影响养羊业的健康发展。

六、良好的经济基础

经济实力是确保养羊稳步发展的基础。养羊生产中任何一个环节都离不开资金，资金不足会导致在品种引进、设备投资、饲料供给、人员管理等方方面面工作都无法正常进行，必然会使羊的健康状况、生产性能和经济效益等方面受到很大的影响。因此，在养殖生产中一定要切合实际，因地制宜，选择与经济实力相匹配的养殖规模和建设规模，这样才会少走弯路，少损伤，才能稳步高效发展。

七、好的投资决策

投资决策直接关系到养殖的经济效益和持续性。投资决策包括项目决策、养殖规模决策、建设方案决策、技术与管理决策、资金筹措与使用决策、市场决策等各个方面，这些属于宏观层面的重大决策。决策失误可能会造成巨大的经济损失，无法确保养殖的持续性和高效养殖。因此，决策非常重要，风险存在于养殖生产的全过程，必须有风险意识和科学养殖理念，严禁不切合实际的盲目投资。

参 考 文 献

[1] 杜立新，李金泉，马宁，等 . 中国畜禽遗传资源志 . 羊志 [M]. 北京：中国农业出版社，2011.

[2] 吕效吾，蒋英，潘君乾，等 . 养羊学 [M]. 北京：中国农业出版社，1981.

[3] 赵有璋 . 现代中国养羊 [M]. 北京：金盾出版社，2005.

[4] 田可川，贾志海，石国庆，等 . 绒毛用羊生产学 [M]. 北京：中国农业出版社，2014.

[5] 毛杨毅，罗惠娣，韩一超，等 . 农户舍饲养羊配套技术 [M]. 北京：金盾出版社，2002.

[6] 岳文斌，毛杨毅，罗惠娣，等 . 现代养羊 [M]. 北京：中国农业出版社，2000.

[7] 田可川，毛杨毅，李范文，等 . 绒毛用羊生产实用技术手册 [M]. 北京：金盾出版社，2014.

[8] 吕效吾，王业福，马任骝，等 . 山西省家畜家禽品种志 [M]. 上海：华北师范大学出版社，1984.

[9] 刘继军，贾永全，宋桂敏，等 . 畜牧场规划设计 [M]. 北京：中国农业出版社，2008.

[10] 李季，杨军香，李兆君，等 . 粪便好氧堆肥技术指南 [M]. 北京：中国农业出版社，2017.

[11] NT/T 2169—2012. 种羊场建设标准

[12] NY/T 816—2021. 肉羊营养需要量

[13] NY/T 4048—2021. 绒山羊营养需要

[14] T/CAS 242—2015. 农场动物福利　肉用羊

[15] T/CAI 003—2019. 农场动物福利　绒山羊